杜田

顾小思

汉服怎么做

顾小思 杜田·编著

電子工業出版社
Publishing House of Electronics Industry
北京 · BEIJING

图书在版编目（CIP）数据

汉服怎么做 / 顾小思, 杜田编著. -- 北京 : 电子工业出版社, 2025. 8. -- ISBN 978-7-121-50017-6

Ⅰ. TS941.742.811

中国国家版本馆CIP数据核字第202580XF06号

责任编辑：赵英华
印　　刷：北京宝隆世纪印刷有限公司
装　　订：北京宝隆世纪印刷有限公司
出版发行：电子工业出版社
　　　　　北京市海淀区万寿路173信箱　邮编：100036
开　　本：787×1092　1/16　印张：10.75　字数：275.2千字
版　　次：2025 年 8 月第 1 版
印　　次：2025 年 8 月第 1 次印刷
定　　价：98.00 元

凡所购买电子工业出版社图书有缺损问题，请向购买书店调换。若书店售缺，请与本社发行部联系，联系及邮购电话：（010）88254888，88258888。

质量投诉请发邮件至zlts@phei.com.cn，盗版侵权举报请发邮件至dbqq@phei.com.cn。

本书咨询联系方式：（010）88254161~88254167转1897。

前言

这两年，因为工作原因经常出差，每新到一个城市，我便习惯性地想预约当地的博物馆去逛一逛，不过很可惜的是，一线城市的博物馆几乎都约不到。我上大学的时候，博物馆还是一个冷门场所，看展的人寥寥无几，如今再想要遇到这样空旷的场馆几乎是不可能了。这同时也说明了，近几年国风综艺、国风短视频的兴起激发了人们观赏文物的兴趣，也提高了大家的文化认同感。

汉服，作为这一波文化复兴的载体之一，变得炙手可热。十年前，当我第一次穿上汉服出街，围观的人会喊我小龙女、白素贞。如今我带着女儿穿汉服出门，已经有不少阿姨会问这是不是汉服了，可见汉服的国民度已经有了明显提高。这固然是好事，但也存在着一些问题。认出我女儿穿汉服的阿姨会加上一句：“你怎么不给她买一件好看点的？”这里“好看点的”其实可以理解为目前短视频平台上比较流行的国风改良汉服。我想大家或许知道了汉服，但又并不是那么了解汉服究竟长什么样子。并不是所有的古装都叫作汉服。

目前市场上售卖的汉服，对形制并不会那么讲究，很多做汉服的工厂其实对汉服并没有那么了解，目前还处于跟风的阶段，别人做什么款就跟着做什么款，流行什么就生产什么。那么汉服究竟是什么？简单来说，汉族人自古以来穿着的服饰可以统称为汉服。它可以没有那么讲究，因为它涉猎的朝代实在太多，款式版型也很丰富；它也需要讲究，它有着中国的平裁特色，也有很多特色工艺，如植物染、贴金、苏绣等。

我们并不排斥市场上的各种改良国风服饰。经过改良后，这些服饰更节约成本，版型更符合当下审美，能获得大众的喜欢。可即便如此，我们也要知道真正的传统汉服究竟是什么样子的，用了什么工艺，呈现什么版型。于是我和杜田跟编辑一拍即合，就有了这本书，你也可以看看汉服究竟怎么做！

小思

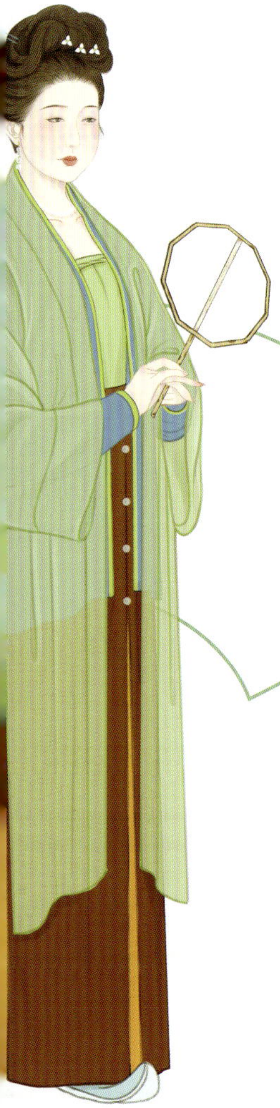

目录

汉服怎么做

1

第 / 1 / 章

文明的传承：复原汉服

第 / 2 / 章

制作篇：汉服制作基础手法

第 / 3 / 章

制作篇：唐代复原汉服案例

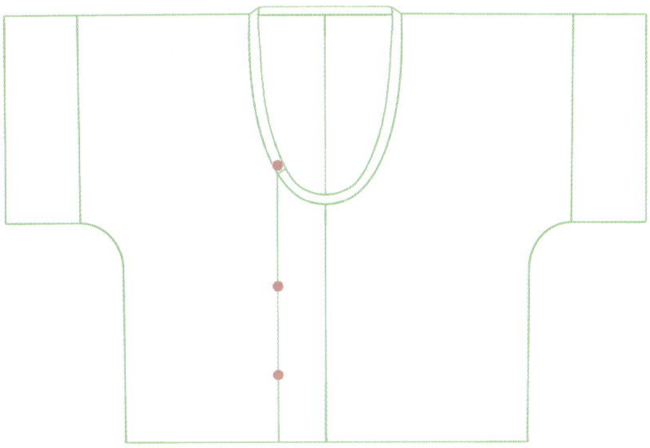

4

第 / 4 / 章

制作篇：宋代复原汉服案例

5

第 / 5 / 章

制作篇：明代复原汉服案例

第1章

文明的传承：复原汉服

1.1 什么是复原汉服

汉服这个词，这几年频繁地出现在大众的视野中，通过较短的时间从极小圈层喜爱的服饰，进阶成了大众喜爱的服饰之一。随着受众群体的扩大，汉服也慢慢地形成了两大流派——“仙女派”与“古墓派”。

简单来说，“仙女派”就是衣服的版型接近汉服，但是有一定程度的改变，在色彩和面料的选择上更接近影视剧审美，适用于拍照；面料以化纤为主，特色是大面积绣花，搭配当下流行的时尚妆容和造型，可以获得很多年轻人的喜爱。

“古墓派”，就是有出土**形制**可参考的汉服。服装史上对汉服的研究并不多，除了沈从文先生，鲜有大学者对此有研究。这几年因为汉服文化的兴起，不少学者也开始研究汉服的理论与演变，这就是复原汉服开始兴起的原因之一，我们可以参考的内容也更多了。除了各大古墓出土的汉服（以福州南宋**黄昇墓**最为有名），还有一些传世的汉服，例如，法门寺地宫、孔府旧藏的一些珍品。

本书所介绍的汉服形制的实例教程以复原的汉服为主，这么做的原因有两个，**一是让大家更熟悉中国的平裁方式。**在西方的服饰历史中，立体剪裁占据了很重要的地位。例如迪奥的“新风貌”，以极其贴身的裁剪反映了当时女性的新风尚；再如香奈儿的裤装、套裙系列，在那个女子都穿着极为不方便的服饰，勒腰勒到肋骨要断掉的时代，同样也是一种新风尚。再到现代的马吉拉的廓形剪裁、拉夫·西蒙的茧形剪裁、瑞克·欧文斯的未来太空设计，它们无一不是在立体剪裁领域玩出了新花样。回看我们老祖宗的平裁工艺，目前应用比较广的是古法旗袍、倒大袖衫，这二者也是比较小众的领域，且对工艺的要求非常高。相比较而言，汉服就简单很多，是在家里就可以尝试上手的类型。在我自己动手以前，也没想到汉服的平裁这么简单，在家就可以给女儿做小裙子和小外衣穿。**二是复原汉服也在一定意义上还原了中国每个朝代的风尚。**例如，唐代整体社会风气包容、经济富足，所以在服饰的设计上面料轻薄，色彩明艳。

复原汉服的实用性其实还是被低估了。很多“仙女派”的现代汉服对妆造完整度要求较高，披头散发的形象实在无法展现它的美。但是复原汉服恰恰相反，我初看到它们的时候，觉得平平无奇，但当我反复搭配下来，就觉得不管是成套的复原汉服，还是和其他单品混搭，实用性都很强，且不需要刻意去打扮。作为实用党，实在是很喜欢这种反复搭配的乐趣。

如果你是初学者，推荐先从宋代的案例开始上手，这些案例对面料的要求不高，使用素色面料就可以做一件很漂亮的飞机袖。虽然是复原汉服，但实穿性很强，搭配各种无袖裙子、吊带衫都毫不违和。穿上身，你才会感受到复原汉服的魅力所在。

1.2 《千里江山图》的奥秘：染色工艺

植物染，顾名思义，就是用植物为纺织物染色。在如今这个工业化时代，服装生产基本都以化工染料为主，但是植物染出的面料往往能呈现出天然的色彩与美感。早在新石器时代，人们用矿物染色的时候就发现了植物的各个部位都可以提取染液。四季交替，节气更迭，在不同的节气里，也可以利用不同时节的应季植物来染色：谷雨染槐花，小暑染枇杷，大雪染红茶，顺应不同的节气，与大自然一起创造不同的颜色。

面料	原料
棉布	棉纱织物
麻布	麻纤维织物
丝绸	蚕桑丝织物
羊毛织物	羊毛纺织物

注意：

生活中常见的面料有天然面料和化学面料，植物染只可以染天然面料。

常见染料

媒染剂

为什么需要媒染剂？

植物色素的染物在遇到阳光照射以后很快就会褪色，所以需要进行固色，这个过程一般是将面料浸泡在加入媒染剂的水中加速色素沉淀，从而起到固色的作用。使用不同的媒染剂，染色的效果是不一样的。

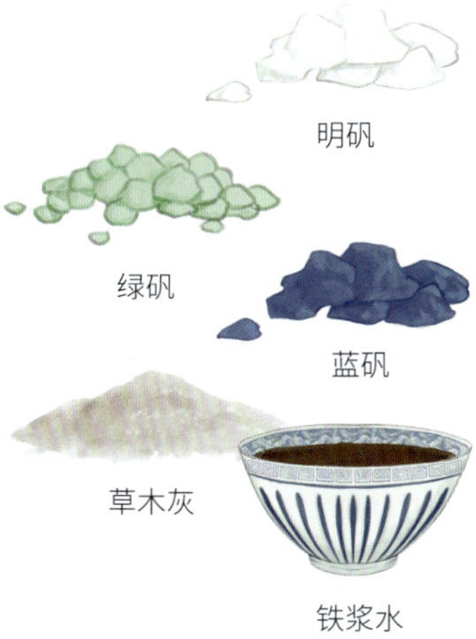

植物染所需工具

根据不同的植物染工艺，制作时需要使用不同的工具。下面一起看看工具合集。

铲子

灰缬工艺中刮糊用。

黄豆粉

灰缬工艺中制作糊用。

夹缬型版

夹缬工艺中定型用。

刻刀

灰缬工艺中刻牛皮纸板用。

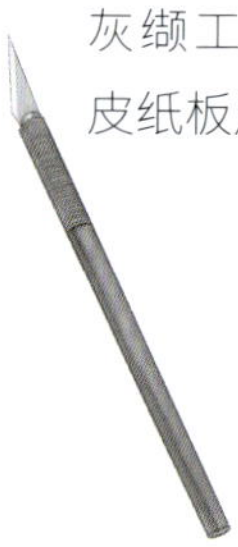

牛皮纸

灰缬工艺中制作版纸用。

石灰

建蓝染缸用。

桐油

灰缬工艺中制作版纸用。

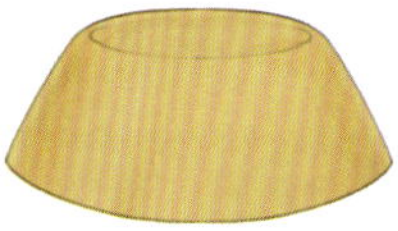

蜂蜡

蜡缬工艺中用来制作图案。

粗细各类捆扎线及皮筋

绞缬工艺中用来扎面料形状。

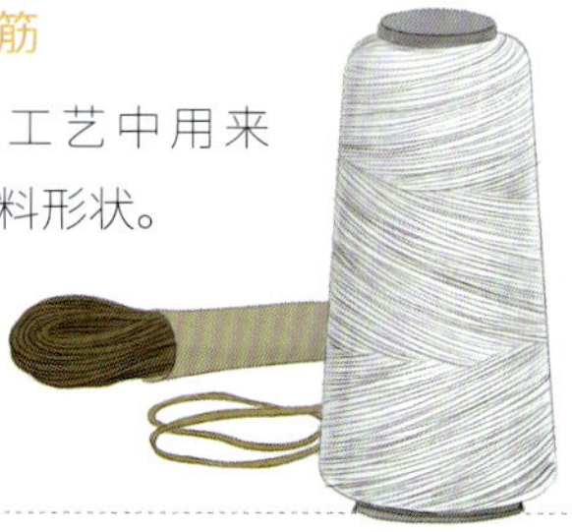

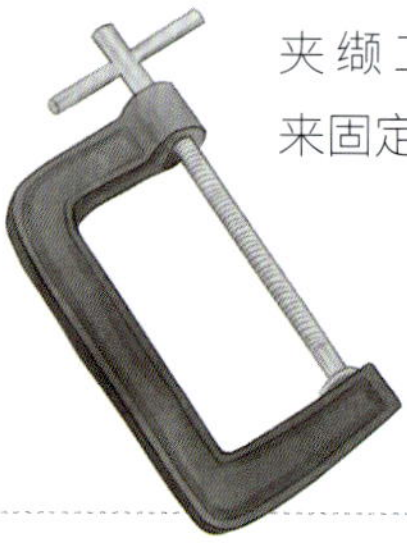

G 形夹

夹缬工艺中用来固定面料。

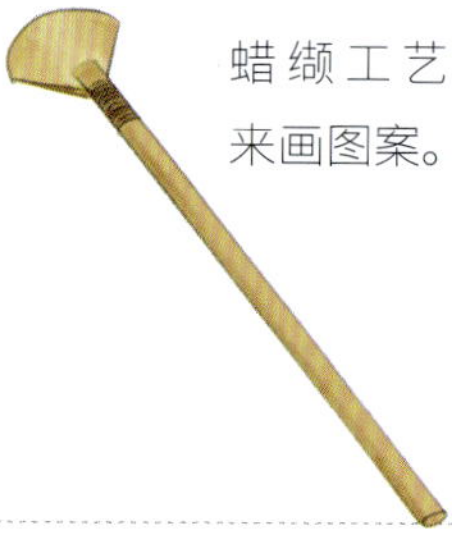

画蜡刀

蜡缬工艺中用来画图案。

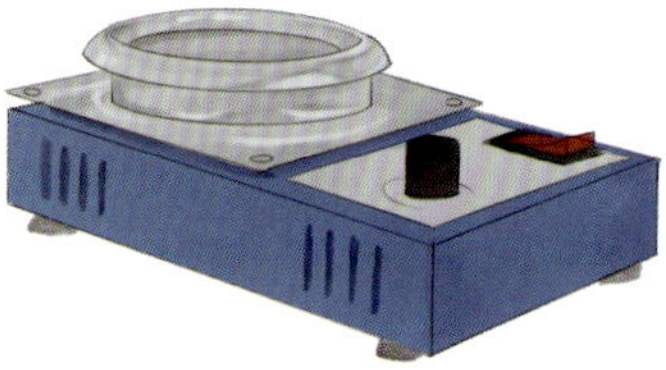

熔蜡锅

蜡缬工艺中用来熔化蜂蜡。

大煮锅

所有工艺都需要用到。

1.2.1 蓝染

蓝染是一种古老的中国传统印染工艺，早在秦汉时期就出现了，目前已经被列入国家级非物质文化遗产项目。蓝染的工艺中又有蜡缬、绞缬、夹缬等花纹的印染。要制作蓝染工艺，需要先进行蓝靛泥制作及建蓝染缸。如何建蓝染缸？

01 在染缸里放入蓝草与清水。

02 用清水没过蓝草，再用石块等重物压住，放置三天，等待蓝草腐烂发酵。

03 用过滤网过滤出腐烂的茎叶。

04 向染缸里倒入石灰充分搅拌。

05 充分搅拌石灰至形成大片靛花（蓝色细密泡沫）。

06 用滤网和纱布过滤，排出多余水分，纱布上剩下靛泥。

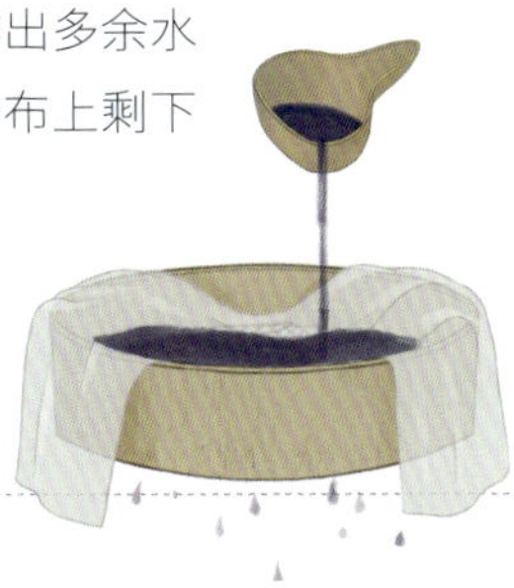

07 将过滤后的靛泥隔绝空气，置于阴凉处储存。

08 在新的染缸中倒入清水，蓝靛泥兑清水化开倒入缸内。

09 在缸中倒入碱与酒充分搅拌。

10 每天搅拌三次染液，直至液体变成黄绿色就可以进行染色了。

1.2.2 灰缬

灰缬，指用豆糊或草木灰等防染剂在布料上印制花纹，将布料染色后，把涂抹防染剂的部分洗净后留白，最终形成花纹。

01 在纸板上刻出要灰缬的图案，做好版纸。

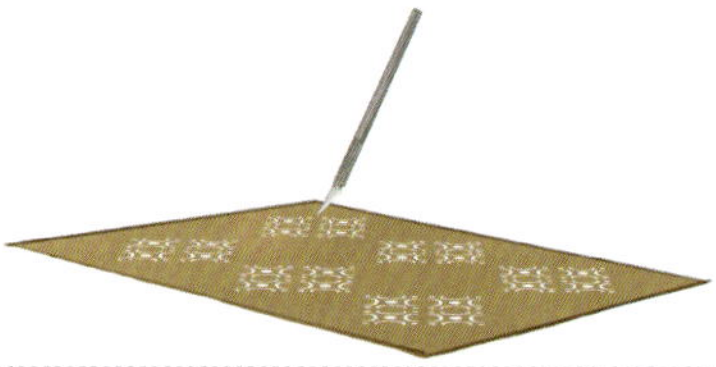

02 在版纸上刷上桐油。

03 石灰和黄豆粉 1 ：1 混合加水调成糊状。

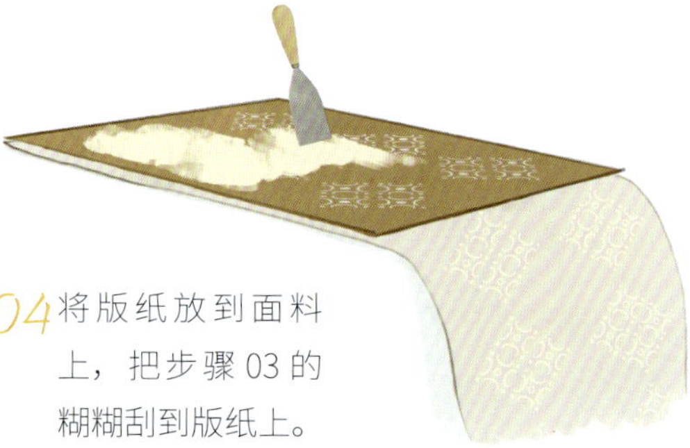

04 将版纸放到面料上，把步骤 03 的糊糊刮到版纸上。

05 将刮好的面料放入染缸染色。

06 染匀颜色以后冲洗面料并用刮板将步骤 04 的糊糊刮掉。

07 晾干面料就制作完成了。

1.2.3 夹缬

夹缬是我国古代印花染色的方法，唐代以后更为普遍。用两块木板雕刻相同的花纹，将绢布对折夹入二板中，然后在雕空处染色，形成对称的染色花纹。后来发展为用镂花油纸版涂色刷印，其染成的织物叫夹缬。

01 将要染色的面料浸湿。

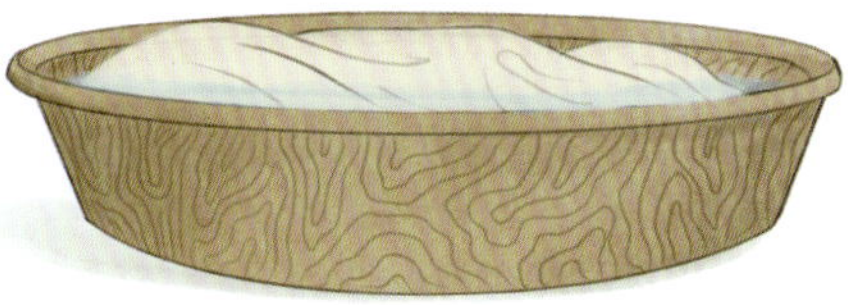

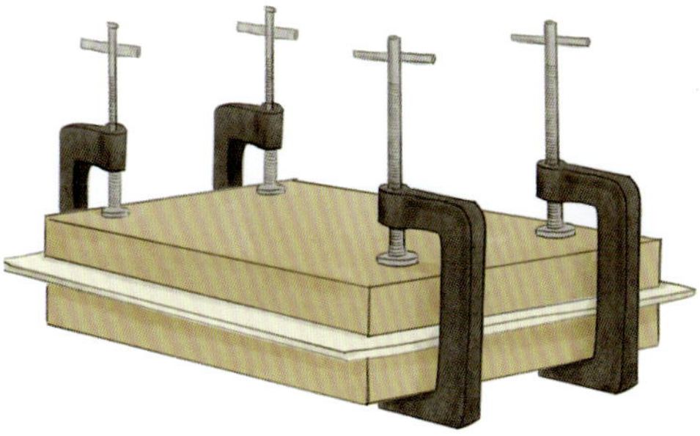

02 将面料对折，夹缬版对齐夹住面料，用 G 形夹固定。

03 将面料夹好放入染缸染色。

04 将染好色的面料拆开晾干。

1.2.4 蜡缬

蜡缬是用蜡刀蘸熔蜡绘画于布后以蓝靛浸染，染后去蜡，布面就呈现出蓝底白花或白底蓝花的多种图案。同时，在浸染中，作为防染剂的蜡自然龟裂，使布面呈现特殊的“冰纹”，尤具魅力。蜡缬图案丰富，色调素雅，风格独特，可用于制作服装、饰品和各种生活实用品。

01 将蜂蜡熔化。

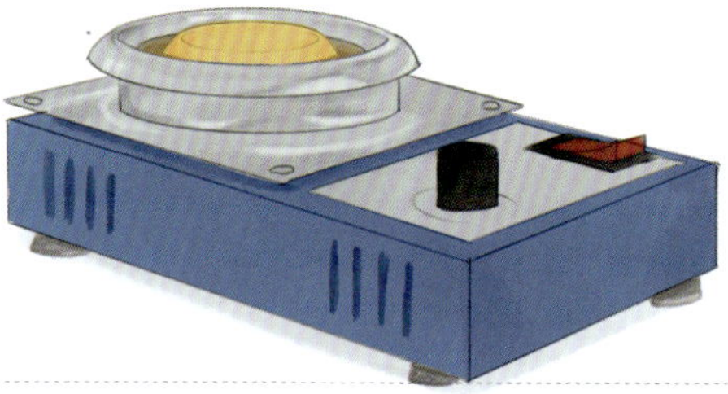

02 将面料平铺，用蜡在面料表面画出图案。

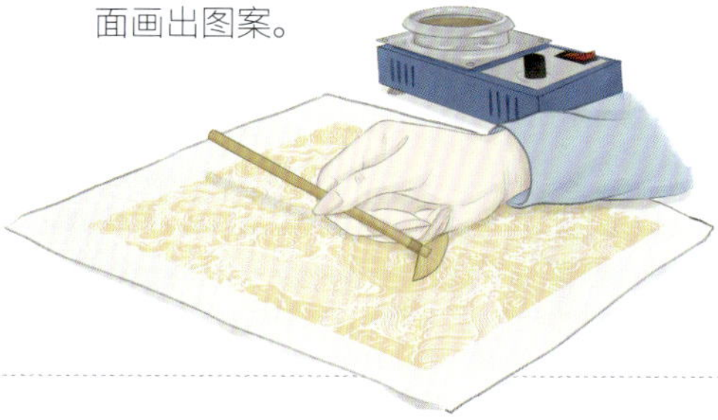

03 将画蜡完成的面料放入缸中染色。

04 在锅中放入碱（固色），将染过色的面料煮三四分钟，使面料上的蜡熔化。

05 将脱蜡的面料放在冷水中投洗，残留的蜡遇冷水冷却后会浮在水面上。

06 将脱好蜡的面料晾干。

1.2.5 绞缬

绞缬工艺分为扎结和染色两部分。它是通过纱、线、绳等工具，对织物进行扎、缝、缚、缀、夹等多种操作后进行染色。其工艺特点是用线将待印染的织物打绞成结后，再进行印染，然后把打绞成结的线拆除。它有 100 多种变化技法，各具特色。

01 将所需要的染料放入锅中煮（图中为栀子）。

02 用棉线将面料扎住。

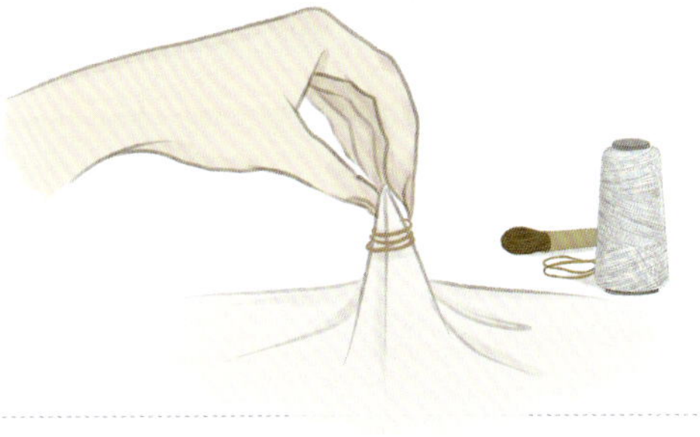

03 将扎好的面料放入染料锅里。

04 在冷水中加入媒染剂。

05 将面料浸泡在加入媒染剂的水中。

06 将面料捞出来晾干。

1.2.6 《千里江山图》的颜色还能染出来吗

《千里江山图》是北宋王希孟创作的绢本设色画，现收藏于北京故宫博物院，也是青绿山水画中的巅峰之作。**原画是由天然矿物颜料绘制出来的，所以经久不衰，即使过了这么多年依旧色彩艳丽。**绘制所使用的天然矿物颜料很多都是珍贵的宝石，这些宝石经过工匠的手细细磨制出来，敦煌莫高窟、敦煌西千佛洞自北朝到清代的壁画和彩塑上都使用了矿物颜料上色，这也是这些壁画历经千百年而依旧绚烂的原因。以下是《千里江山图》中运用到的一些颜色。

① 石青：在矿物学中指蓝铜矿，与孔雀石紧密共生，常见于含铜硫化物矿床的氧化带中，可作为铜矿石来提炼铜，也是寻找铜矿的标志性矿物。由于产出极少，古人多拿它来做名贵颜料，根据具体色度的差异，石青又分别被冠以曾青、空青、白青、金青等不同名称。

② 石绿：孔雀石，因颜色酷似孔雀羽毛斑点上的绿色而得名，是一种古老的玉料，呈不透明的深绿色，具有浓淡相间的条状花纹。孔雀石被研制成颜料后得到石绿，根据细度可分为头绿、二绿、三绿、四绿等，头绿最粗最绿，往后依次渐细渐淡。在《千里江山图》中，石青和石绿主要用以渲染树叶以及山峦顶部，凸显青山叠翠之感，其色鲜艳厚重，远看气势壮阔，近睹妙趣横生。

③ 赭石：赭石是一种独特的红色矿物，古代洞窟中的岩画经常使用这种矿物制成的颜料。实际上，赭石是一种赤铁矿，多呈不规则的扁平块状，可入药，因含氧化铁或氧化锰等，一般呈棕色，亦有呈土黄色或红色者，可做颜料。它的表面多有圆形的突起，习称“钉头”。在《千里江山图》中，画家通过赭石给绢本上底色。

央视春晚播出的《只此青绿》舞剧也是由这幅画改编而来。其实这种青绿山水的颜色也可以用植物染的工艺制作出来。

《千里江山图》局部
王希孟绘
故宫博物院藏

根据舞剧《只此青绿》绘制
杜田绘

1.3 南宋一姐的高奢定制：贴金工艺

福州南宋黄昇墓曾出土大量的丝绸织物和服饰，在随葬的 436 件器物之中，服饰及丝织品有 354 件之多，这些服饰完整度高，版型多样，绫罗丝线，无不精巧，甚至还有一些完整地保留着宋代的苏绣、贴金、泥金等工艺，高超的审美不亚于现在的时装博主，因此黄昇也被民间称为“南宋一姐”。

在南宋一姐的衣柜中，除了精美的苏绣，贴金工艺也保留完好，它们往往只占据服饰的领缘、袖口这些部位，数量不多，但却格外精巧，即使时间已过百年，金色依旧熠熠生辉，为整件衣服的精致度做了不少的提升。

那什么是贴金工艺？贴金工艺也叫销金，是一种十分古老的传统手工艺，最早可以追溯到汉晋时期。这种工艺是在丝绸上铺镂空版，刷上鱼胶，类似于丝网印刷，当然如果绘画技术好，也可以直接勾勒纹样，等到胶水半干，再把金箔铺在胶上面，最后把没有涂粘胶部分的金箔用羊毛刷刷去。由于销金的图案由整块金箔粘贴而成，所以经过销金工艺呈现出来的图案相对更闪亮，而金箔脱落时形成的细微不规则边缘，也使图案多了几分手工作品独有的灵动感，因为都是足金，因此即使过了百年之久，也依然璀璨生辉。中国古代织物上的金饰工艺有十数种，在《唐六典》中就有记载贴金、拍金、镀金、织金等 14 种金饰工艺；而宋代贵族服饰用金则有 18 种之多，有史料记载的就有销金、间金、缕金、圈金、泥金、织金等，从宋代到明代，是丝织物上使用金工艺的高峰期。

那么如何在衣服上贴金呢？根据黄昇墓发掘报告阐述如下。

贴金工艺所需工具

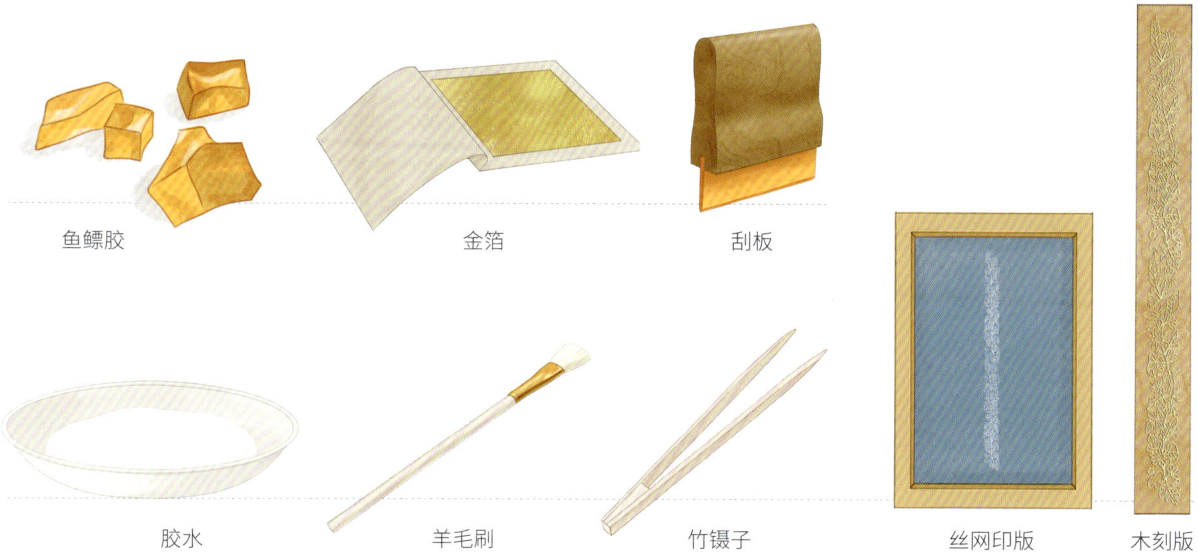

1.3.1 传统泥金工艺

01 将胶水与鱼鳔胶用手指腹混合调匀。

02 使用竹镊子夹起金箔放入胶水中一起研磨。

03 用手指腹继续研磨金泥至均匀呈泥状。

04 用刻好花纹的木板蘸取颜料拓印在面料上。

1.3.2 传统贴金工艺

01 将胶水与鱼鳔胶混合调匀。

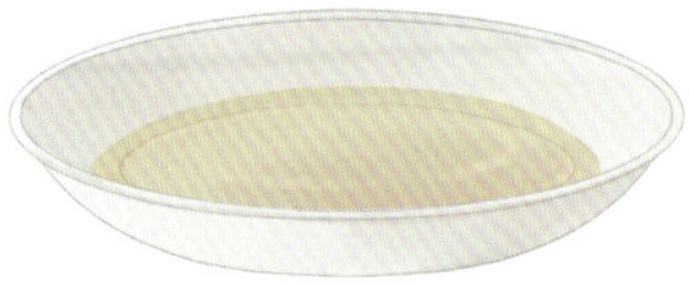

02 在木刻版上均匀地刷上胶水。

03 将胶水印在面料上。

04 等面料半干时，将金箔用竹镊子轻轻覆盖于胶水之上。

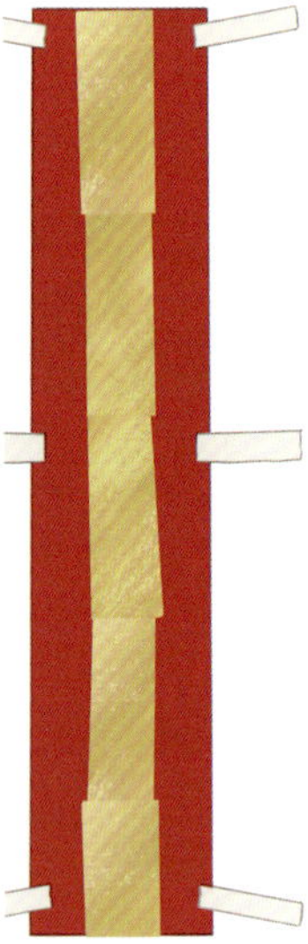

05 用纸盖在金箔处，用羊毛刷压紧，以确保金箔能均匀粘上。

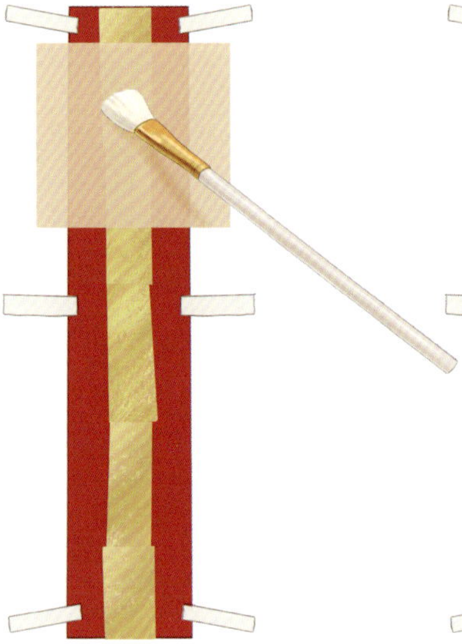

06 用羊毛刷轻柔地扫去多余的金箔。

TIPS
扫下来的金箔也不要浪费哦，可以用来制作泥金。

1.3.3 现代改良贴金工艺

01 用划粉在面料上画出需要贴金的部分。

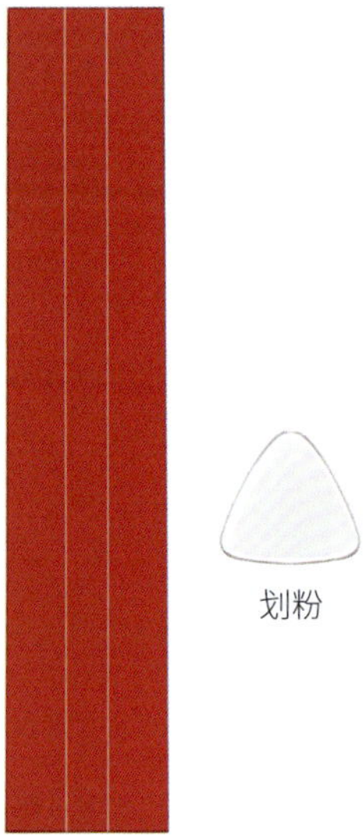

02 用夹子将面料绷直，下方可以固定一块硬纸板。

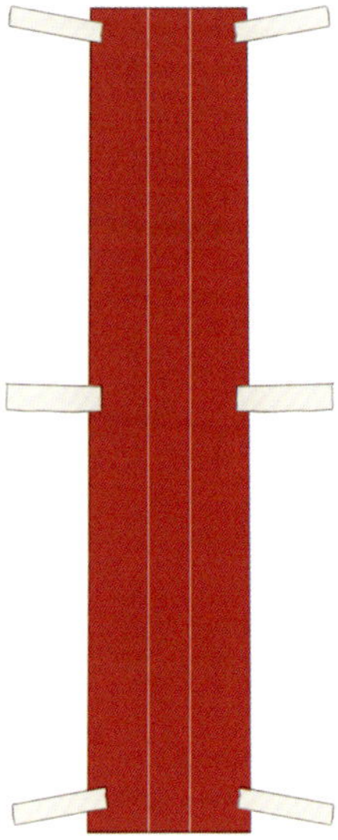

03 将雕刻好的丝网版覆盖在面料上。

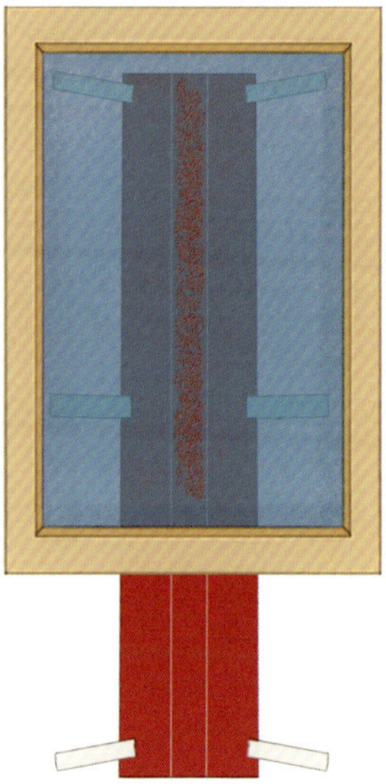

04 将胶水挤在丝网版上。

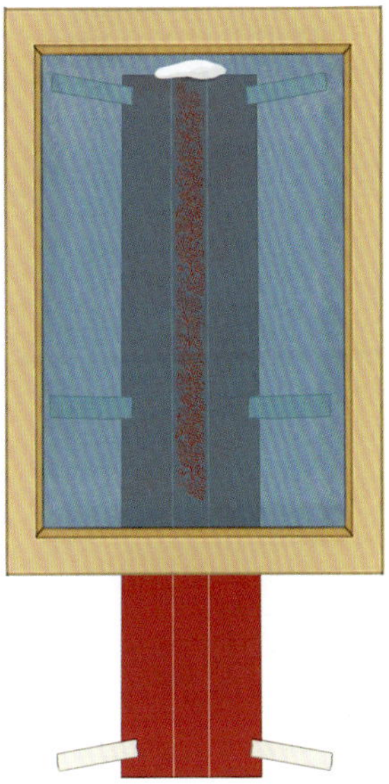

05 用刮板将胶水均匀地刷开。

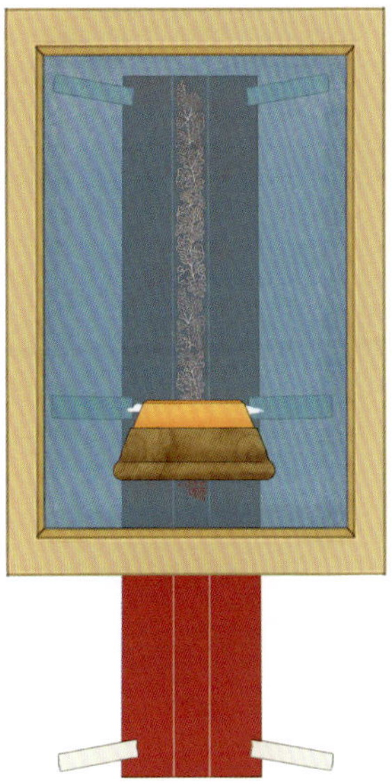

06 将胶水晾至半干，一般这时白色的乳胶会呈现出透明状。

07 用竹镊子将金箔均匀地放置在胶水上。

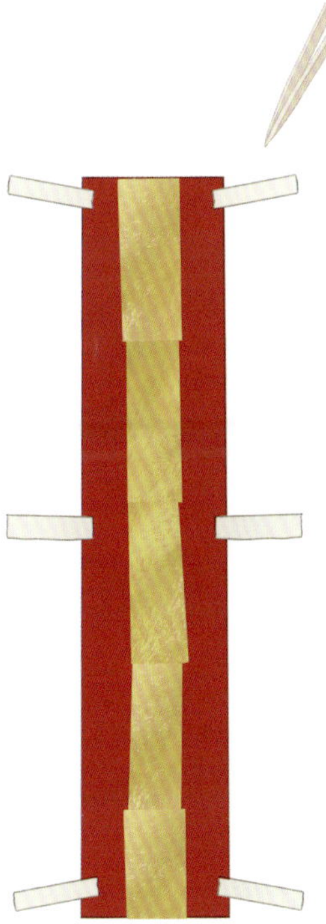

08 用纸盖在金箔处，用羊毛刷压紧，以确保金箔能均匀粘上。

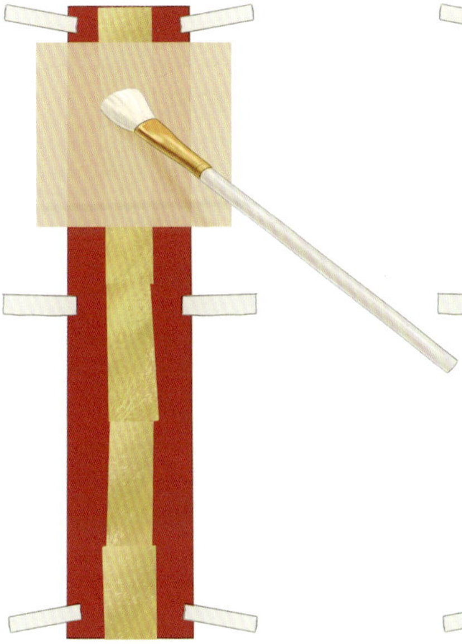

09 用羊毛刷轻柔地扫去多余的金箔。

1.4 衣物上也可以画画：手绘工艺

古人在衣物上作画，最早可以追溯到新石器时代。后来在《释名》中有记载："王后之上服曰袆衣，画翚雉之文于衣也。"皇后的衣服上需要绘制彩色的锦鸡。宋代，在衣物上绘制纹样更是流行，南宋出土的不少衣服上还残存着绘画的痕迹。

衣物手绘所需工具

如果在古代只需要矿物颜料和画笔即可，但是现代可以选用更为科学的方式来辅助我们完成更精细的绘制。

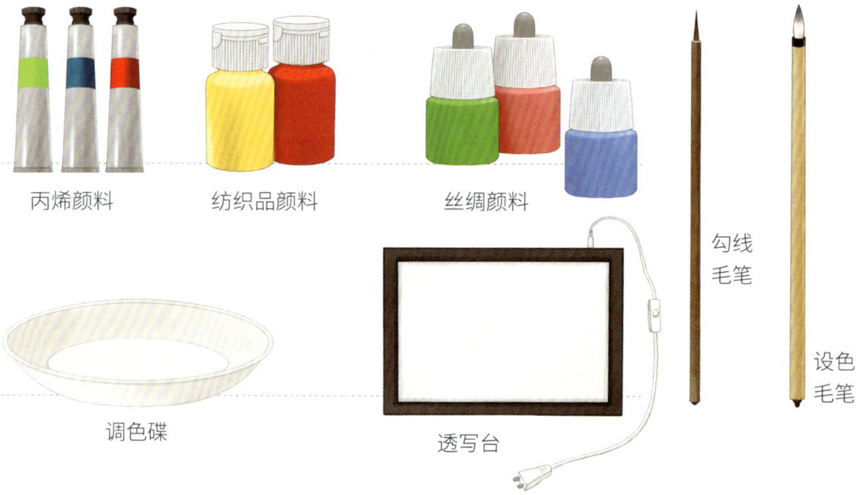

01 在纸张上绘制底稿。

02 将需要绘制的面料和底稿都放置到透写台上。

03 面料为深色的需要先铺设底色。

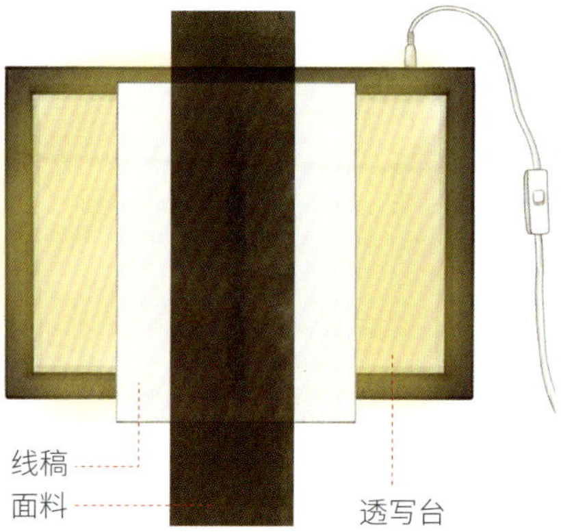

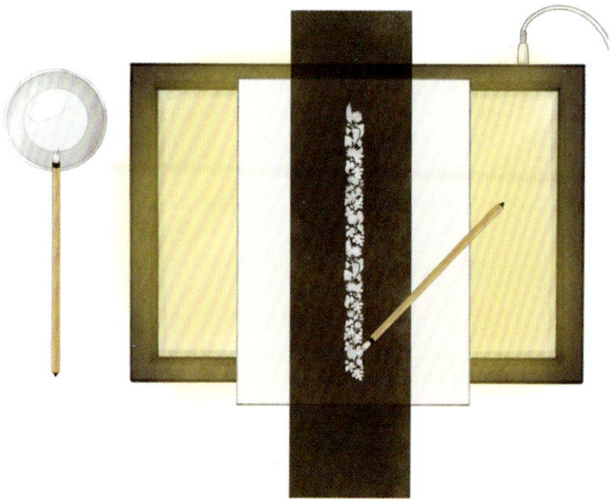

04 用设色毛笔填大块的纹样颜色。

05 用勾线笔勾勒茎部和花心这类细节纹样。

06 将纹样晾干即完成了绘制，也可以多次上色。

1.5 故宫国宝十二花神衣：刺绣工艺

绝美的故宫国宝十二花神衣贵重在哪里?

看戏是清宫各位贵人们节日里的主要娱乐活动之一。而戏服就像高定礼服之于艺人，那会儿的戏服的精美程度令人咋舌。

花神衣，是演员扮演各月花神时所穿的戏衣，每件均表现当月的节令特征，如八月是月桂主题，主体纹样以白兔和桂花为主，间隔平金绣如意、皮球花纹。每只白兔外用平金线做八合如意圈边，规则对称排列；折枝桂花散绣如意圈间，三蓝的枝叶，点缀着簇簇橘黄桂花，显得秀雅悦目。这系列戏服的精美在很大程度上是源于完成它的不同刺绣工艺。

那什么是刺绣工艺?

在中国古代，刺绣也称为针绣，是以绣针穿引彩线，在纺织品上，通过针脚的穿梭，形成斑斓花纹图案的工艺。古人亦称其为“黹”或“针黹”。刺绣多出自女子之手，故被称作“女红”，是女子必备的重要技艺之一。

中国的刺绣工艺历史悠久。湖北与湖南出土的战国、两汉时期的绣品，技艺均堪称高超。至唐宋时期，刺绣技艺愈发精湛，针法细密，色彩丰富，常用于书画、饰件等的制作。明清时期，宫廷绣工规模宏大，民间刺绣亦蓬勃发展，涌现出苏绣、粤绣、陇绣、湘绣、蜀绣五大名绣，此外还有顾绣、京绣、瓯绣等各具特色的绣种，传承至今，历久弥新。

刺绣的针法丰富多样，包括齐针、套针、扎针、长短针、打子针、平金、戳纱等多种技法，每一种都独具特色，展现出刺绣艺术的博大精深。按材料分类，刺绣又可分为丝绣、羽毛绣和发绣等。绣品的用途广泛，不仅用于生活服装、歌舞戏曲服饰，还应用于台布、枕套、靠垫等日常用品，以及屏风、壁挂等装饰物。明代时，顾绣以其独特的风格而闻名于世。

在渭南地区，刺绣技艺世代相传，遍布全市。绣品种类繁多，包括枕、童帽、裹肚、门帘、鞋垫、床围等生活用品，图案多为花鸟虫鱼和风俗画面。潼关一带的妇女擅长将牡丹和荷花绣于布马镫上，技艺精湛，被誉为“东府刺绣一绝”。随着时代的变迁，绣品内容不断更新，一些传统绣品更是走俏外贸市场。

值得一提的是，唐代安乐公主所拥有的百鸟裙，便是羽毛绣的杰出代表。这两件百鸟裙以天然羽毛制成，不仅展现出山水花鸟的美丽画面，更体现了羽毛绣在日用品如抱枕、地毯、服装等方面的广泛应用。刺绣作为中国传统手工技艺的瑰宝，在历史的长河中熠熠生辉，为后世留下无尽的瑰宝与回忆。

苏绣工艺所需工具

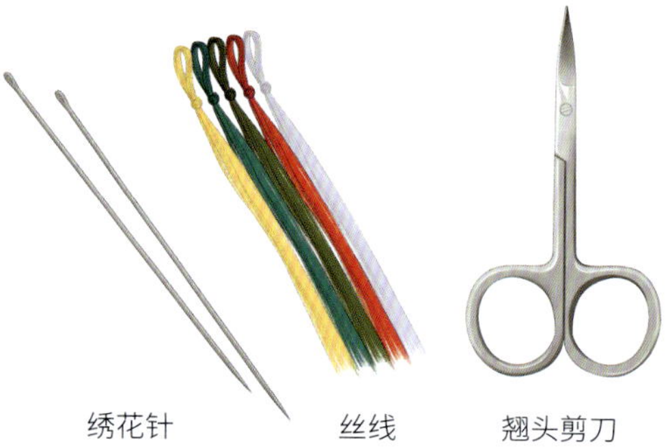

绣花针　丝线　翘头剪刀

绣棚

绣箍

01 先在纸样上勾画出刺绣纹样的底稿。

02 将绣花样勾画到需要刺绣的面料上。

03 将丝线劈开，分成需要的股数。

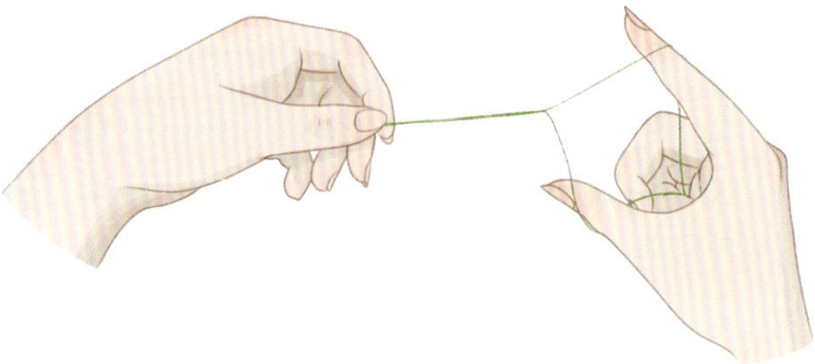

04 将丝线穿过绣花针备用。

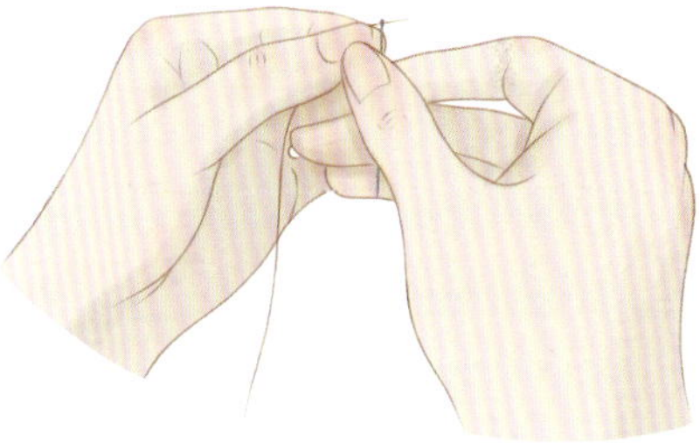

05 将面料绷在绣棚或者绣箍上，注意要绷平整、紧致。

06 根据纹样色彩进行刺绣。

1.6 《延禧攻略》奢侈品：绒花工艺

电视剧《延禧攻略》带起了一股中国奢侈品风，而其中走进大家视野最多的就是绒花。富察皇后的穿戴有别于以往我们看到的清宫剧造型，没有大拉翅旗头，有的只是素净的小发髻，搭配几朵精致的绒花。其实这也是符合历史的，富察皇后比较节俭，不喜爱富贵的大珠宝，平日里喜爱用绒花装饰，这部剧的造型也确实与之相符。

那到底什么是绒花工艺？

绒花制作技艺分为北派和南派技艺，北派以北京绒花为主，南派以南京绒花和扬州绒花为主。明末出现了做花行业，种类繁多，绒花为其中一种，但并未大范围流行；一直到清朝，尤其是康熙乾隆时期，往旗头上插戴绒花的行为在宫内贵族中流行起来，这些绒花款式多取自“吉庆有余”“龙凤呈祥”等吉祥语词。由于“绒花”与“荣华”谐音，佩戴绒花有着荣华富贵的寓意，因此绒花在宫廷中大受欢迎。随着清朝的衰亡，绒花从宫中传到民间，从此普通的妇女们也流行佩戴绒花，佩戴绒花成为一时风尚。

制作绒花所需工具

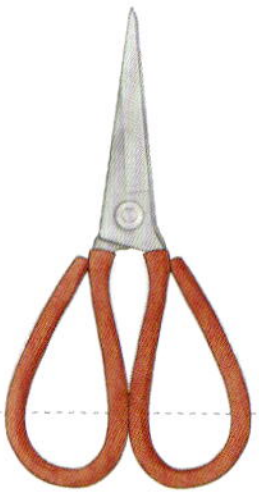
剪刀

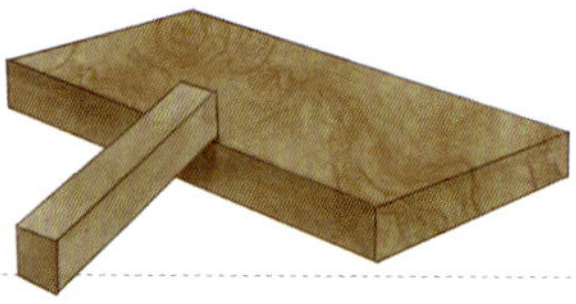
搓丝木板

木板夹

羊毛剪刀

熟丝

胶水

退火铜丝

镊子

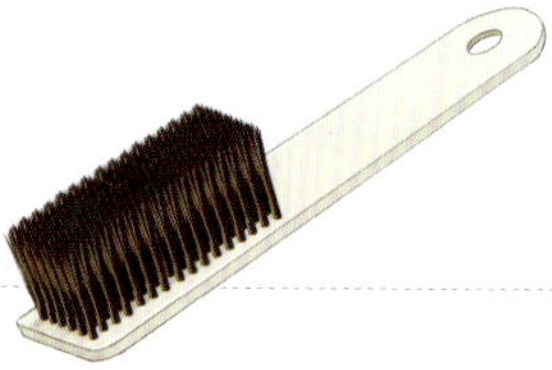
鬃毛刷

QQ 线

01 将各色熟丝按照顺序排成绒排。

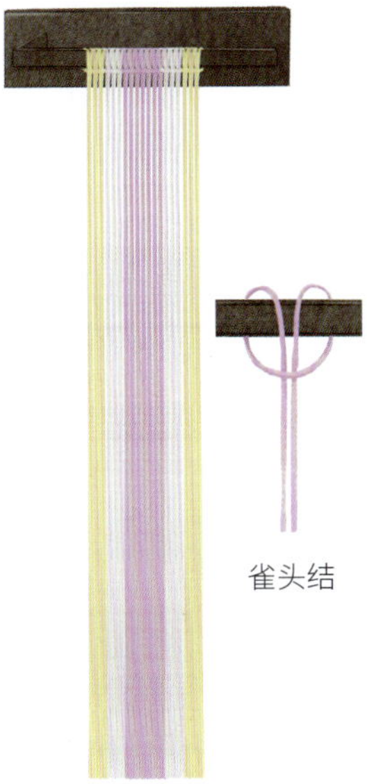

02 用鬃毛刷将绒排刷均匀，使之前打捻的丝线变得蓬松。

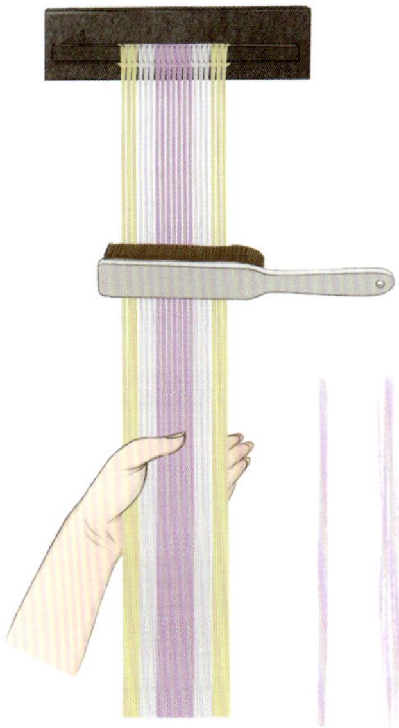

03 用木夹将绒排绷直，取铜丝按照所需要的绒条宽度间隔开，并用铜丝夹住绒排。

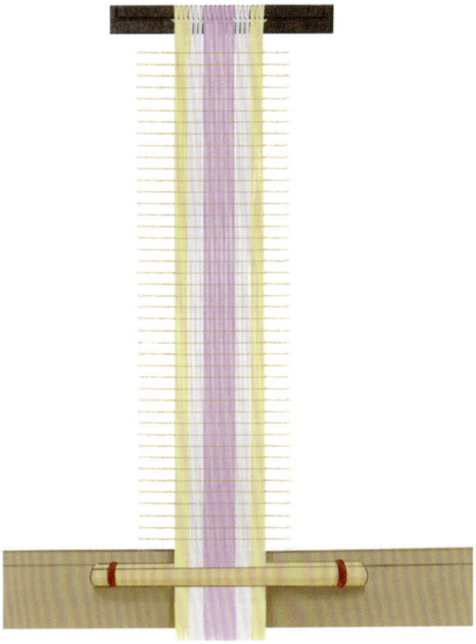

04 用刀刃长的羊毛剪刀从两个铜丝之间剪断绒排。

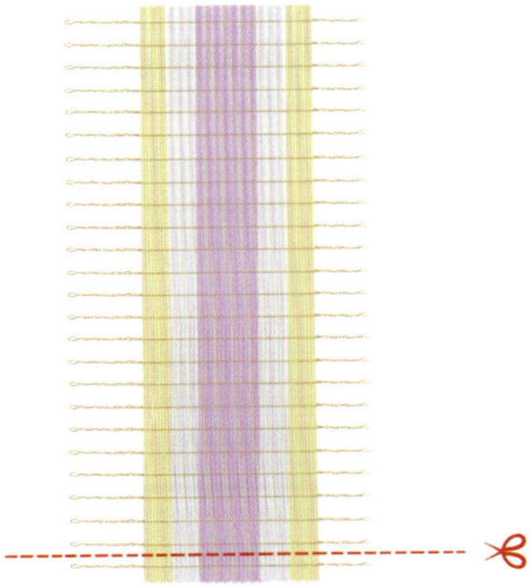

05 将剪下来的单个绒条放置好。

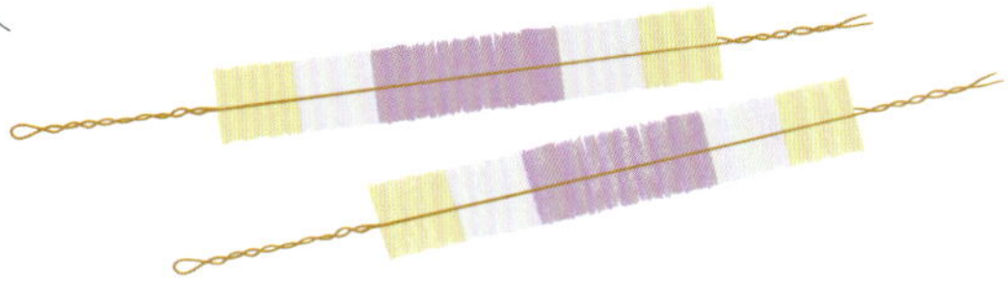

06 取一枚绒条，双手同时反方向捻搓绞紧铜丝。

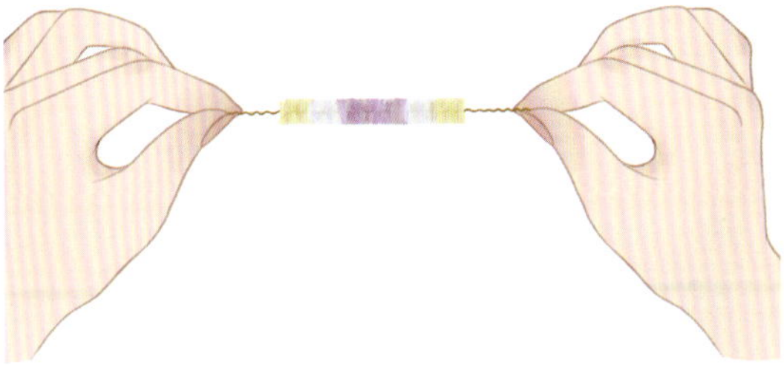

07 用木制搓丝板进一步搓捻加工，使其变成均匀圆润的绒条。

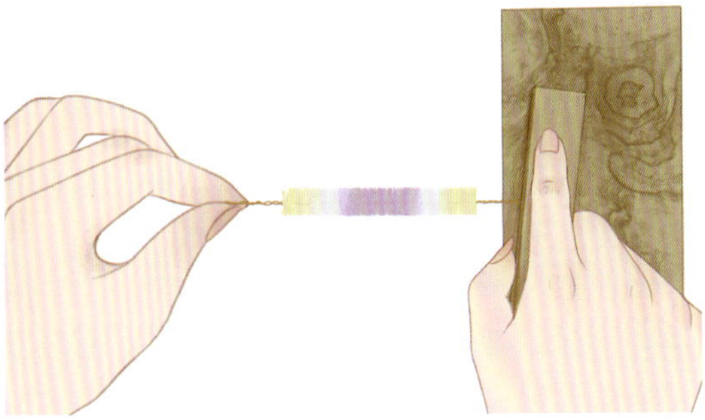

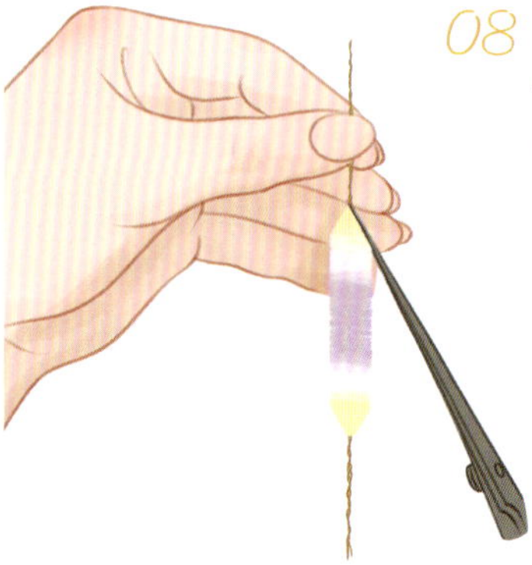

08 用剪刀将绒条修剪成需要的形状。

09 将绒条对折，并用镊子将两侧的铜丝拧紧，调整成想要的形状（图中为花瓣的形状）。

10 参考以上步骤制作叶子。

11 用剪刀将绒条修剪成需要的形状。

12 将绒条对折，并用镊子将两侧的铜丝拧紧，调整成想要的形状（图中为叶子的形状）。

13 将花瓣形状的绒条和叶子形状的绒条用 QQ 线捆绑在一起成为一组绒花。

14 重复以上步骤，制作几组绒花，根据需求用 QQ 线将其组装在一起。

15 为发簪寻找合适的主体，可以是银铜制作的簪棍，也可以是 QQ 线缠绕的软杆。

第2章

制作篇：汉服制作基础手法

2.1 复原汉服制作必备工具和材料

在制作汉服之前需要一些工具，下面将会逐一介绍制作一件汉服需要的工具。

手针

用于缝合和扦边，根据需要的针法和面料材质决定手针的型号。

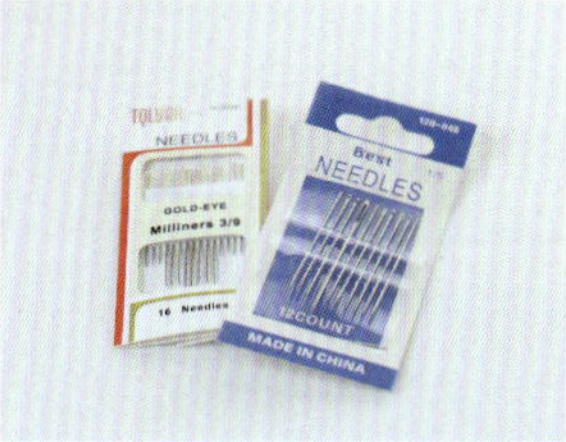

机针

缝纫机上用的针，根据需要的针法和面料材质决定机针的型号。

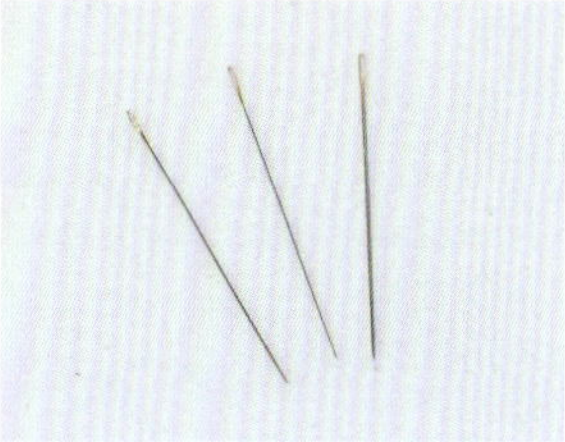

立裁针

用于固定待缝合的面料。

针包

用于收纳珠针、手缝针等。

纱剪

用于剪线头和打剪口。

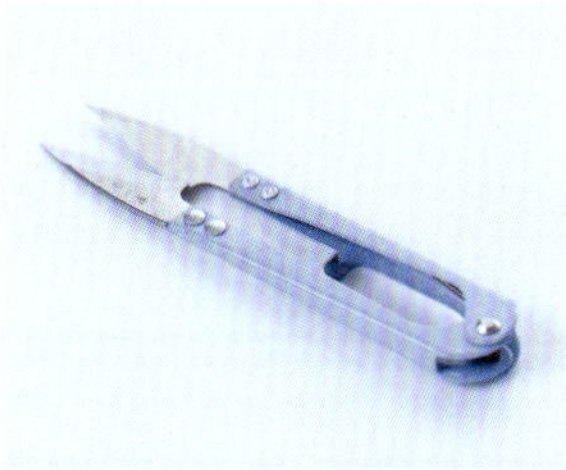

拆刀

拆线时使用。

镊子

用于翻布，或者处理细小部位。

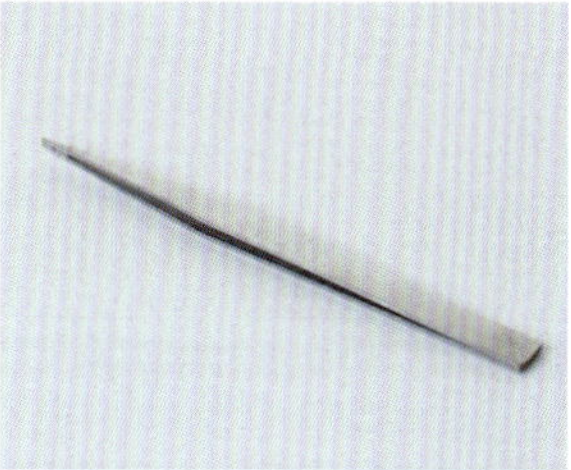

锥子

用于钻眼、翻面料等。

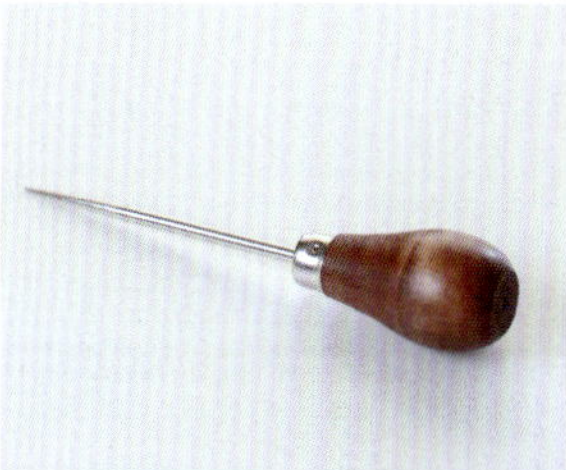

裁布剪刀

用于裁剪面料。

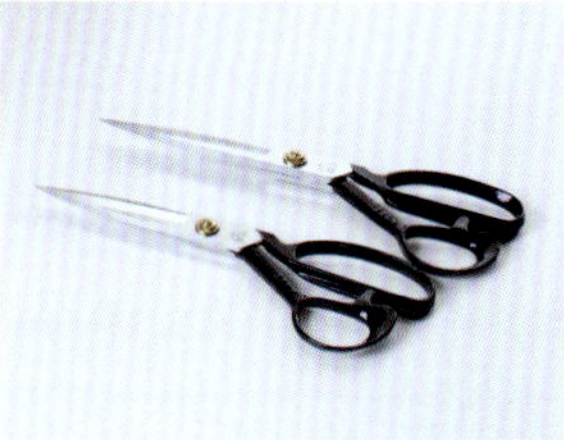

真丝上浆液

让面料更为硬挺，方便缝纫，并且可以防止面料边缘脱丝。

电熨斗

用于熨平面料，整烫服装。

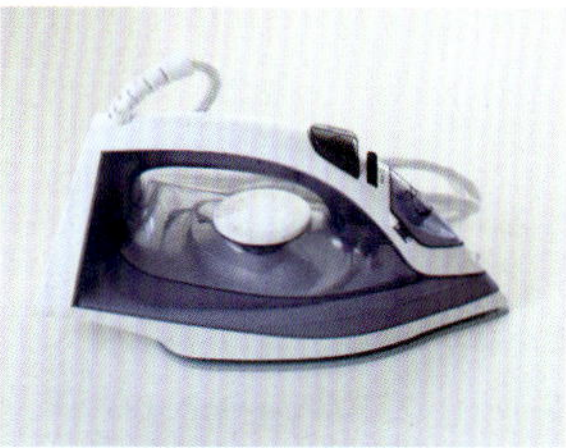

涤纶缝纫线

以涤纶为原材料生产的缝纫用线，相对应的还有棉线、丝线等天然线，但是涤纶线更为结实、稳定。

直尺

用于测量和画辅助线。

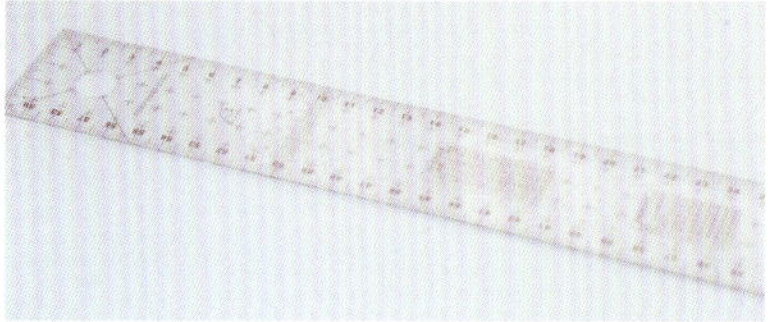

米尺

用于测量面料长度，1 尺为 1 米。

弧形尺

用于测量腋下弧度。

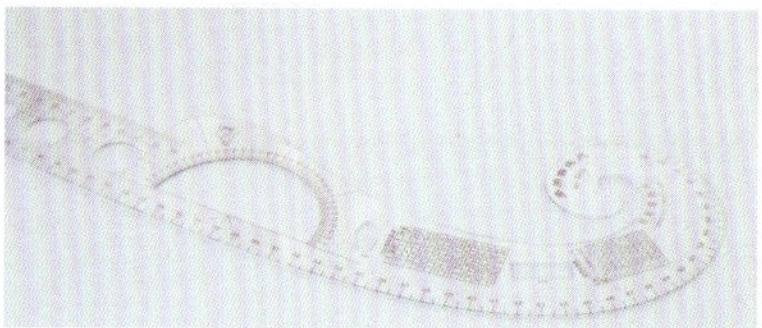

皮尺

用于测量人体围度。

划粉

用于在面料上画线。

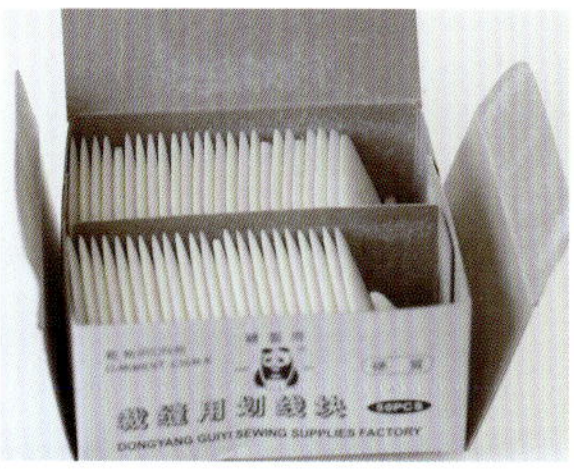

水消笔

用于在面料上做记号，遇水就会消失。

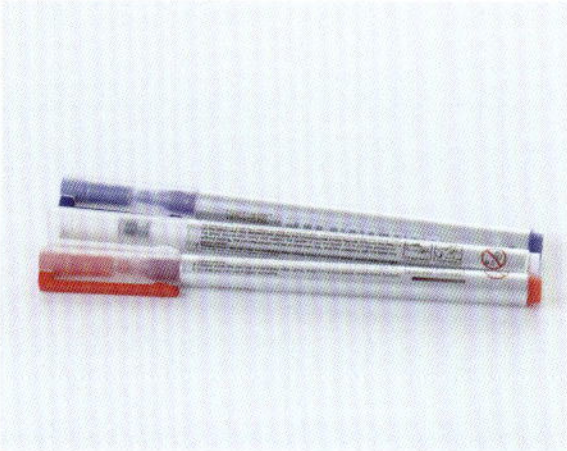

嵌条

单面有胶的嵌条，有直丝和斜丝两种。

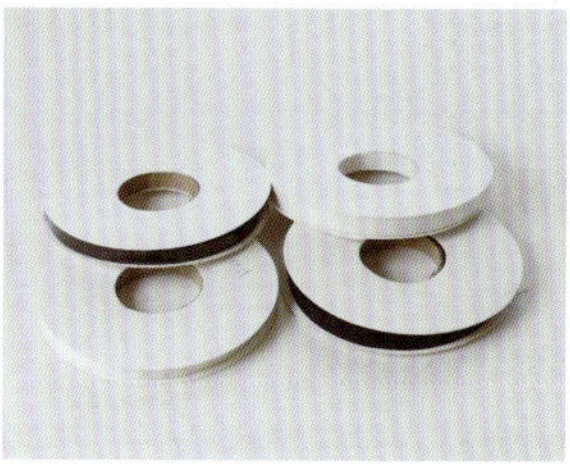

缝纫机

用于缝制棉、麻、丝、毛和人造纤维等织物，线迹整齐美观，平整牢固。

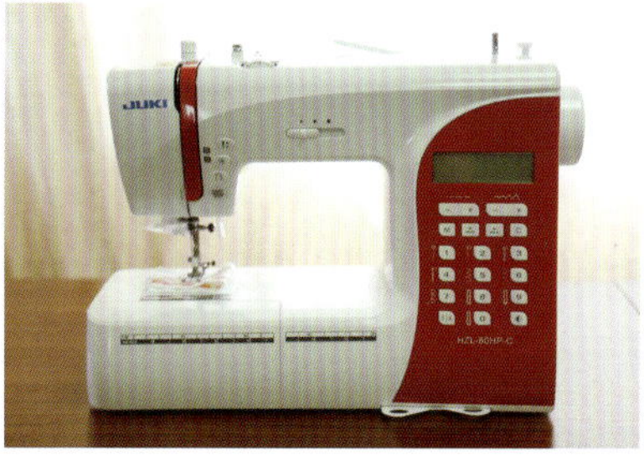

无纺衬

也叫纸衬，有胶点的一面可以熨烫在面料上，使面料硬挺有型。

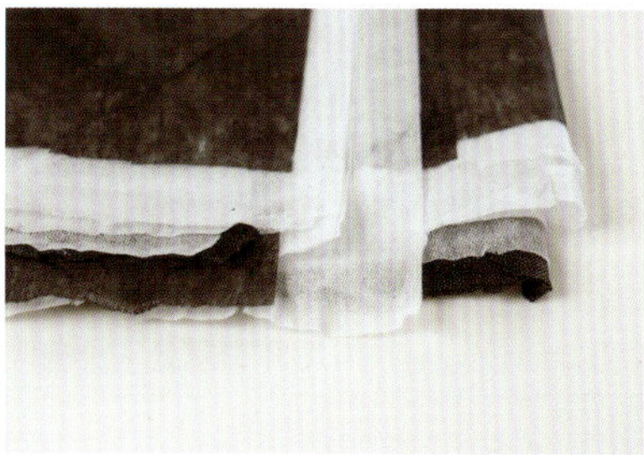

丝网印版

制作好的丝网印刷用版，在贴金时使用。

金箔

贴金时使用的金箔，有仿金箔也有真金箔。

纺织颜料

用来在织物上进行手绘用的专用颜料，红黄蓝三色可以调出不同的颜色。

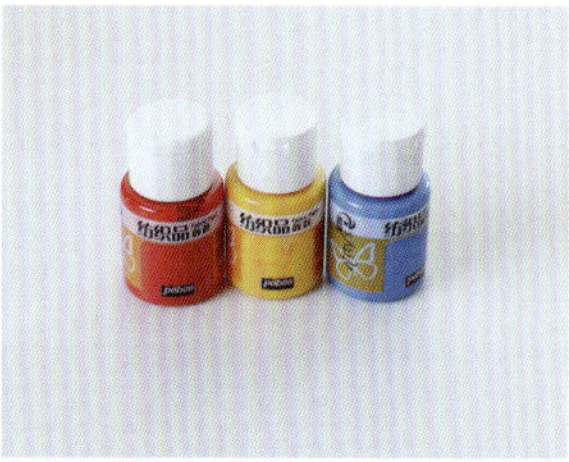

包边条压脚

压脚为缝纫机配件，可以调节宽度，适合在面料包边时使用。

定位夹

用来固定面料的位置和组合面料，使用以后便于车缝，面料不容易移位。

2.2 图解基本手缝针法

和时装制作不同，在汉服的制作中，手缝针的使用频率非常高。古代没有缝纫机，因此整件衣服都是利用不同针法手缝而成的，难怪有“慈母手中线，游子身上衣”的说法。中国古代除了大户人家有专门的制衣店铺，大多数人的衣物都由母亲或者妻子完成，这一针一线之中，除了密密的针线，更是藏了爱意与亲情。古代物资匮乏，因此他们也会格外珍惜衣物，补丁更是常见，民间素有“新一年，旧一年，缝缝补补又一年”的说法。即使是富贵人家，他们也会在衣物上做一些小细节来减少衣服的浆洗频率，例如，在容易沾染汗渍的部分加上护领，护领可以拆下单独清洗。在中国丝绸博物馆中展出的留存完好的汉服，可以看到很多这样的细节，这些细节也展示着古人的智慧。这一节，我们就来看看几种手缝针法都是如何缝制的。

2.2.1 平缝法

平缝法是最基础的手缝方法，主要用于将两层衣片的边缘对齐后缝合，以使边缘不松散。针尖在布的正面，行针方向由右向左，按照先下后上、针脚等距的步骤向前缝，针距为0.3~0.5cm。针距均匀，线路顺直或圆顺，拉线松紧适宜，衣料的表面平整服帖。

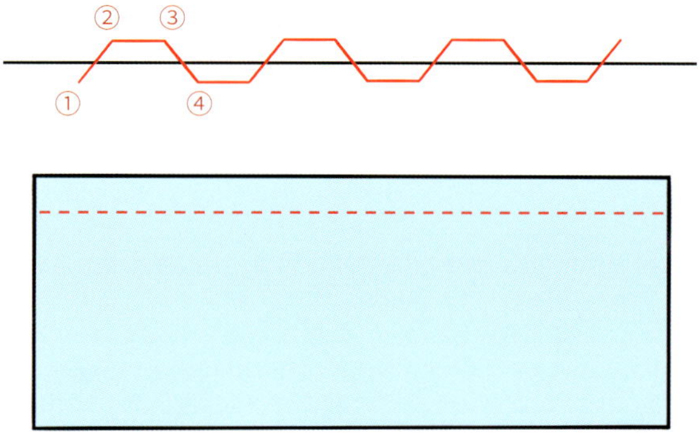

正面效果

2.2.2 倒针法

主要用于加固线头和防止线头松动或断裂。将针线穿好，线尾打结，确保线头牢固，从面料的背面开始，将针穿出并拉紧线。在出针处附近下针，然后将针线拉过去，形成一个线圈。在线圈中选择一个位置，然后拉紧线圈，注意不要拉得太紧，以免面料缩皱。在出针处附近再次下针（注意不能压着前一个针眼，以免针圈扭曲），接着按照之前的针距继续缝制。

这种针法无论是在正面还是反面，针与针之间都没有空隙，因此缝合得非常结实。

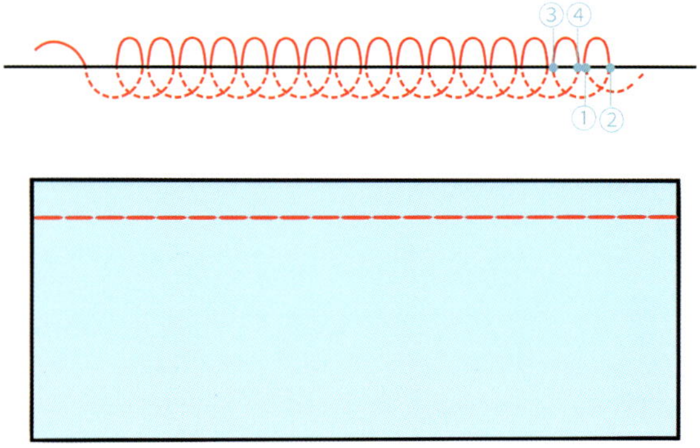

正面效果

2.2.3 攃针法

又称“绷缝”“扎缝”，针距可大可小，起临时固定的作用，经过撩缝后，要把攃（zhài）线拆掉。

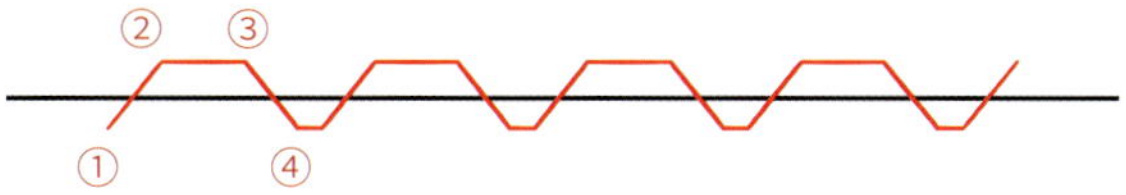

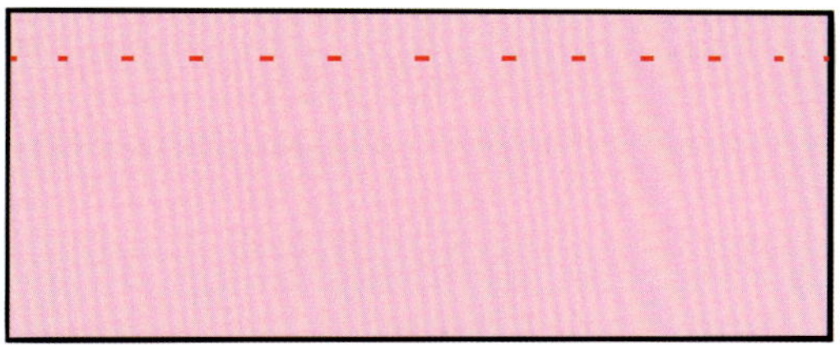

背面效果

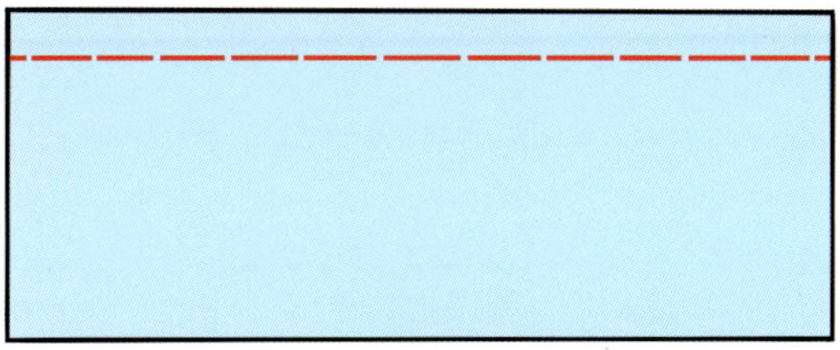

正面效果

2.2.4 暗针法

暗针法一般适用于下摆、袖口等地方，主要是达到不显露线迹的目的。折边之后，从折边沿进针，把线结藏在面料里，然后在下层面料上穿过一两根纱线，接着从折边沿进去。整个针线基本上都走的折边内部，正面只有很小的点状线迹，若使用同色线则基本看不出有线迹。线迹要顺直不外露，间隔要均匀。

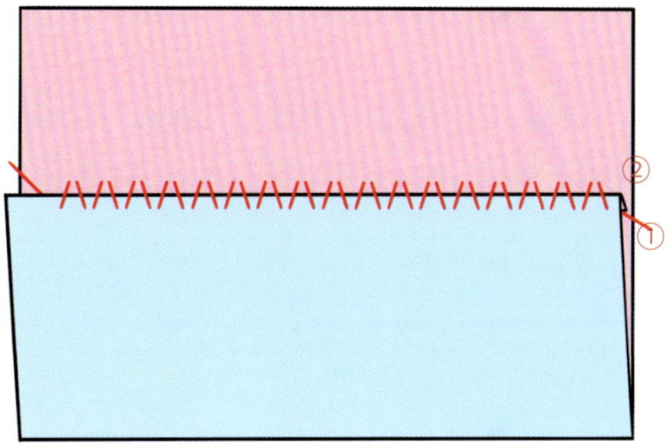

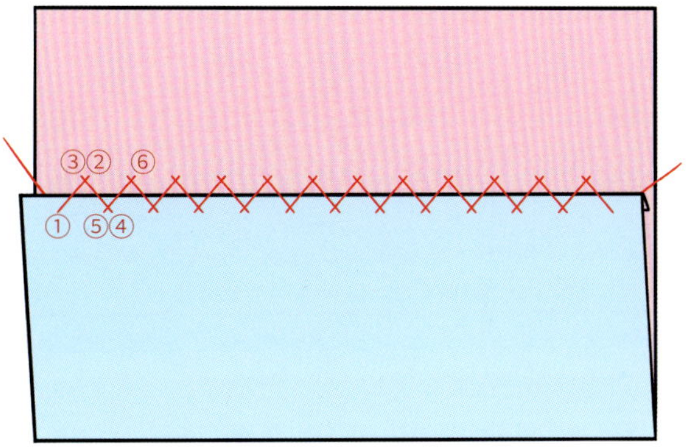

2.2.5 三角针法

三角针法在缝纫工艺中起固定折边的作用，常用于衣服下摆折边、袖口折边、裤口折边、西服领外领口包边等，它既能拦住毛边，又能起到装饰的作用。行针方向自左向右，针入布方向自右向左，针距的大小不等，一般为 0.3~1cm 左右，注意针距均匀整齐，衣片的正面不可露出线迹。

2.3 认识面料材质

根据纺织纤维的来源，可以把面料分为天然纤维面料和化学纤维面料。广泛运用的天然纤维有棉、麻、毛、丝、皮。化学纤维分为合成纤维和再生纤维。合成纤维包括涤纶、锦纶、腈纶、氨纶等，再生纤维包括黏胶纤维和醋酸纤维。

也可以以织造工艺对面料进行分类：梭织面料、针织面料和非织造面料。梭织面料是经纬纱交织织造的面料。针织面料是线圈相连织造的面料，非织造面料包括了人造皮革一类的特殊面料。

在制作汉服的时候，比较推荐使用天然纤维的面料，穿着更为舒适。

2.3.1 常规面料

棉布

优点：舒适保暖，贴身柔和，吸湿性强，更透气。

缺点：易皱，易缩水变形，不挺括，容易黏毛。

苎麻

优点：抑菌防螨，吸湿透气，防霉耐磨。

缺点：弹力延展性低，粗糙，穿着有刺感，容易破损。

亚麻

优点：透气散热，抗菌，防静电。

缺点：弹力延展性低，易皱。

蚕桑丝

优点：有光泽感，吸湿透气，隔离紫外线。

缺点：染色牢固度低，弹力延展性低，容易勾丝，易皱易缩水。

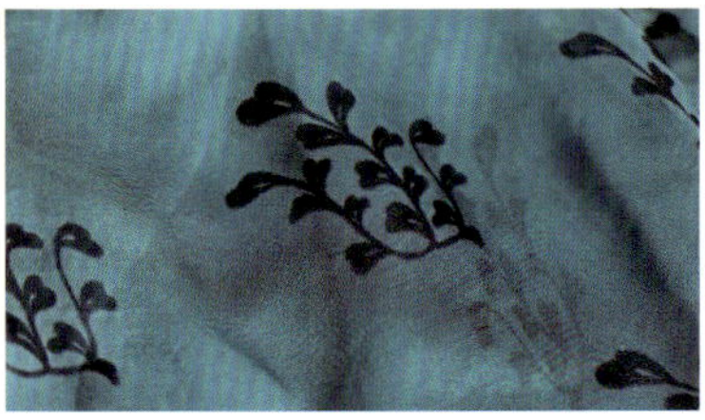

欧根纱

优点：清透有骨架感，顺滑有质感。

缺点：比较硬，压褶不容易恢复。

羊毛

优点：保暖，透气。

缺点：容易起球，缩水，毡化虫蛀，不易打理。

2.3.2 绫罗绸缎

在中国面料历史上，我们最常说到的就是绫罗绸缎，那么这几种面料还存在吗？

绫

以斜纹组织为基本特征的丝织品，可以分为素绫和纹绫。素绫是单一的斜纹或变化斜纹织物，纹绫是斜纹地上的单层暗花织物。绫在唐代最为盛行。

湖绫（植物染）

罗

全部或部分应用罗组织的织品，由甲、乙经丝每隔一根或者三根以上的奇数纬丝方扭绞而成，有直罗、横罗、花罗、素罗之分。

花罗（植物染）

绸

采用平纹组织或变化组织，经纬交错紧密的丝织物。绸面挺阔细密，手感爽滑。

印花绸

缎

采用缎纹组织或外观平滑光亮、细密的丝织物。

提花缎

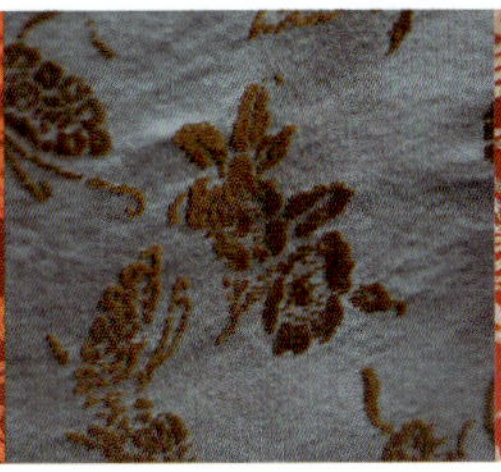

漳缎

织金缎

2.3.3 其他面料

其实除了我们经常念叨的绫罗绸缎，还有一些其他品类，像是纱、绢、纺、绡、锦、绒、呢等。

纱

全部或者部分采用由经纱扭绞形成均匀分布的纱眼的纱组织丝织物。

印花西丽纱

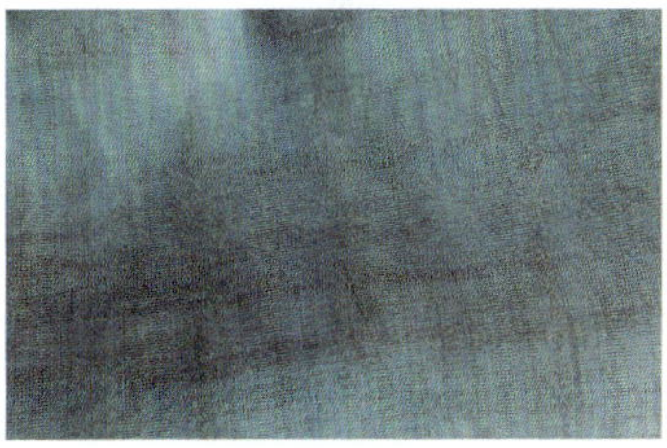

印花欧根纱

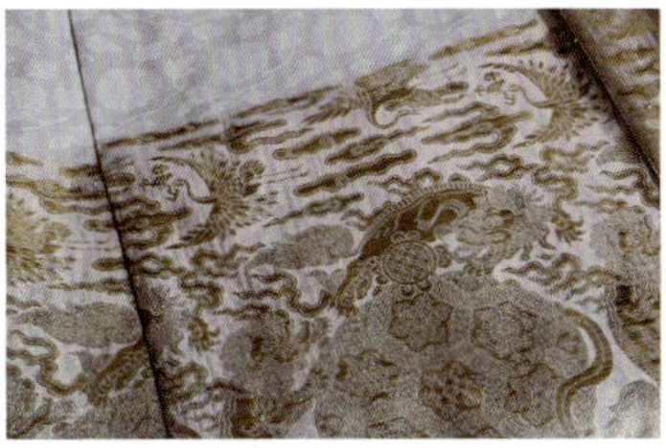

化纤织金

化纤提花

锦

在三色以上纬丝织成的缎纹地上织出的绚丽多彩、古雅精致的花纹织物。有库锦、蜀锦、宋锦、云锦等。

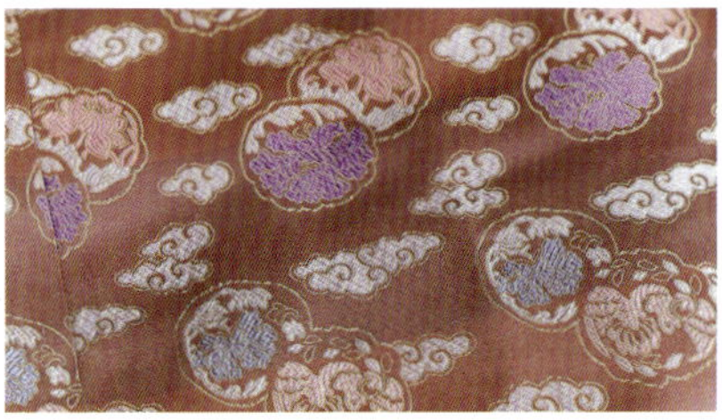

云锦

宋锦

除此之外，还有一些特殊面料，在制作汉服时也经常使用。

“香云纱”俗称“白坯纱”，又名“薯莨纱”，经过晒莨后的成品称“莨纱”，已有1000多年的历史。它是中国一种古老的手工制作的植物染色面料，也是国家级非物质文化遗产项目。由于它制作工艺独特，数量稀少，加之该面料具有凉爽宜人、易洗快干、色深耐脏、不沾皮肤、轻薄而不易折皱、柔软而富有身骨等特点，特别受到沿海地区渔民的青睐。在过去，香云纱被称为“软黄金”，只有朱门大户人家才能享用。在织造上，它是经线以绞纱织成带有几何形小提花的白坯纱，再用广东特有植物薯莨的汁水浸染桑蚕丝织物，后用珠三角地区特有的富含多种矿物质的河涌淤泥覆盖，经日晒加工而成。由于穿着走路会“沙沙”作响，所以最初叫“响云纱”，后人以谐音叫作“香云纱”。

香云纱

香云纱做汉服的加工方式很多。

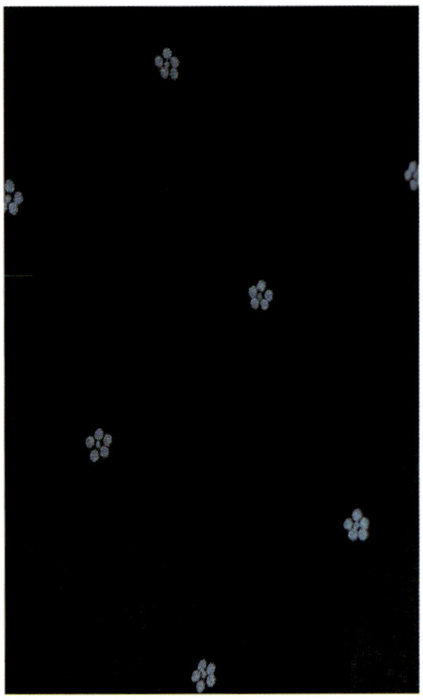

靛蓝灰缬香云纱

糊型染香云纱

植物染香云纱

贴金香云纱

手绘香云纱

缂丝是一种挑经显纬形成花纹边界，具有犹如雕琢镂刻的效果，且富双面立体感的丝织工艺品。缂丝的编织方法不同于刺绣和织锦。它采用“通经断纬”的织法，而一般锦的织法皆为“通经通纬”法，即纬线穿通织物的整个幅面。

缂丝

2.3.4 熨烫技巧：面料缩水

大部分的天然纤维，如棉、麻、丝、毛会有缩水的问题，因此在制作之前，要对面料进行预缩处理。棉、麻可以用清水浸泡。真丝面料可以直接用熨斗喷水熨烫进行热缩处理。毛呢面料也适合直接进行热缩处理。

泡水缩水

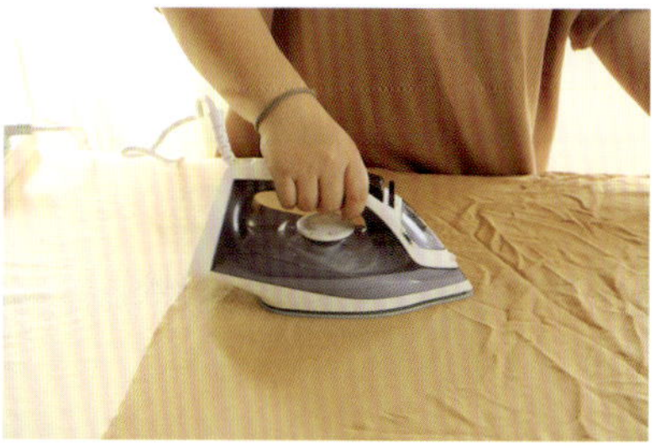

起皱整烫

2.3.5 熨烫技巧：面料起皱

植物染过的天然纤维面料会非常皱，因此在裁剪之前需要进行整烫处理。熨斗应该在面料的背面进行熨烫，顺着面料经线的方向缓缓移动熨斗，不可以斜向用力拉伸。建议用白色棉布垫在面料上进行熨烫，防止面料烫坏或者掉色。

熨烫热缩

2.4　量身技巧

可以先为自己测量一个基础围度。不同体型的判断依据是根据肩宽、胸围、腰围和臀围的数值来决定的。

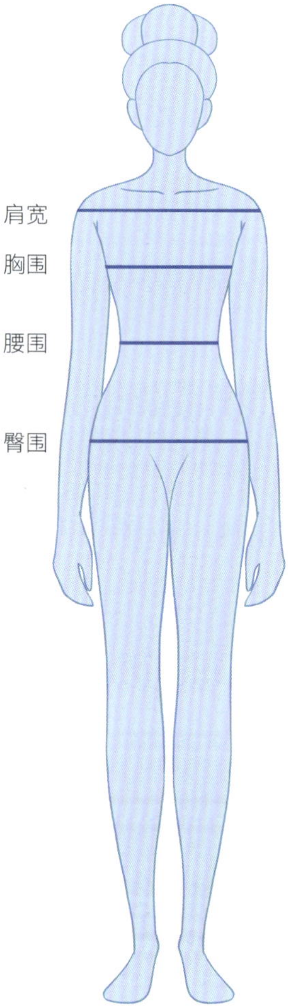

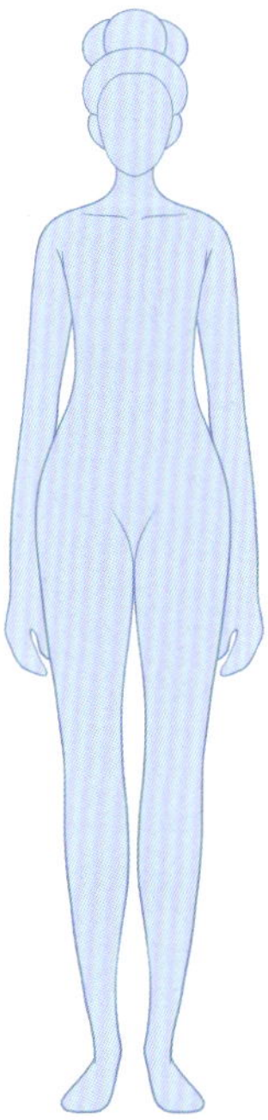

A 型

也可以称为梨形

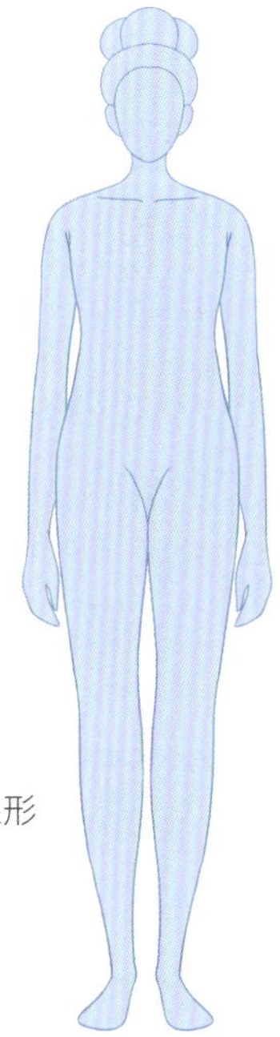

O 型

也可以称为苹果形

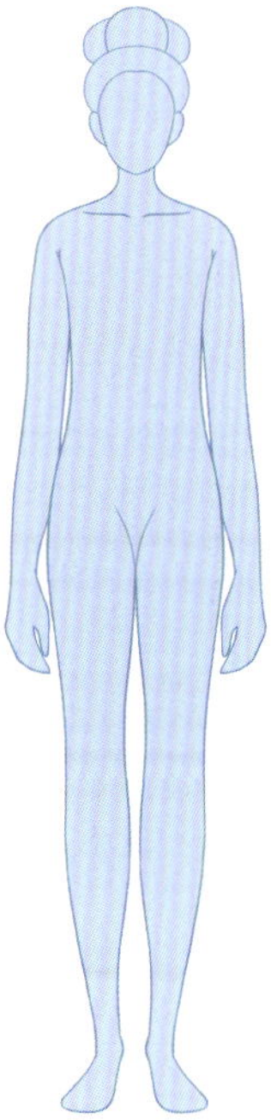

H 型

也可以称为直筒形

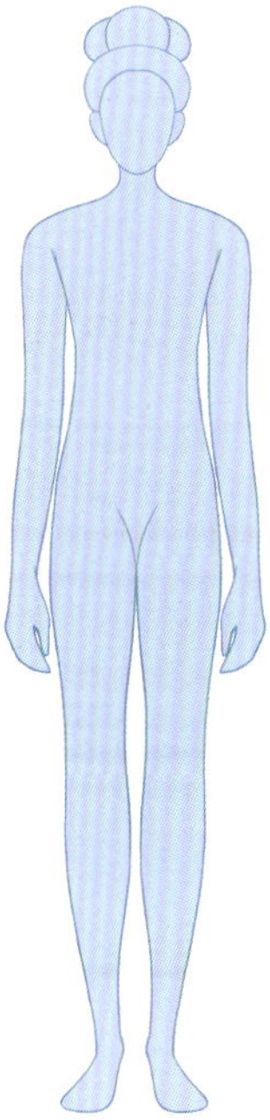

T 型

也可以称为倒三角形

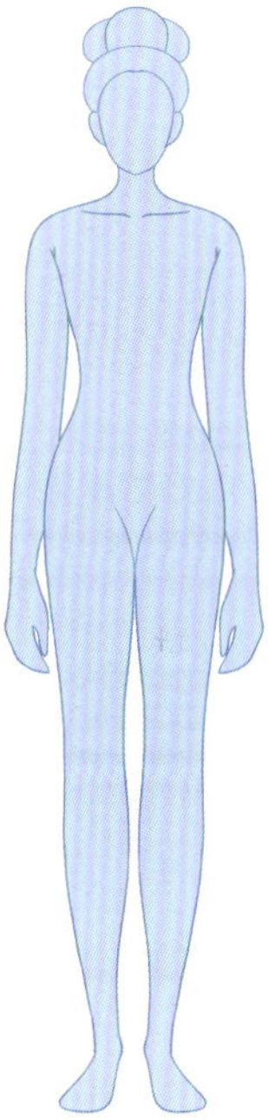

X 型

也可以称为沙漏形

TIPS

制作上衣需要测量胸围、腰围、袖长、领围和背长。

制作裤子需要测量腰围、臀围、裤长和立裆长。

制作裙子需要测量腰围和臀围，裙长根据款式需求而定。

2.5 缝纫机缝制工艺

先来识别面料的经纬度。

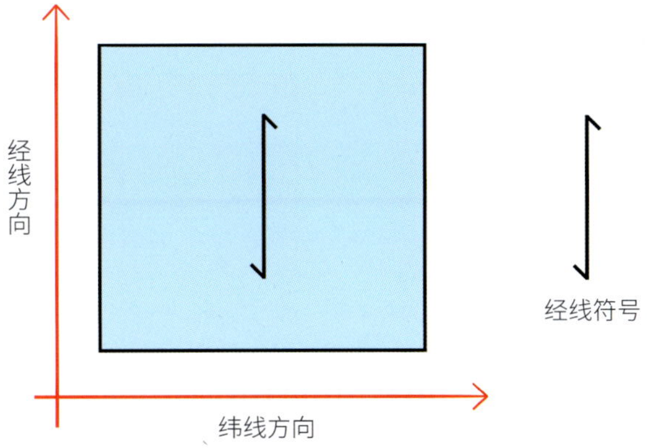

经线

织物纵向的线称为经线。此外，制图、纸样中画的箭头称为面料纹理线，这里指的是“布的经线方向与纵向箭头方向一致”。对准经线裁的面料，做出来的衣服不易变形。

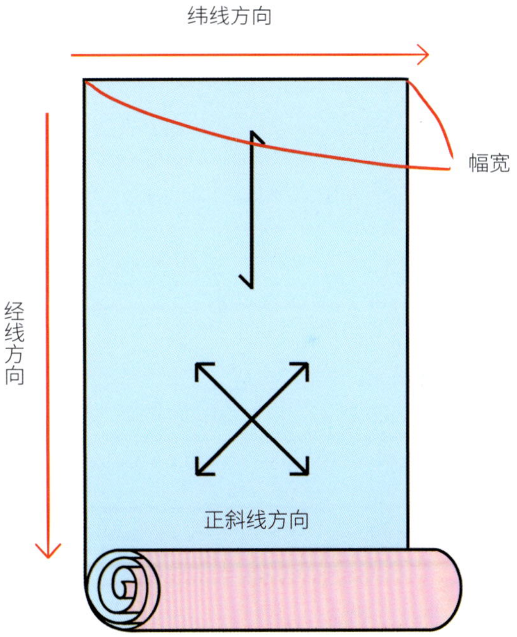

纬线

织物横向的线称为纬线。纬线较经线拉伸时更容易拉长。如果你拉伸一条织物，可以观察纵向（经线）和横向（纬线）的不同程度的变形，从而区分出经纬向。

斜线

斜线指的是斜裁的方向，与经线成 45° 角的斜线称为正斜线。正斜线是面料最易拉伸的方向，制作包边条、交裥裙身时多沿着斜线裁剪。

面料正反面示意图

2.5.1 平缝

01 面料反面朝外，正面对正面。

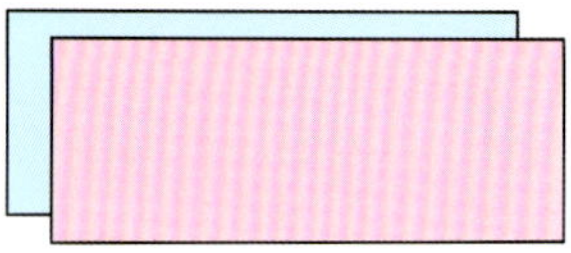

02 两块面料对齐缝1cm 的缝份。

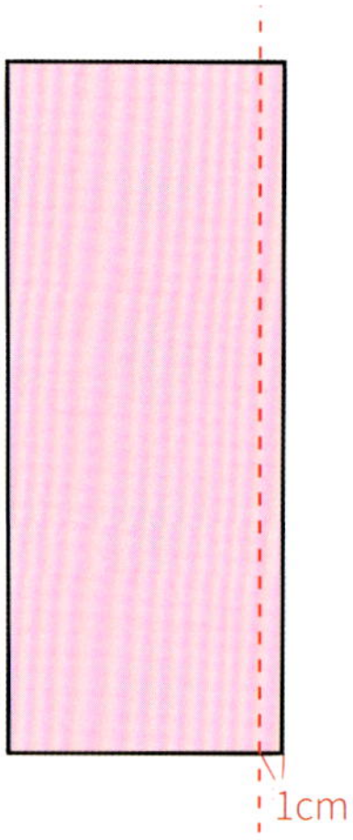

03 将面料和缝份展开，用熨斗烫平，熨烫过程中尽量熨烫反面，如需熨烫正面，则需要准备一块白坯布，隔着白坯布熨烫，以防面料正面被烫坏。

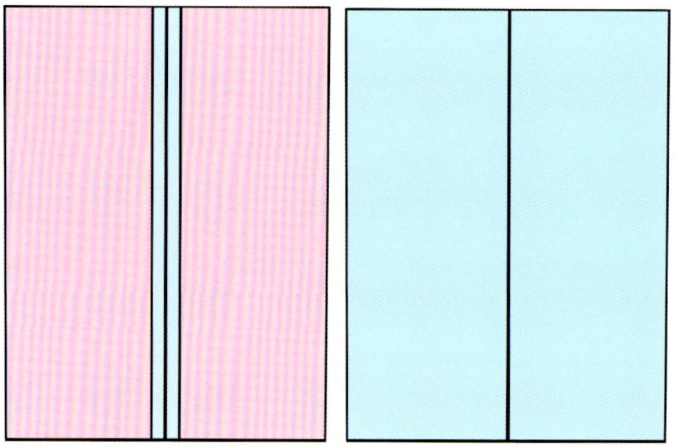

反面效果

2.5.2 分缉缝

分缉缝与平缝相比，会使缝份更加牢固。

01 面料反面朝外，正面对正面。

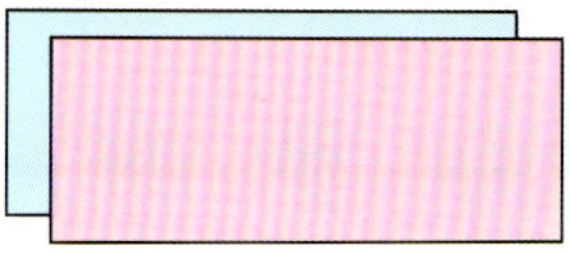

02 两块面料对齐缝1cm 的缝份。

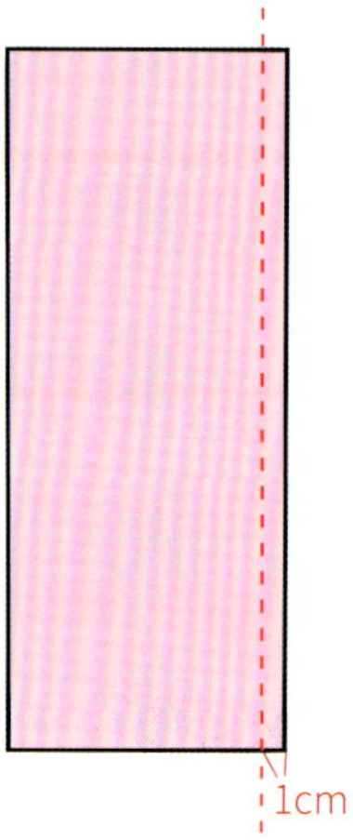

03 缝合完成，将面料和缝份展开，用熨斗烫平，熨烫过程中尽量熨烫反面，如需熨烫正面，则需要准备一块白坯布，隔着白坯布熨烫，以防面料正面被烫坏。

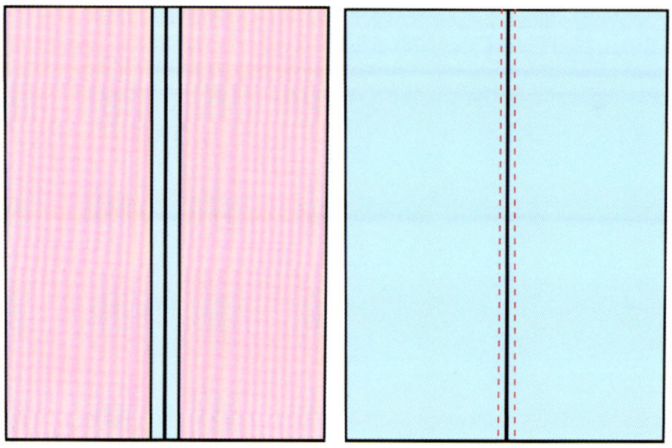

反面效果

2.5.3 卷边缝

01 面料反面朝上。

02 将需要卷边的布边向反面折 0.5cm。

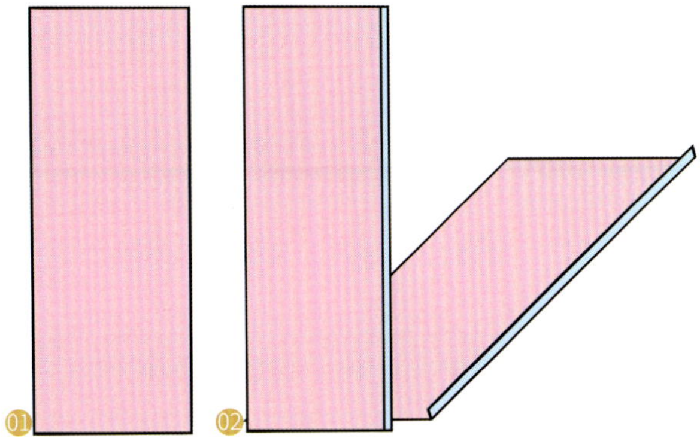

03 将面料向反面再折叠 1cm。

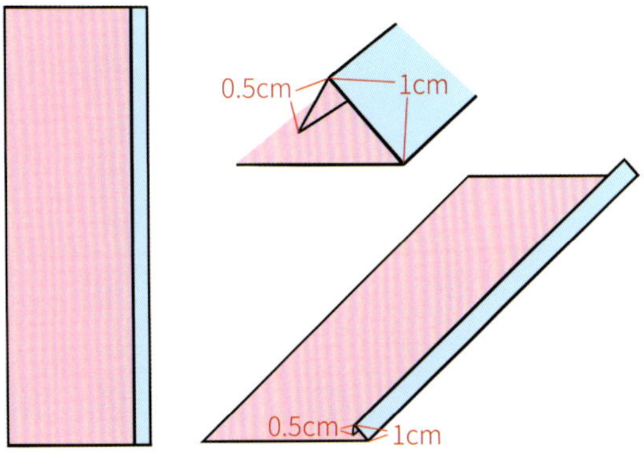

04 折叠后，用熨斗熨烫平整。反面朝上，在距离第二次折叠边缘处缝 0.1cm 的明线并熨烫平整。

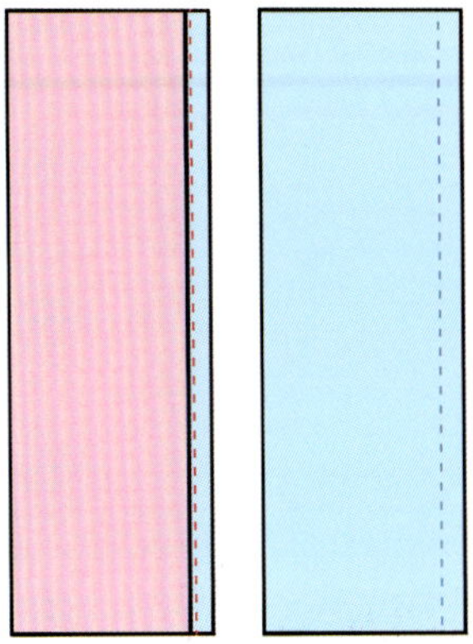

正面效果

2.5.4 来去缝

01 面料正面朝外，反面和反面相对。

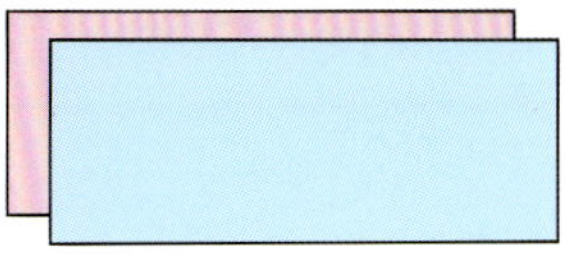

02 两块面料对齐，缝 0.5cm 的缝份。

03 用剪刀修剪掉 0.3cm 的毛边。

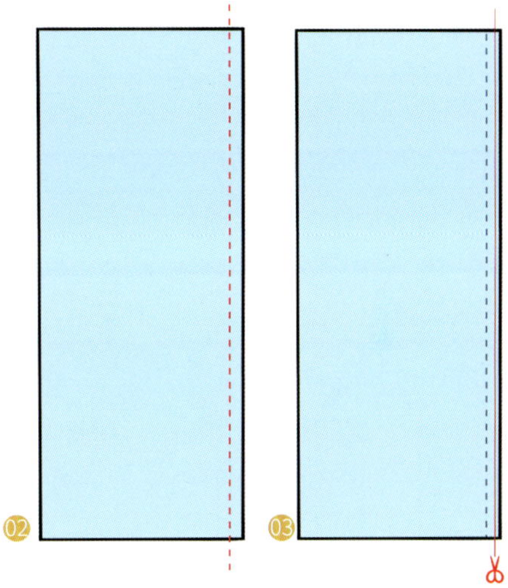

04 将面料翻转，正面和正面相对，缝 0.5cm 的明线。

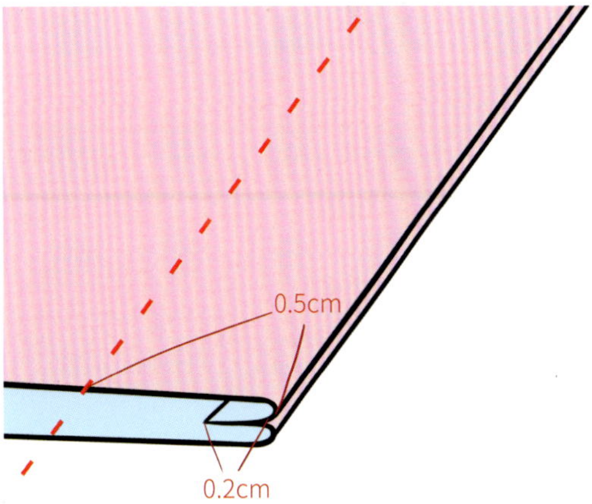

05 劈缝熨烫完成，正面效果如图所示。

06 劈缝熨烫完成，反面效果如图所示。

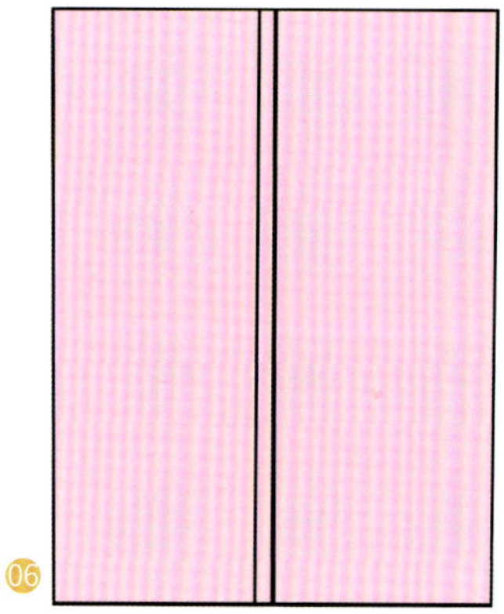

2.5.5 开衩工艺

01 此处展示来去缝。将两块面料正面朝上，预先标出开衩止点（绿色圆点）。

02 两块面料正面朝外，反面对反面。对齐面料两端，沿红色虚线缝合，缝至开衩止点打一两针倒针固定。

03 沿红色实线修剪掉 0.3cm 的毛边，注意需剪到离开衩止点 0.1cm 处，不要剪到开衩止点。

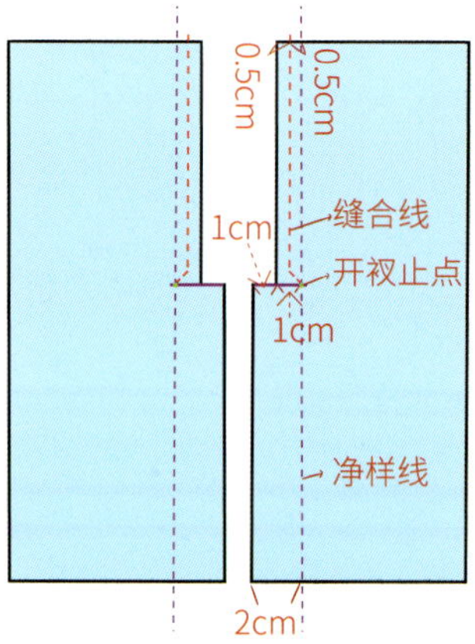

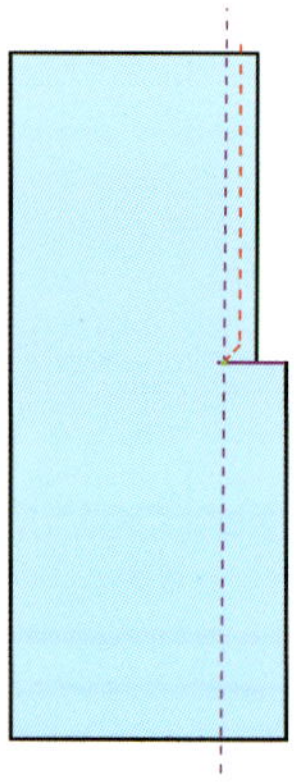

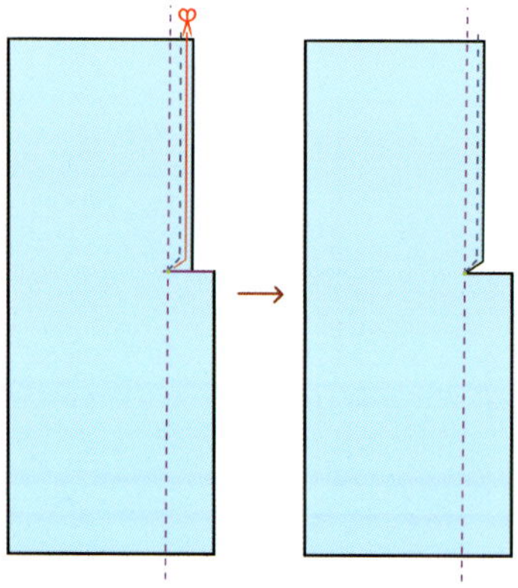

04 将面料翻转至反面朝外，正面相对。按红线缝 0.5cm 的缝份，缝至开衩止点（绿色圆点）打倒针固定。

05 熨烫平整，反面效果如图所示。

06 将面料沿紫色虚线向内翻折 1cm，然后沿白色虚线向内翻折。

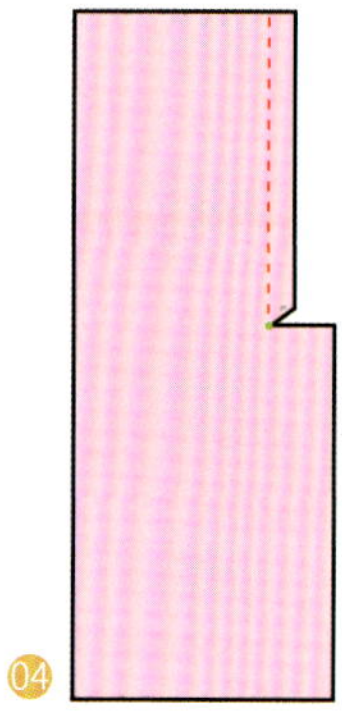

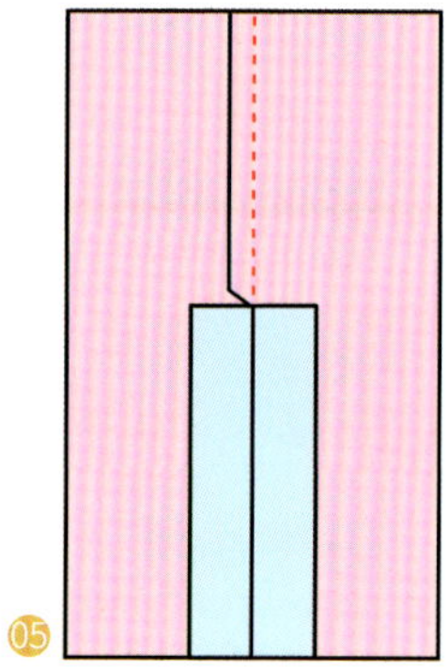

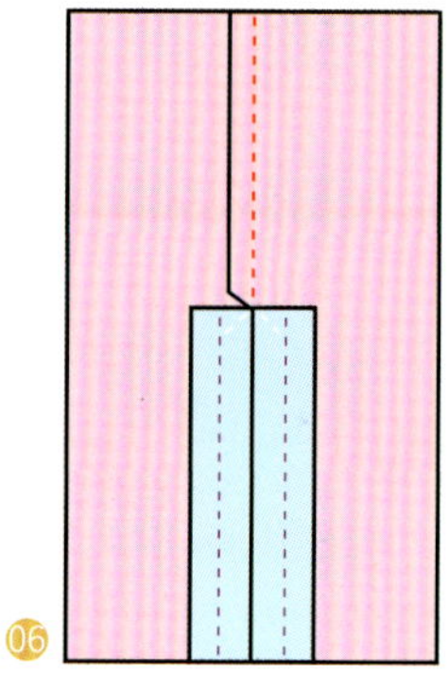

07 熨烫平整，反面效果如图所示。

08 沿红色虚线缝 0.1cm 的明线，按序号顺序依次缝合完成。

09 熨烫完成，正面效果如图所示。

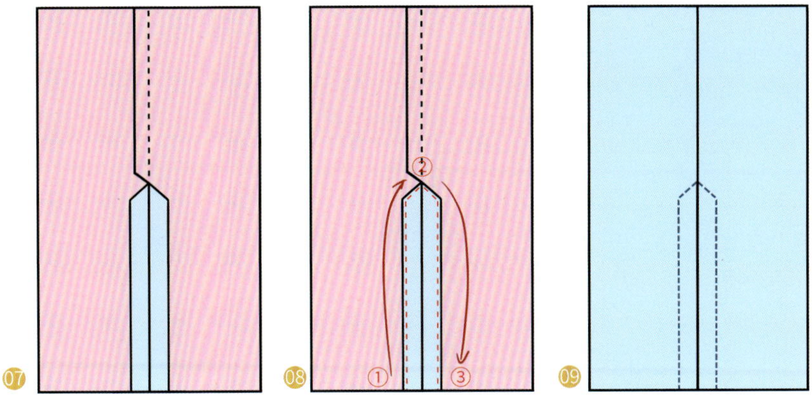

2.5.6 暗线缝

01 用于上腰头、袖口、领缘。面料反面朝上，两侧分别向内翻折 1cm。

02 中线（蓝色实线）向右偏移 0.2cm 得到折叠线(红色虚线)。沿红色虚线对折，熨烫平整。

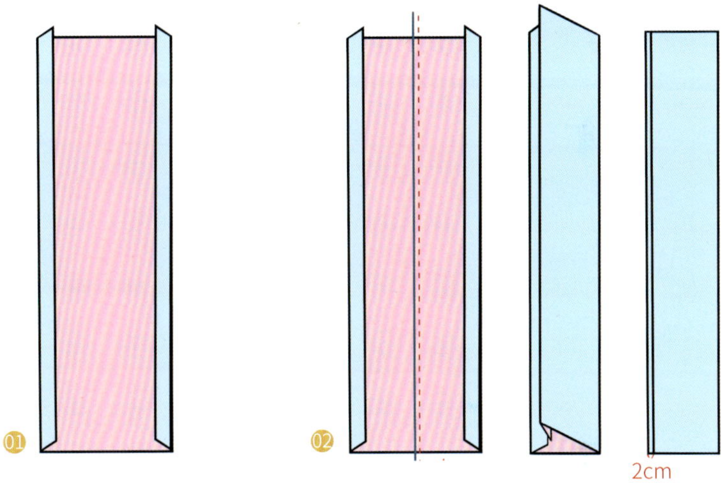

03 取出第二块面料，将预先折烫好的第一块面料的正面对着第二块面料的正面，布边对齐，缝 1cm 的缝份。

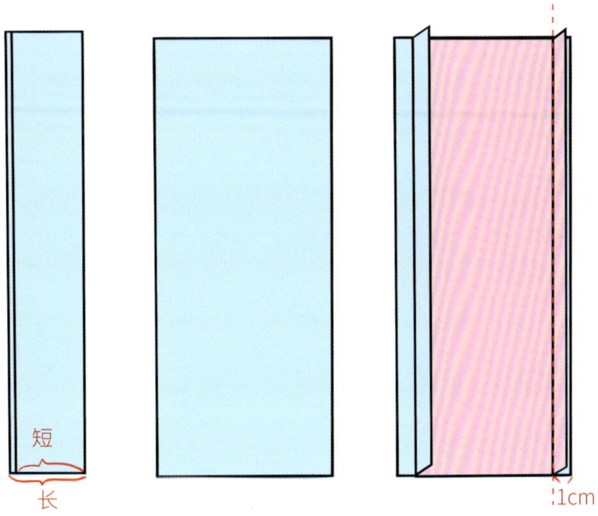

04 翻转面料，将两块面料的正面朝上，从两块面料衔接处（红色虚线处）缝线。

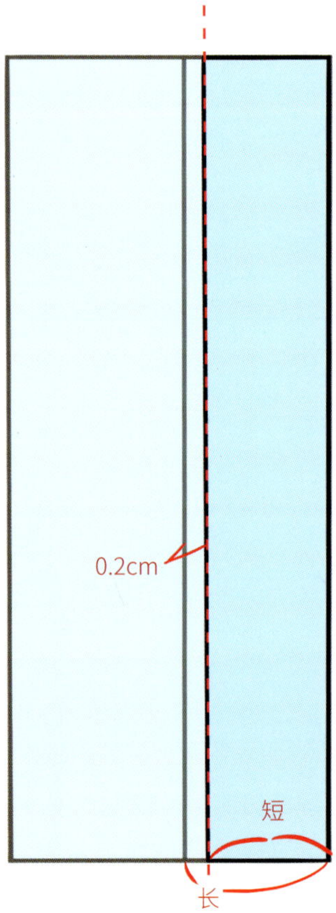

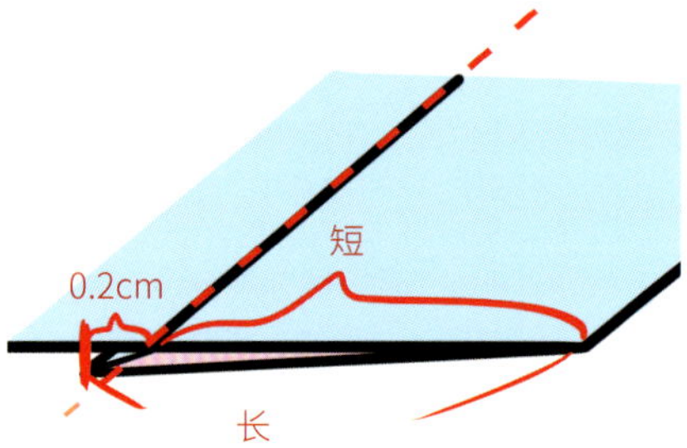

第3章

制作篇：唐代复原汉服案例

3.1 唐代服装特点

唐代（618—907），是中国历史上继隋朝之后的大一统中原王朝，共历 21 帝，享国 289 年。

唐代女子服装分衣裙、冠帽、鞋履几类。唐代女子常服，基本上上身是衫、襦，下身束裙，肩加披帛。衫为单衣，襦有夹有絮，仅短至腰部。裙子长而多幅。

唐初女子衣衫是小袖窄衣，外加半臂，肩绕披帛，紧身长裙上束至胸，风格简约；盛唐时，衣裙渐宽，裙腰下移，服色艳丽；至中晚唐时，衣裙日趋宽肥，女子往往褒衣博带，宽袍大袖，色彩靡丽。

仙人跨鹤纹绫袍
中国丝绸博物馆藏

小团花锦纹袍

唐代纹样

《内人双陆图》局部 周昉绘
弗利尔美术馆藏

唐代仕女俑所穿着唐代服饰

3.2 初唐燕妃墓壁画服装案例

唐墓壁画中经常会出现各色的条纹裙，在韦贵妃墓、燕妃墓、新城公主墓壁画中都可以看到穿着条纹裙的小宫女。

此版型图参考身高为 165cm，衣长和下摆可以依据个人喜好调整，衣身两侧不开衩。

3.2.1 圆领大襟背子

面料：真丝花罗、印花雪纺

01 准备面料，按照步骤 05 所示的纸样剪出基础裁片。长方形裁片为主衣身，梯形裁片为制作接袖用，虚线为中线。

02 剪下大襟。大襟边缘与底摆呈现出直角，衣身侧缝线与底摆也呈现出直角。

03 平铺图尺寸和面料正反示意图。

单位：厘米（cm）

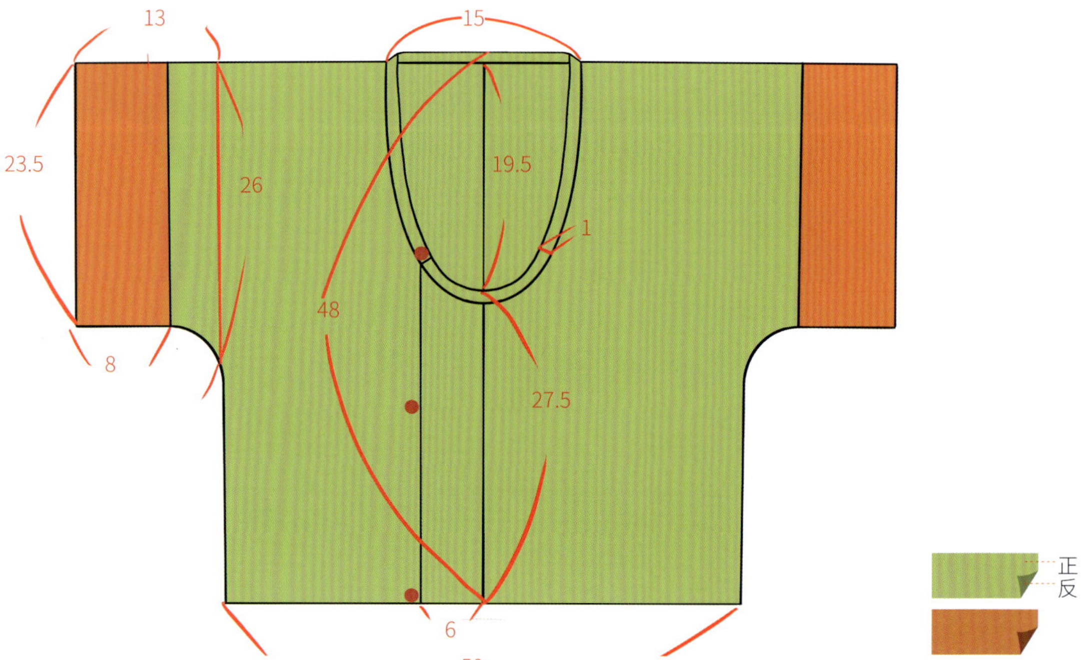

04 净样版示意图。

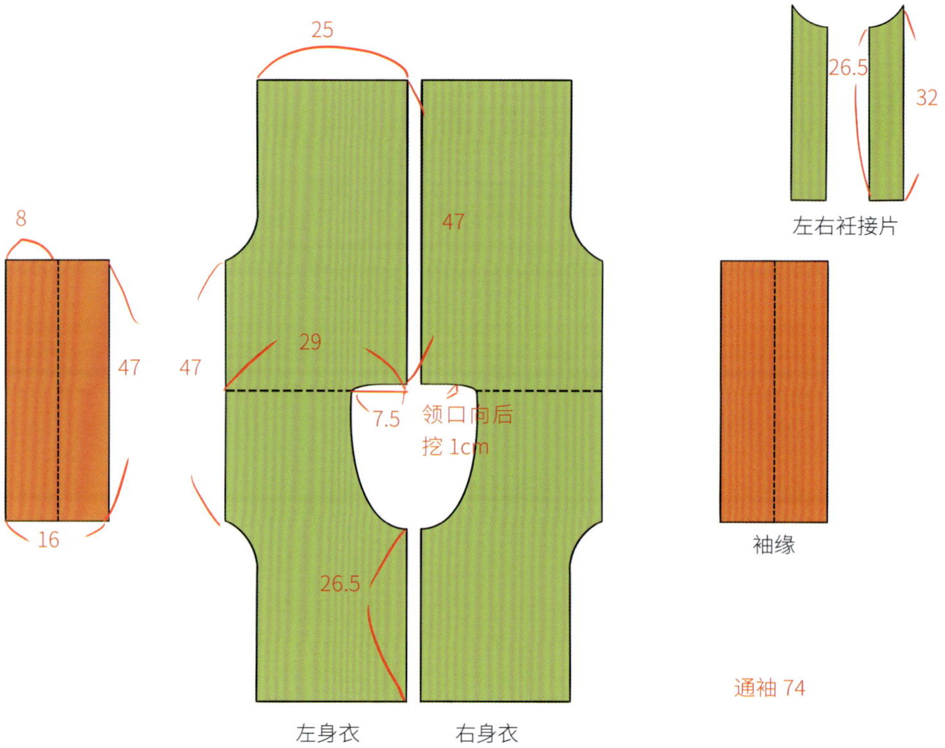

05 放缝份（最终纸样）。

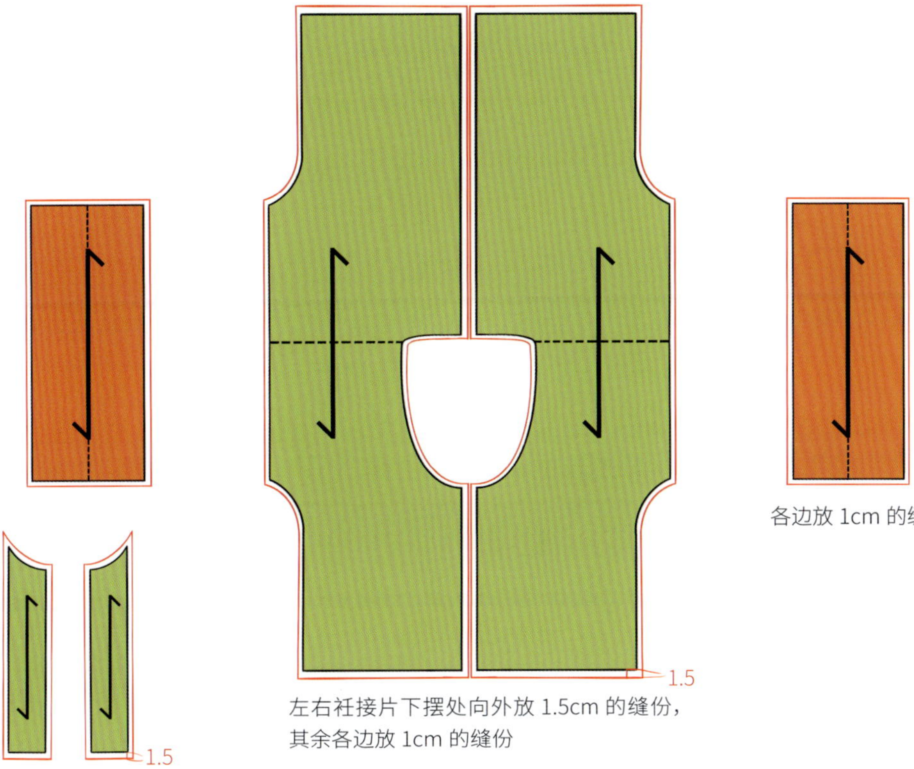

各边放 1cm 的缝份

左右衽接片下摆处向外放 1.5cm 的缝份，
其余各边放 1cm 的缝份

左右衽接片下摆处向外放 1.5cm 的
缝份，其余各边放 1cm 的缝份

06 准备缝合，依次拼合衣身和左右衽接片。

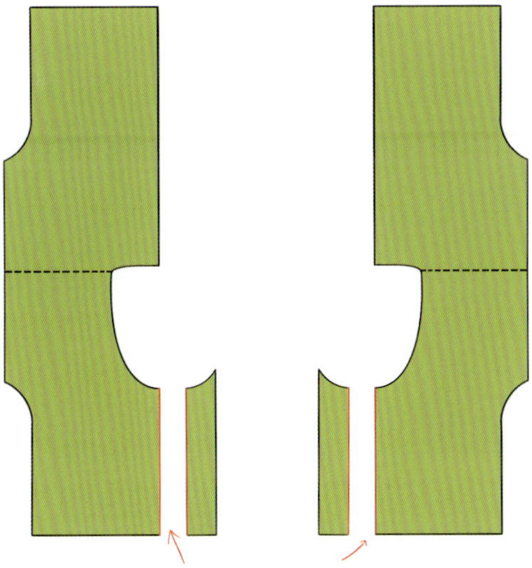

07 将一侧的衣身和接衽正面朝外，反面对反面。可以预先使用珠针固定要缝合的布边。

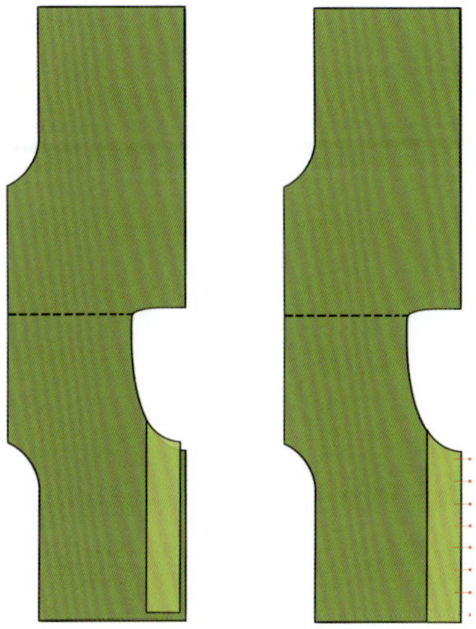

08 沿红色虚线缝 0.5cm 的缝份，把毛边修剪掉 0.3cm。将面料翻转至反面朝外，正面对正面，缝合 0.5cm 的缝份。

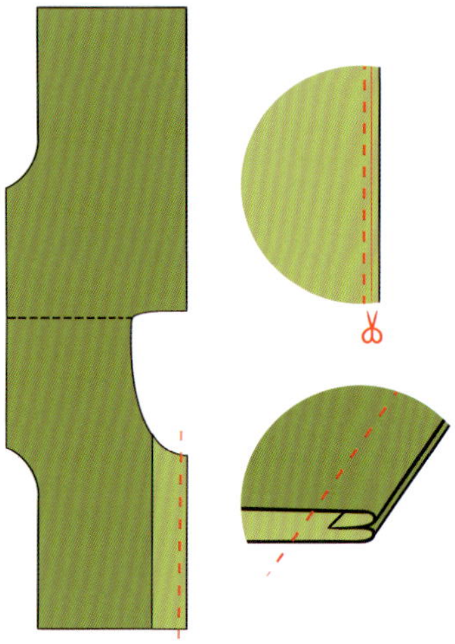

09 按照步骤 06~08 拼合左右衣身和接衽。

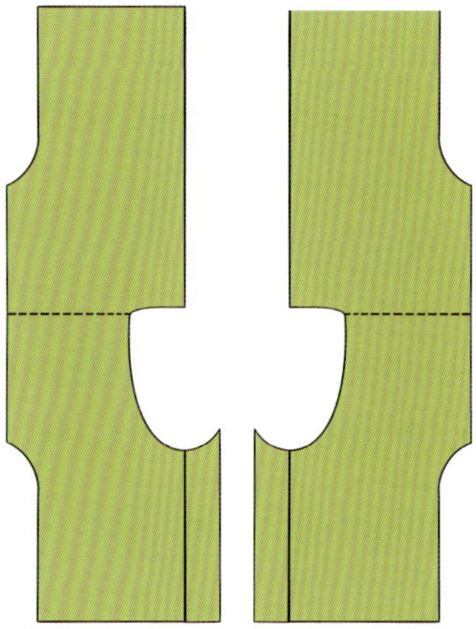

10 准备拼合后中缝。

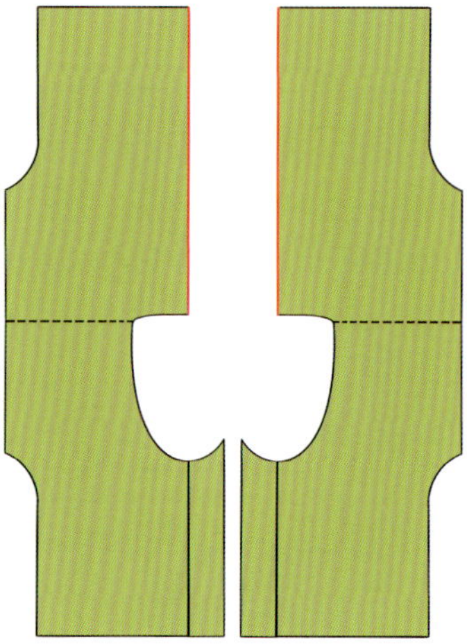

11 将两块面料翻转至正面朝外，反面对反面。可以先将后中缝对齐，用珠针或夹子固定要缝合的布边。

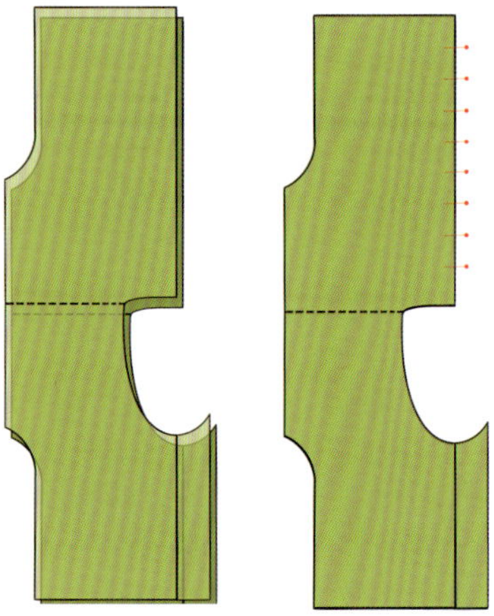

12 沿红色虚线缝 0.5cm 的缝份，把毛边修剪掉 0.3cm，将劈缝熨烫平整。将面料翻转至反面朝外，正面对正面，缝合 0.5cm 的缝份。

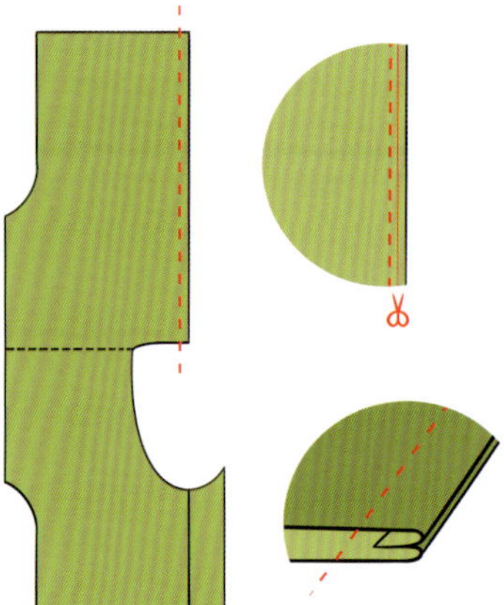

13 缝合完成后将面料展开，熨烫平整。

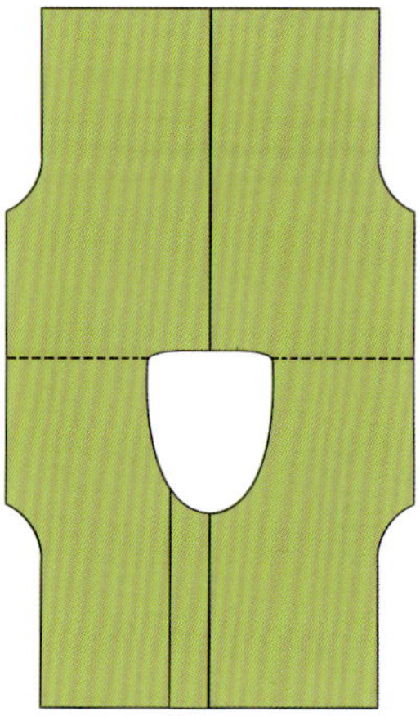

14 准备缝合侧缝。

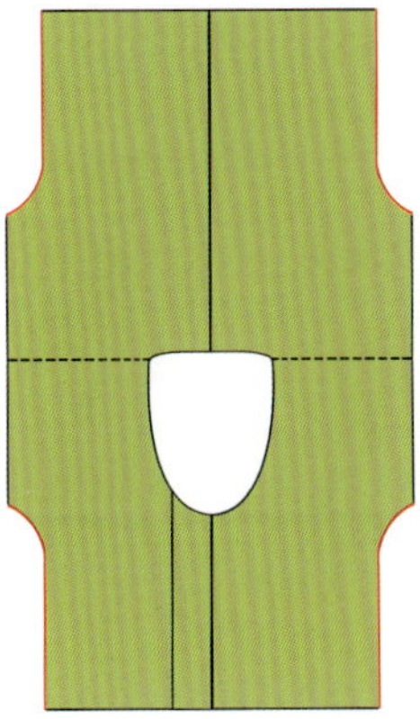

15 将衣身按肩线对折，正面朝外，反面对反面。可以预先用珠针或夹子固定要缝合的布边。

16 沿红色虚线缝 0.5cm 的缝份，把毛边修剪掉 0.3cm，将劈缝熨烫平整。翻转至反面朝外，正面对正面，缝合 0.5cm 的缝份。

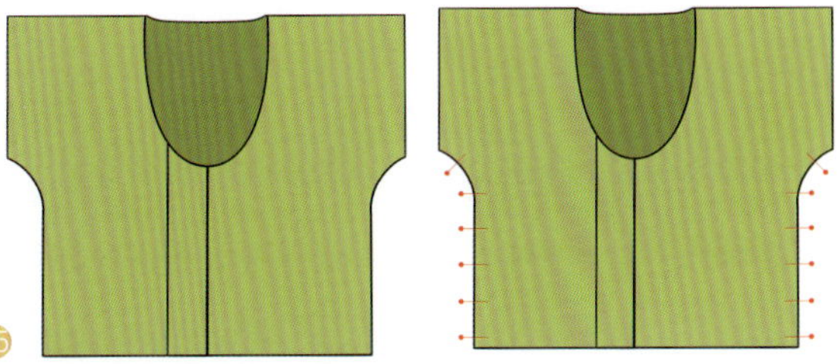

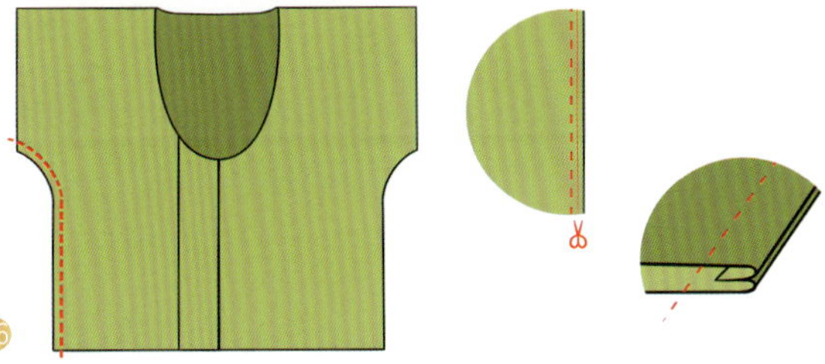

17 准备给领口和左右衽边缘包边。

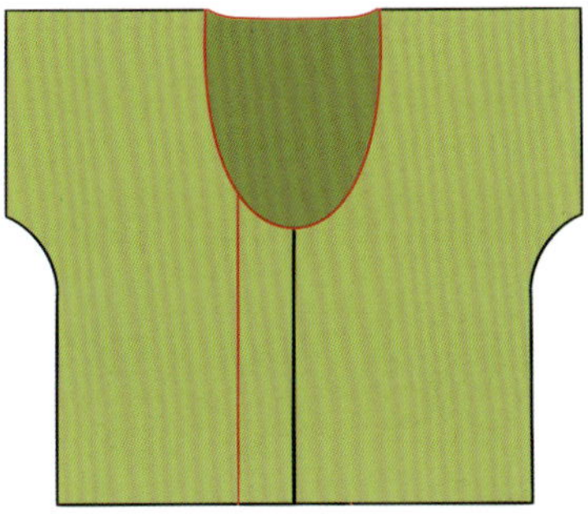

18 准备领口使用的包边条。在面料背面画出两条与经纬丝成 45°角的斜线。

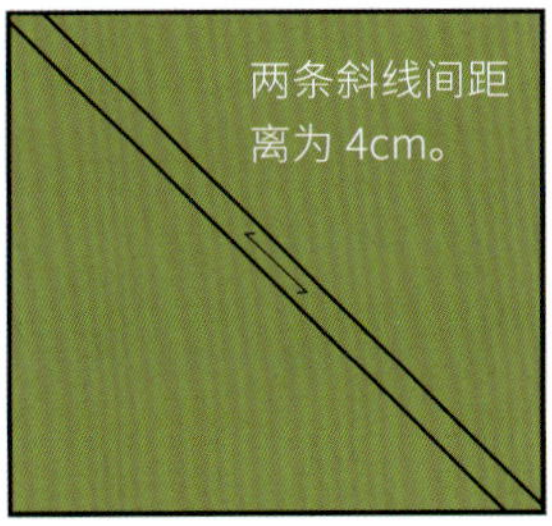

19 准备左右衽边缘的包边条。裁剪两条直丝宽度为 4cm 的布条。

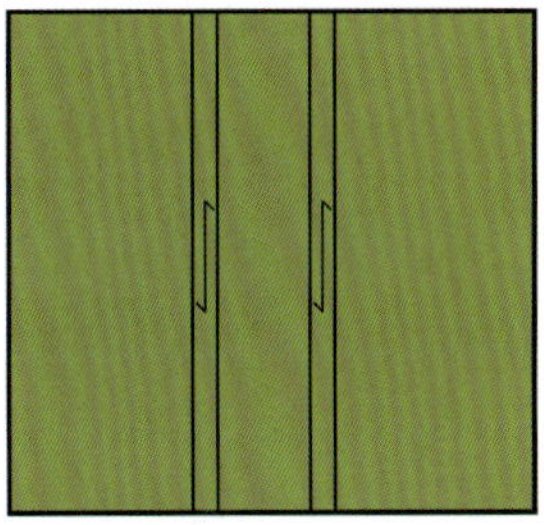

20 将四条包边条熨烫平整，正反面朝上，两边各向内翻折 1cm。沿红色虚线将面料对折，熨烫平整。

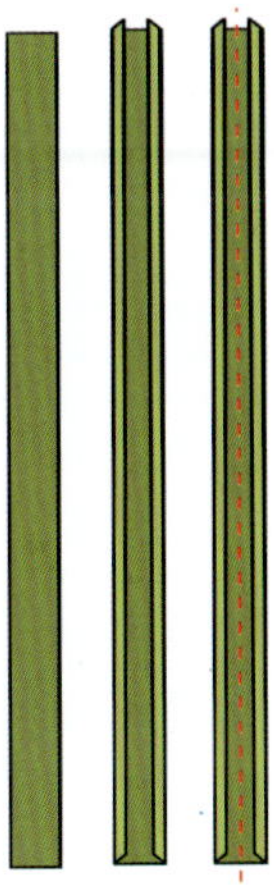

21 用包边条夹住布边，缝合 0.1cm 的明线。按此步骤依次给领口和左右衽边缘包边。

TIPS

靠近肩线的领口弧度较大，不容易包边，可以用打剪口的方法处理。剪口垂直于面料边缘，长度为 0.5cm 左右。

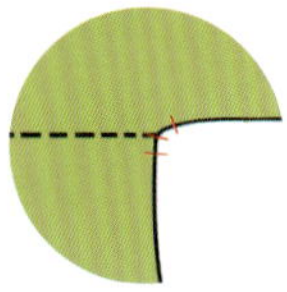

22 准备上袖缘。

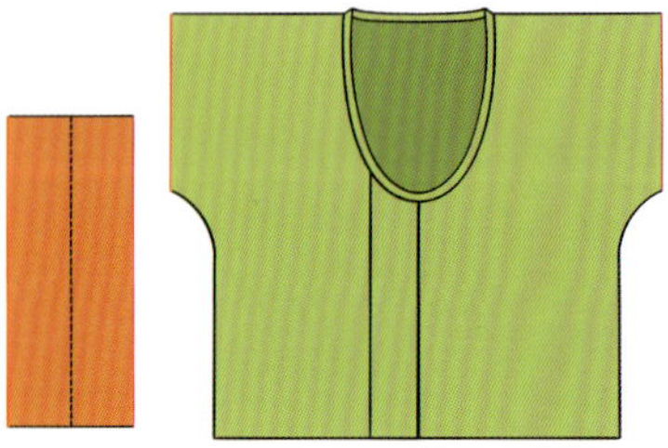

23 将袖缘的面料对折至反面朝外，正面对正面。将袖缘两头连接，缝合1cm 的缝份。缝合完成后，翻转到正面，按照之前的黑色虚线对折。

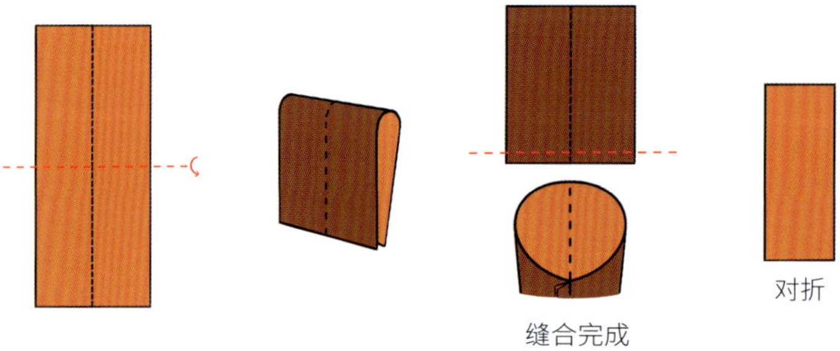

24 将袖缘和袖口正面对正面，反面朝外。将之前缝合的侧缝线和袖缘的拼合线对齐，从对齐处开始起针，缝制 1cm 的缝份。

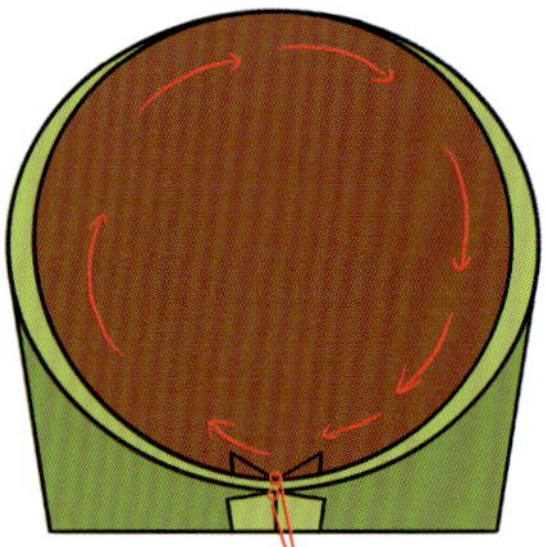

缝制一圈，在对齐处终止，
再打倒针进行固定

25 准备制作袖口。

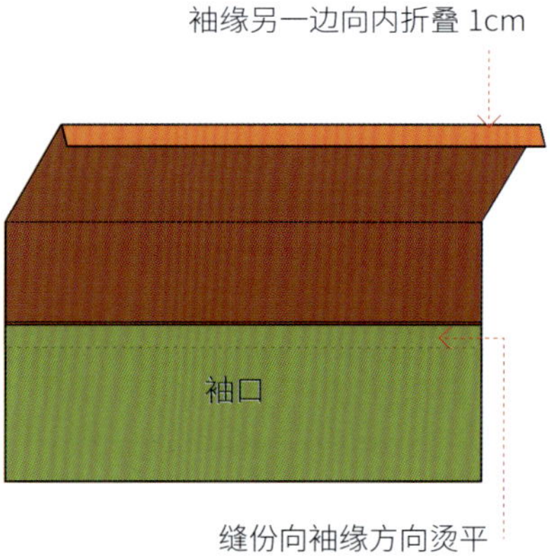

26 准备缝合袖口和袖缘的另一边。用暗针法将边缘扦到袖口处。

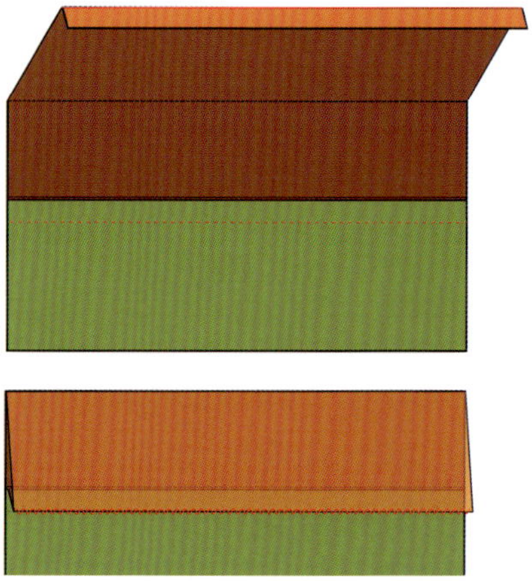

27 准备给袖口和下摆卷边。先将面料向反面翻折 0.5cm，再次翻折 1cm，用熨斗先初步熨烫固定。沿红色虚线缝 0.1cm 的明线给袖口和下摆卷边。

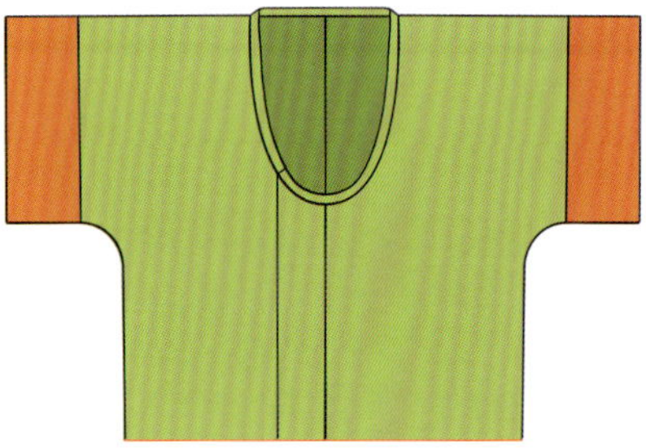

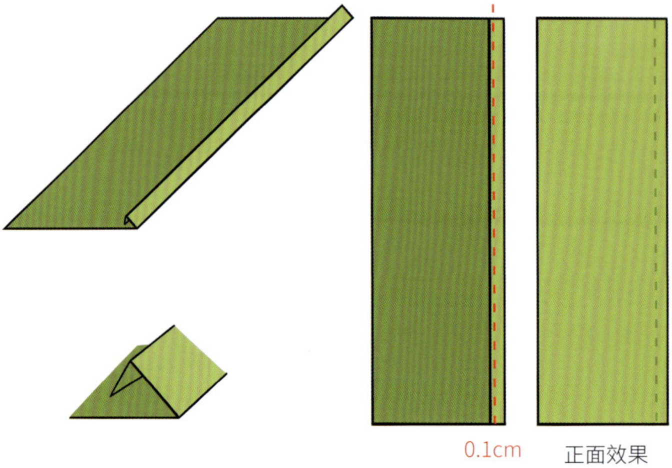

28 准备制作扣袢。剪裁两条宽度为2cm的斜丝布条，沿红色虚线对折，给侧面缝0.3~0.4cm的缝份。

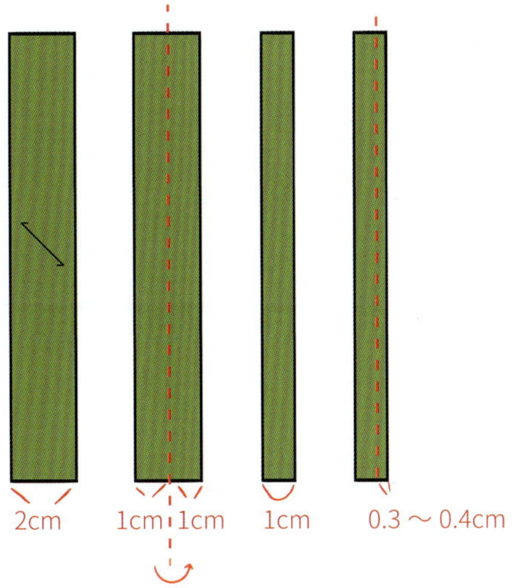

29 按照图示剪去多余的布边。用翻带器将扣袢翻到正面。测量扣子的尺寸，按照尺寸裁剪出三个扣袢。

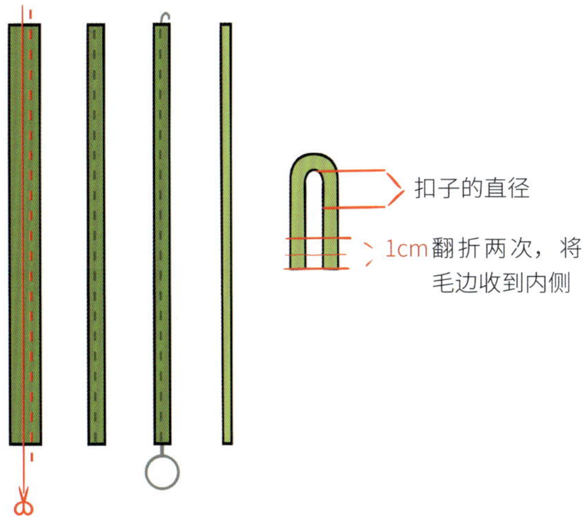

30 用手针固定扣袢。在红色圆点处缝缀扣子，并在蓝色圆点处内侧缝上按扣。

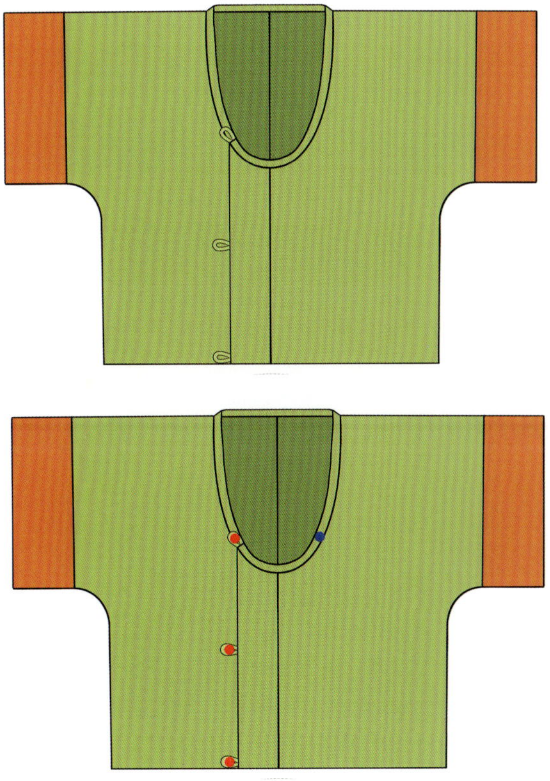

成品展示（局部）

3.2.2 窄袖圆领大襟式衫

面料：真丝印花

01 按照样版剪裁出纸样并用水消笔在面料上拓出版型。

02 将布样剪裁出来。

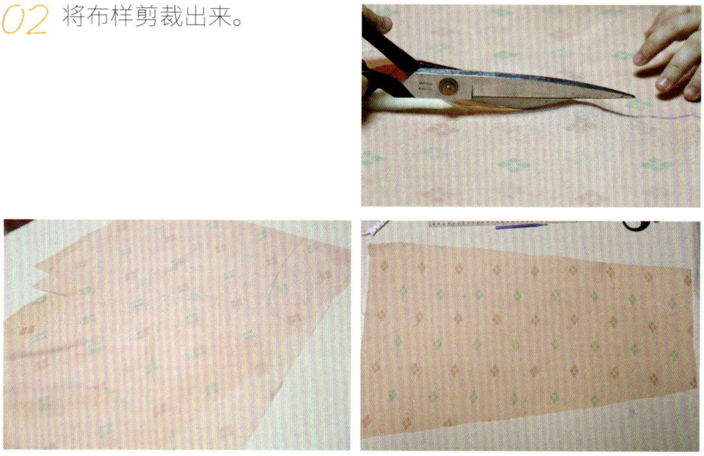

03 平铺图尺寸以及面料正反示意图。

单位：厘米（cm）

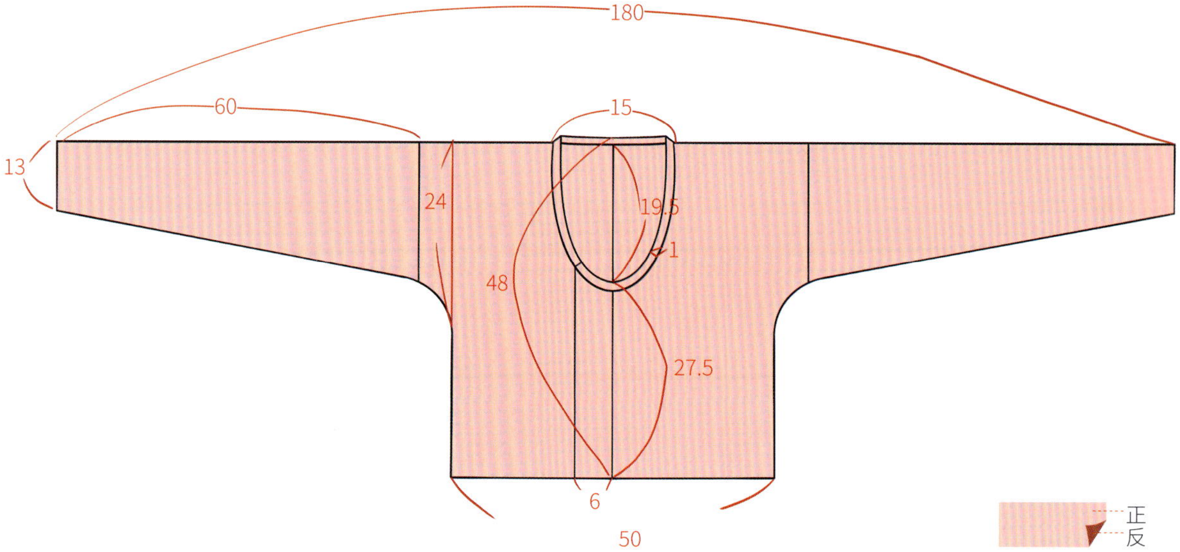

04 净样版示意图。

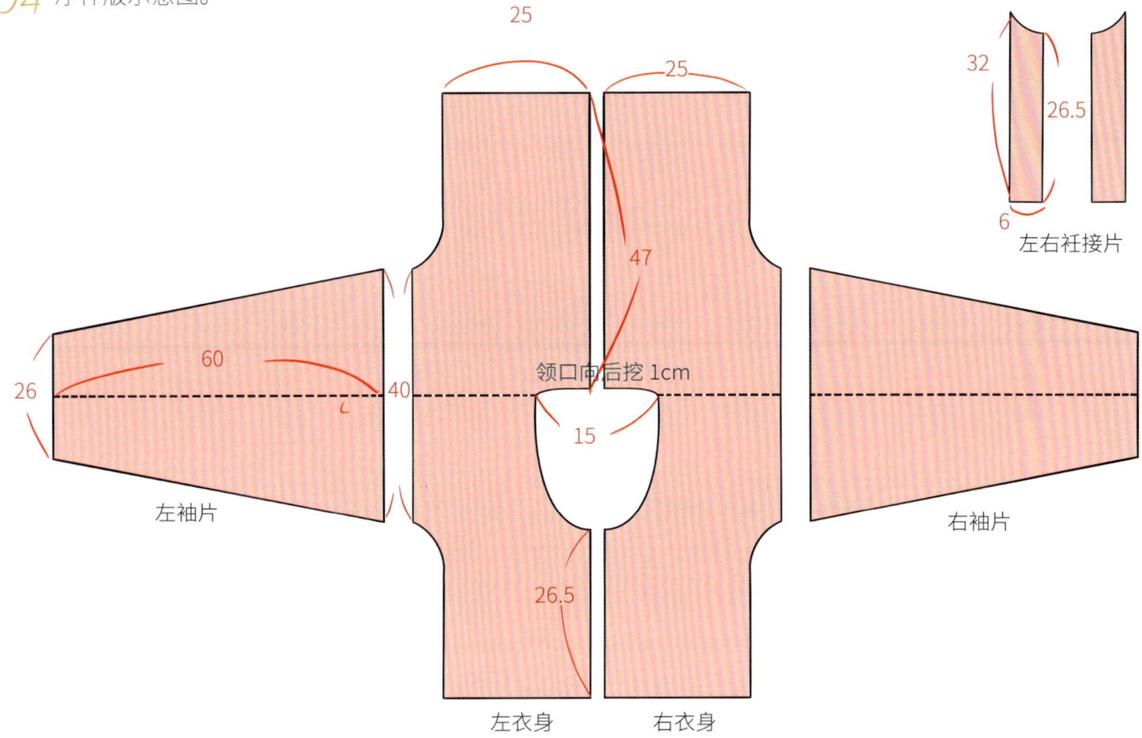

05 放缝份（最终纸样）。

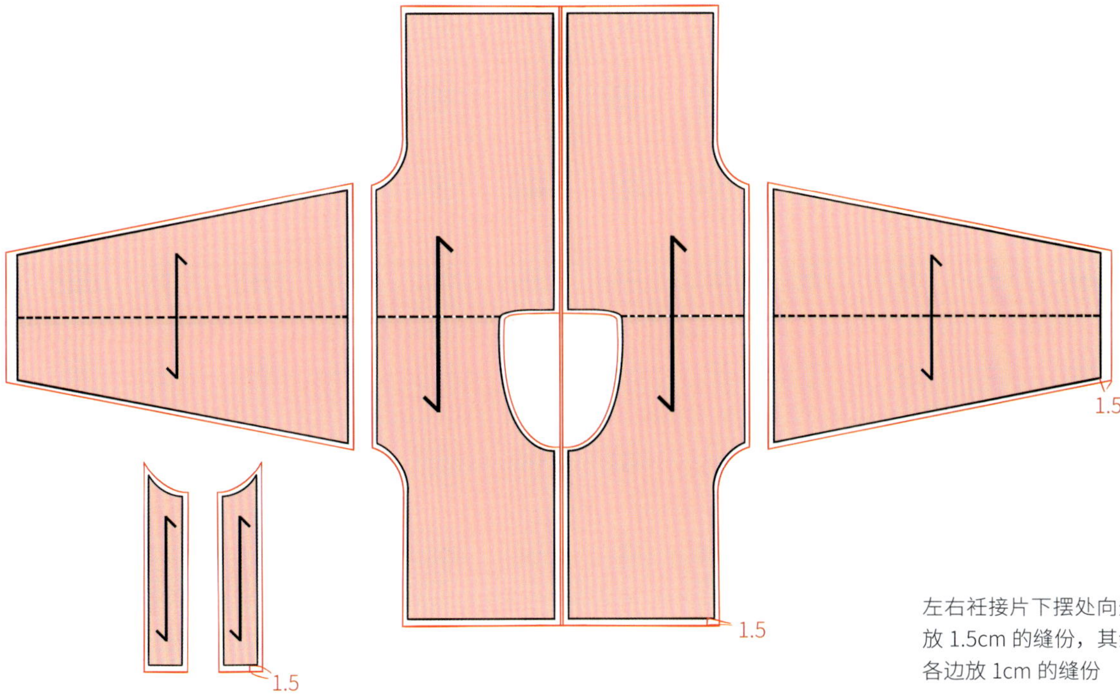

左右衽接片下摆处向外放 1.5cm 的缝份，其余各边放 1cm 的缝份

06 准备拼合衣身和袖片。

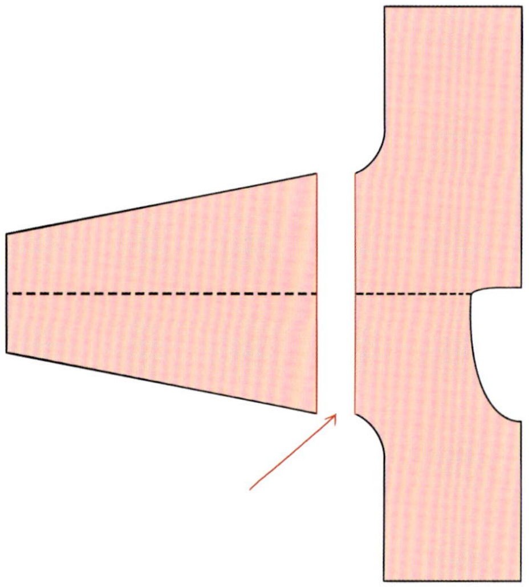

07 左衣身和左袖片正面朝外，反面对反面。可以预先用珠针或夹子固定要缝合的布边。

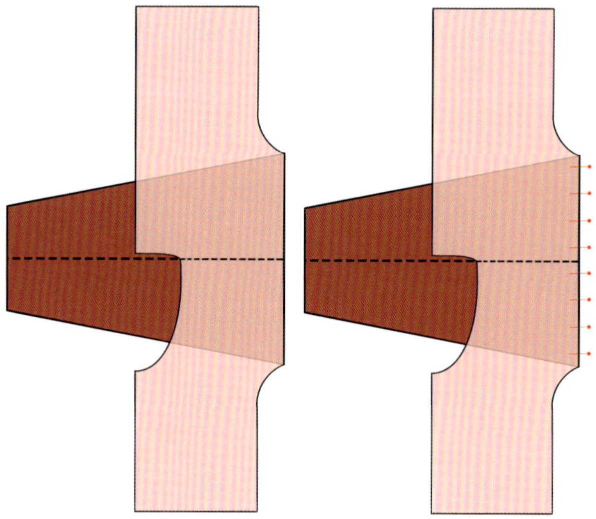

08 沿红色虚线缝 0.5cm 的缝份，将毛边修剪掉 0.3cm，将劈缝熨烫平整。将面料翻转至反面朝外，正面对正面缝 0.5 cm 的缝份。

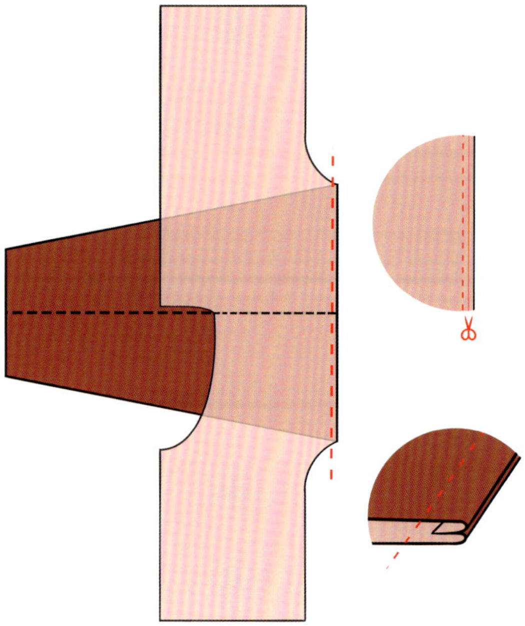

09 按同样的方式用来去缝的方法，缝合好右侧的衣身和绣片，将缝份劈开，熨烫平整。

10 准备拼合后中缝。

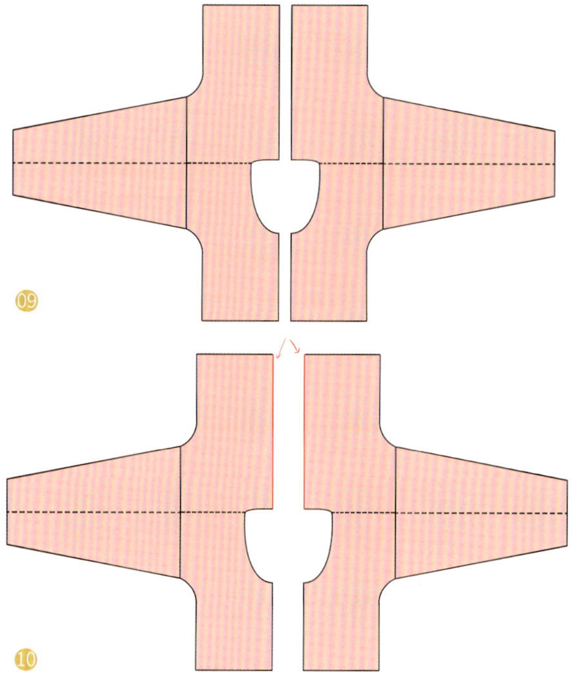

11 将两块面料反面对反面，正面朝外。可以预先用珠针或夹子固定要缝合的布边。沿红色虚线缝 0.5cm 的缝份，将毛边修剪掉 0.3cm，将劈缝熨烫平整。将面料翻转至反面朝外，正面对正面缝 0.5cm 的缝份。

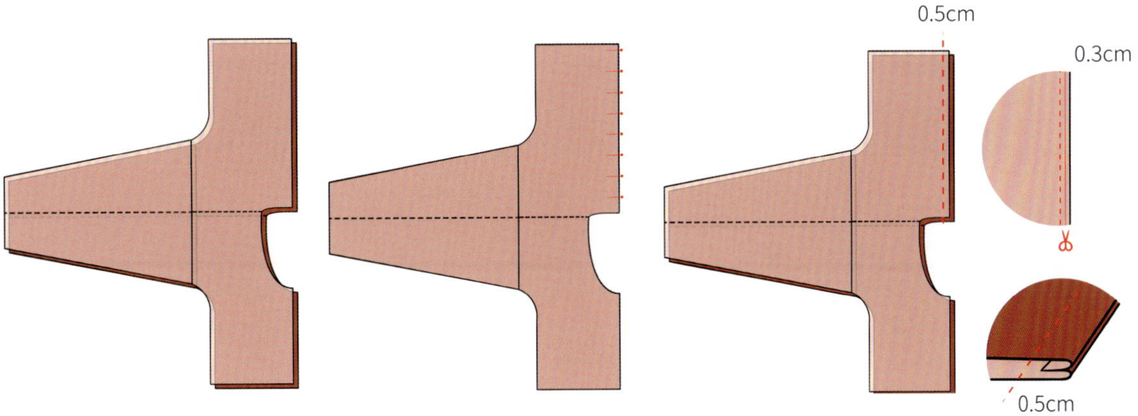

12 拼合完成后展开面料熨烫平整。

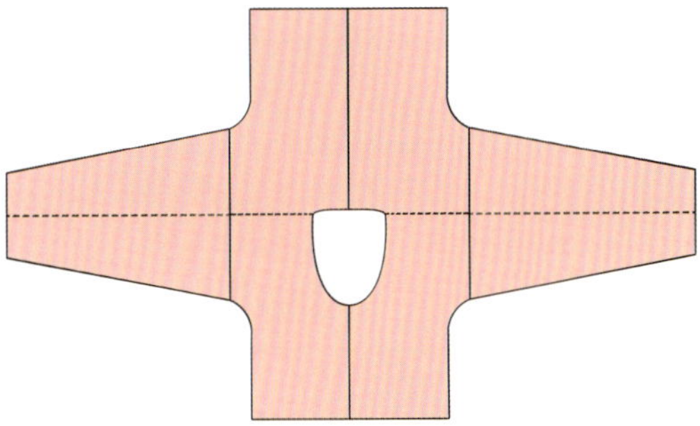

13 准备缝合衣身和左右衽接片。

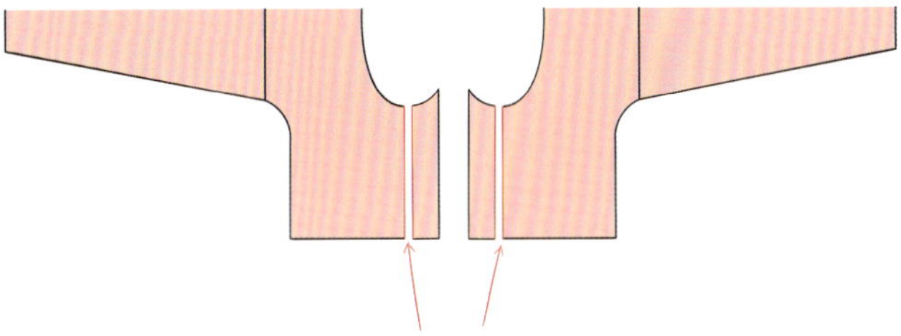

14 将两块面料反面对反面，正面朝外。可以预先用珠针或夹子固定要缝合的布边。

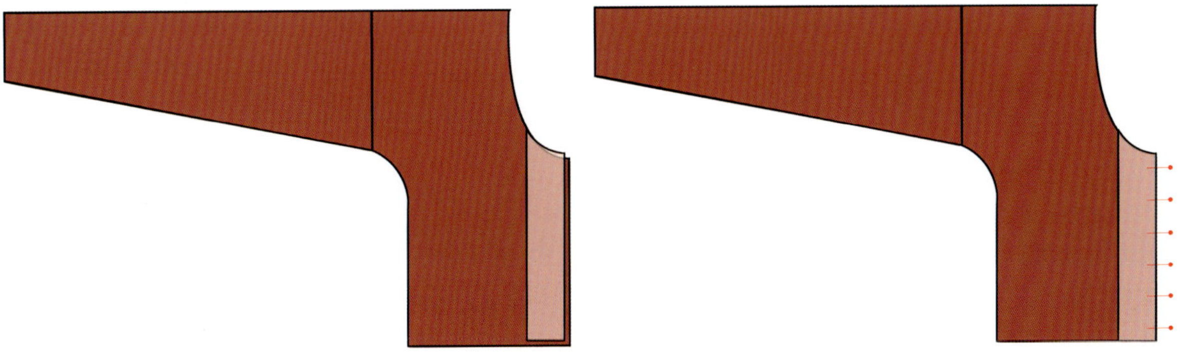

沿红色虚线缝 0.5cm 的缝份，将毛边修剪掉 0.3cm，将劈缝熨烫平整。将面料翻转至反面朝外，正面对正面，缝 0.5cm 的缝份。缝合完成后展开面料熨烫平整，此时衣身部分的缝合已经基本完成。

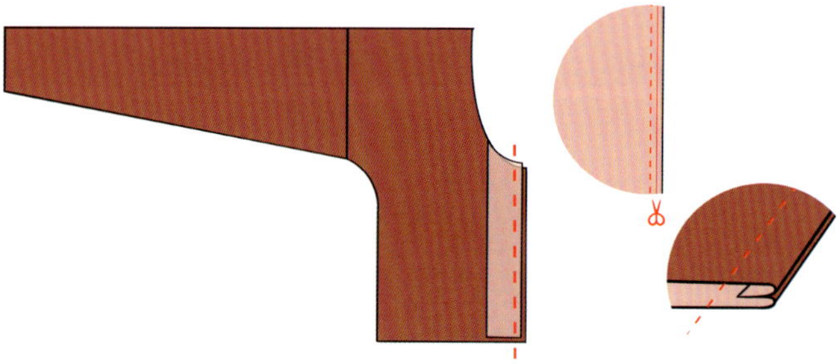

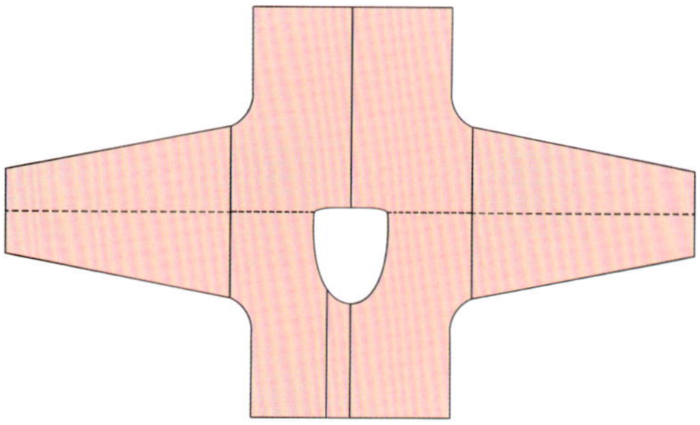

15 准备给领口和左右衽边缘包边。

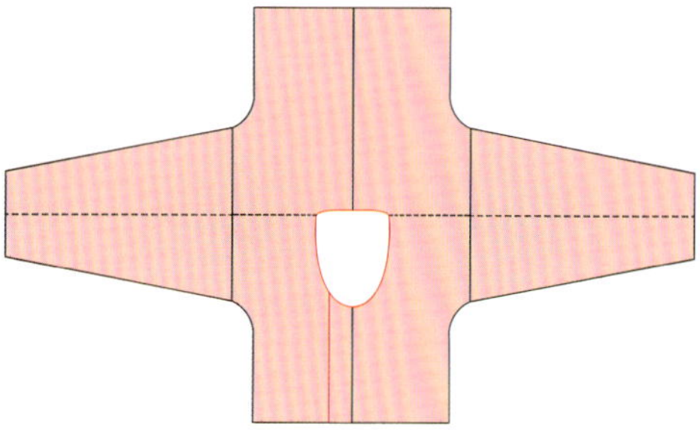

16 准备领口使用的包边条。在面料背面画出两条与经纬丝成 45°角的斜线。

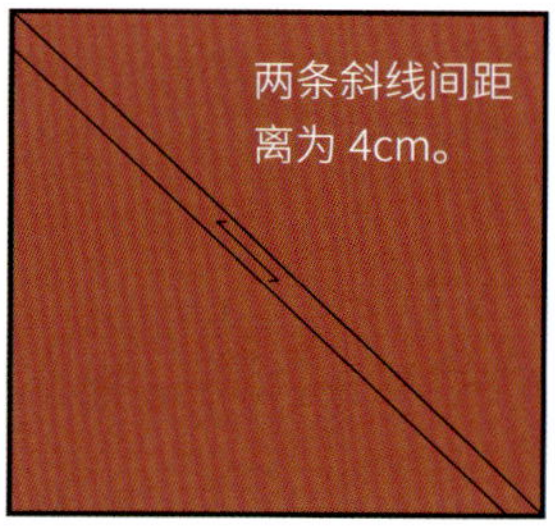

17 准备左右衽边缘的包边条。剪裁两条直丝宽度为 4cm 的布条。

18 将四条包边条熨烫平整，反面朝上，两边各向内翻折 1cm。沿红色虚线将面料对折熨烫平整。

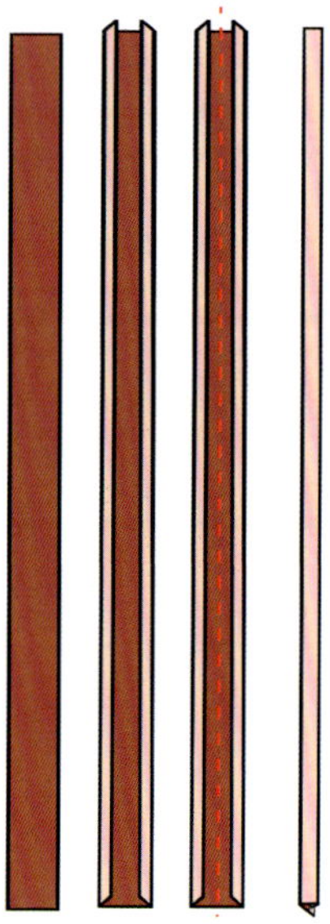

19 用包边条夹住布边缝合 0.1cm 明线，按此步骤依次给领口和左右衽边缘包边。

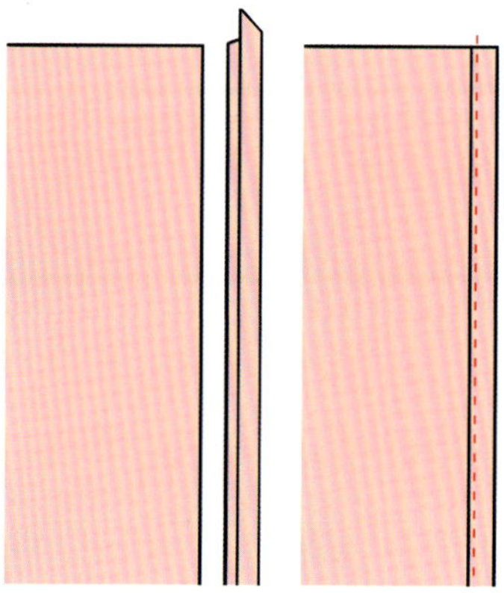

TIPS

靠近肩线的领口弧度较大，不容易包边，可以用打剪口的方法处理。剪口垂直于面料边缘，长度为 0.5cm 左右。

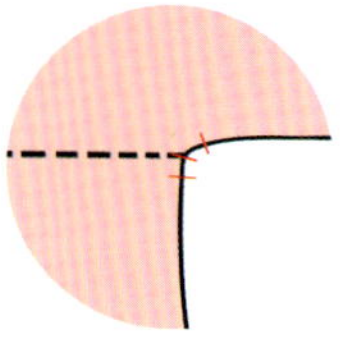

20 准备缝合侧缝。

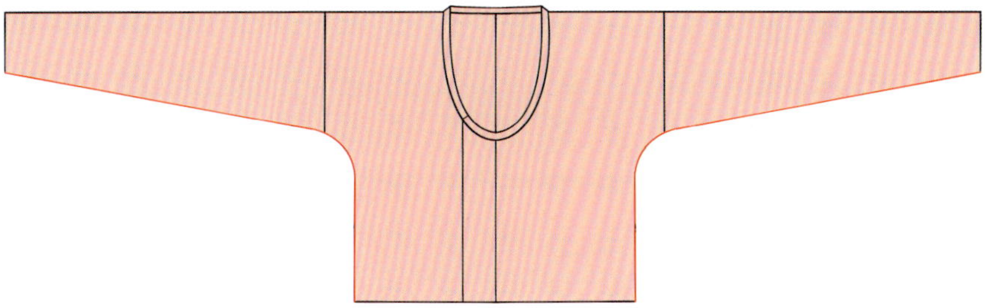

21 将衣身翻转至反面对反面，正面朝外。

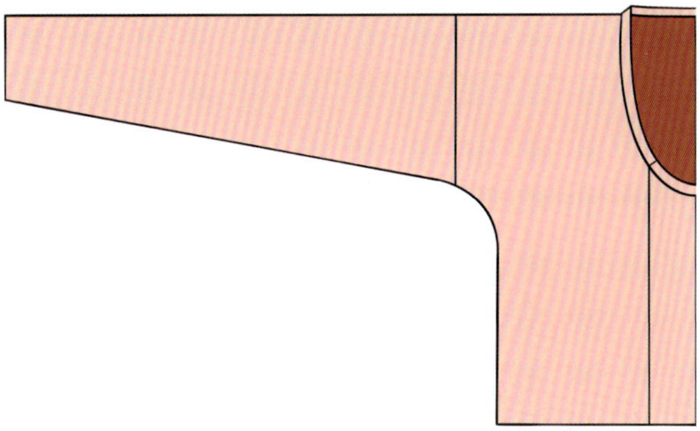

22 沿红色虚线缝 0.5cm 的缝份，将毛边修剪掉 0.3cm，将劈缝熨烫平整。将面料翻转至反面朝外，正面对正面缝 0.5cm 的缝份。

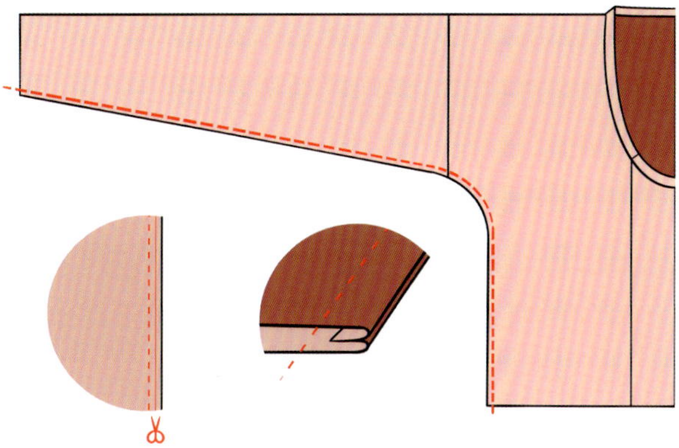

23 准备给袖口和下摆卷边。

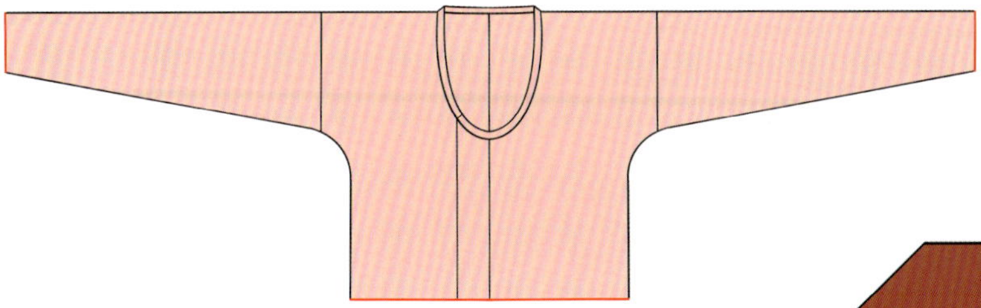

24 将面料向反面翻折 0.5cm，再次翻折 1cm，用熨斗初步熨烫固定。沿红色虚线缝 0.1cm 的明线。

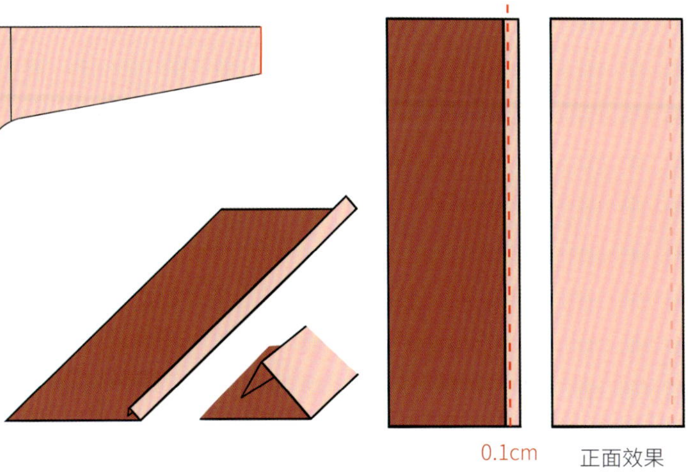

25 在红色圆点处缝上按扣。

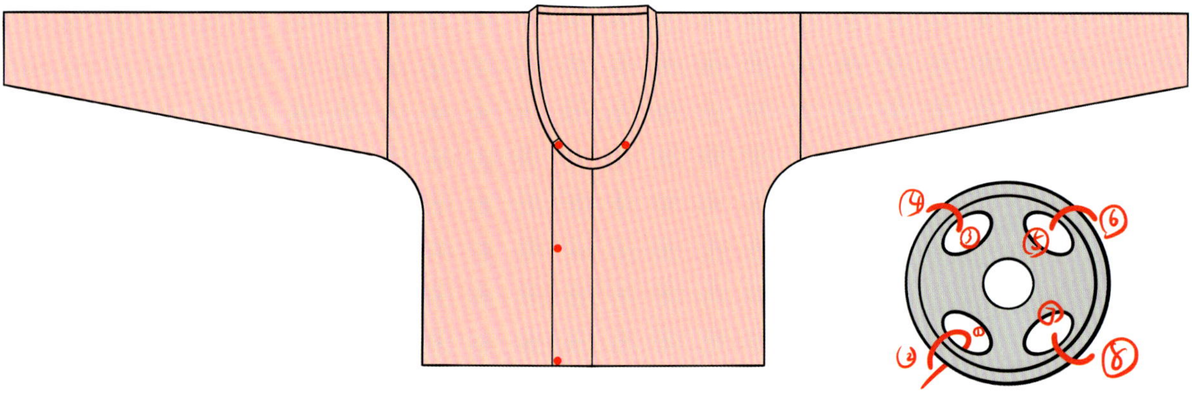

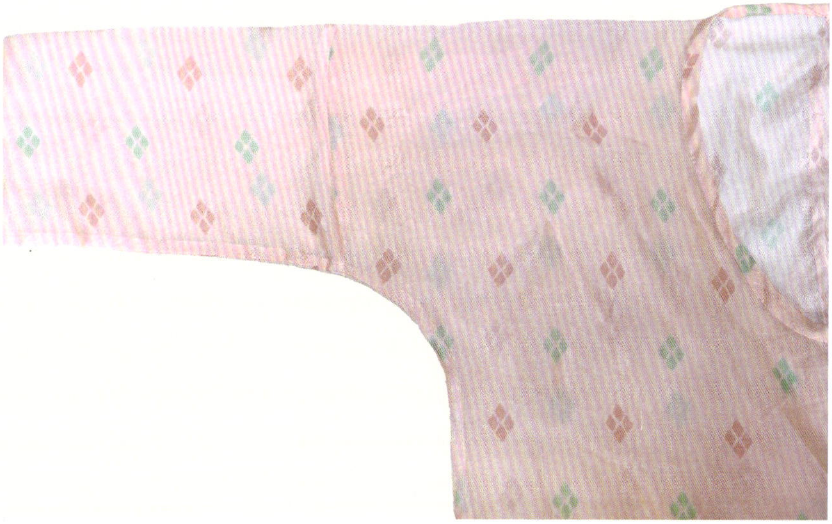

3.2.3 植物染三十六破间色裙

此版型图的参考身高为 165cm，裙长以及地为宜，裙长和下摆宽可以依据喜好自行调整。

裙身面料：真丝珍珠缎

裙身工艺：苏木薯莨染 / 姜黄染

腰带面料：香云纱

裙腰面料：真丝

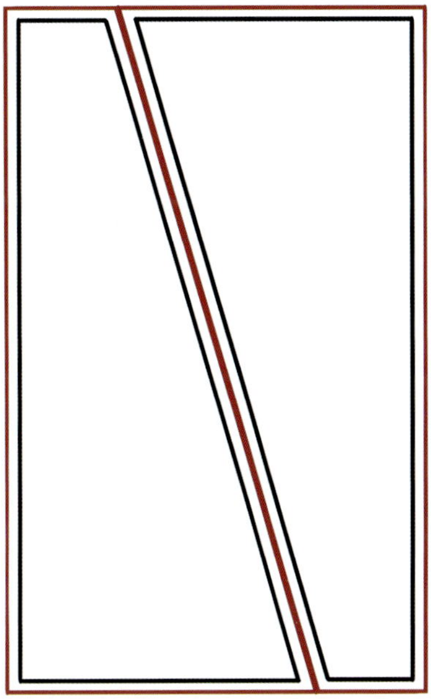

红色实线为留出的 1.5cm 的缝份

根据右图示范，预估裙子的面料用量，根据面料幅宽剪裁出所需染色的面料。

TIPS

面料用量的计算方法如下：

01 量出腰围 A，裙腰长为 1.5A。

02 把破裙片数设为 N，以 36 破为例，1.5A÷36=X 。

03 面料用量 = 面料幅宽 ÷(X+3X+1.5×2)×18。

苏木薯莨染裁片示意图

姜黄染裁片示意图

面料处理

染料：苏木 + 黄檗 + 薯莨染（蓝矾）

将三种材料（3 ： 1 ： 1）混合加入水中大火煮 20 分钟，捞出材料渣，过滤汁液，放入面料，小火加温慢煮，过程中需要不断搅拌，大概需要上色 15 分钟。用蓝矾媒染，捞出沥干清洗。

整衣面料在正式染衣以前可以先用小样试色，不同时间、不同媒介、不同面料得到的效果都不相同。

苏木、黄檗、薯莨

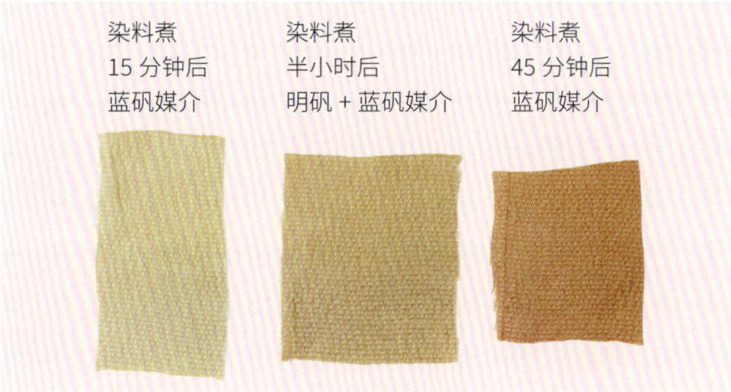

染料：姜黄染 + 黄檗（蓝矾）

染料加水大火煮 40 分钟，捞出材料渣，过滤汁液，放入面料，小火加温慢煮，过程中需要不断搅拌，大概需要上色 10 分钟。用蓝矾媒染，捞出沥干清洗。

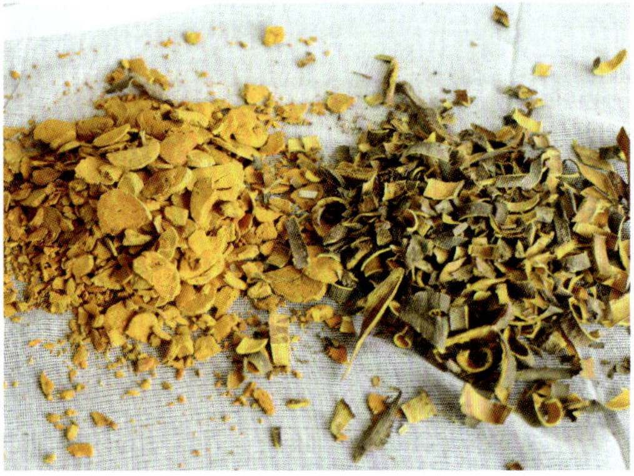

姜黄、黄檗

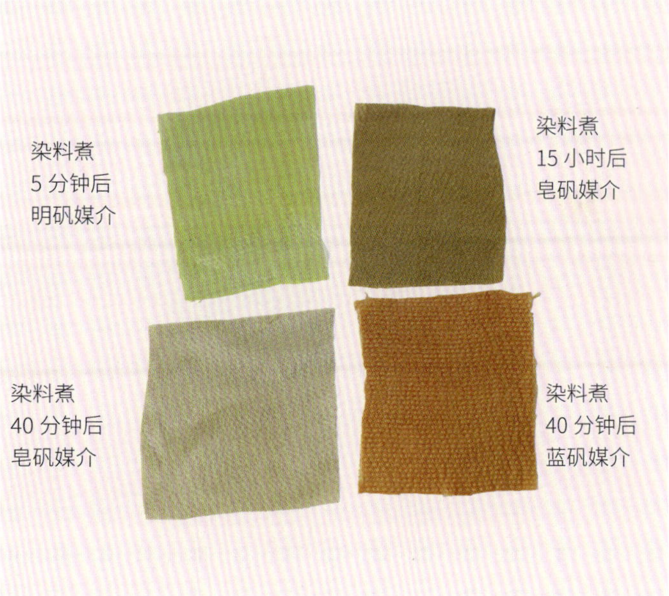

制作裙子

01 按照步骤 04 所示尺寸用水消笔在面料上画出版型，并剪裁出直角梯形，一共 36 个梯形，红黄各 18 个。

TIPS

真丝比较细软难以定型，可以喷洒真丝上浆液使得面料更为硬挺。

在剪裁的时候可以用立裁针固定面料。

02 将面料反面对反面进行缝合。

03 重复上一步骤，将 36 个梯形交替拼缝。

04 平铺图尺寸以及面料正反示意图。

单位：厘米（cm）

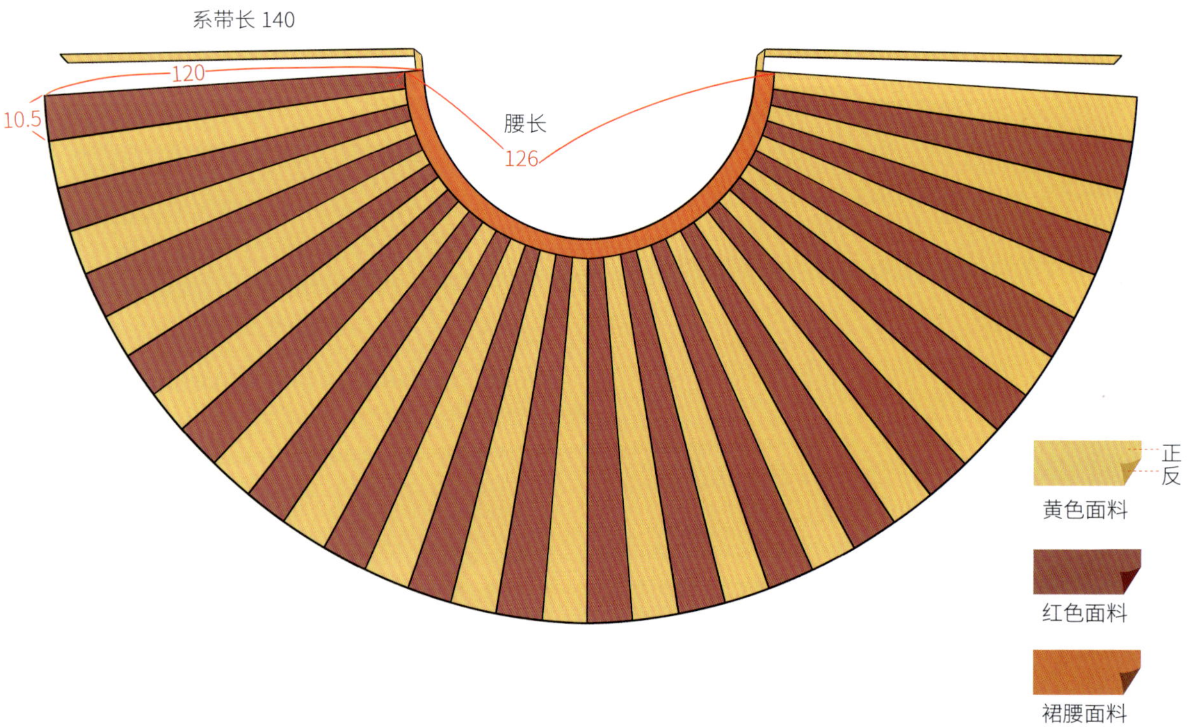

05 净样版如图所示。

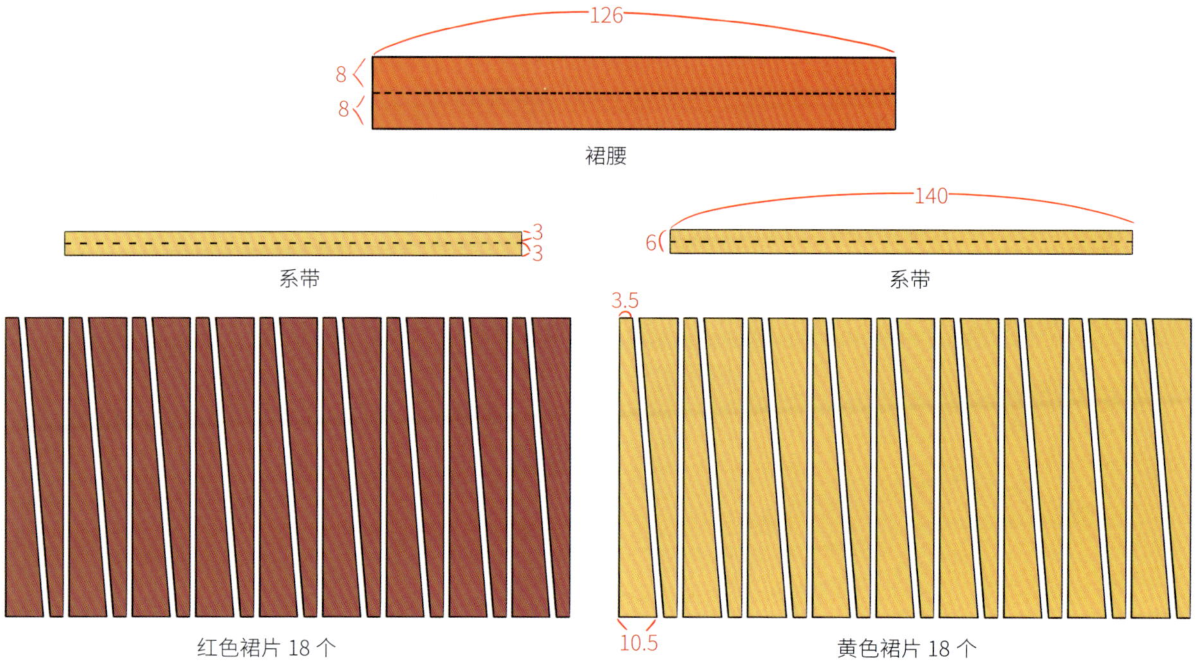

06 放缝份（最终纸样）。

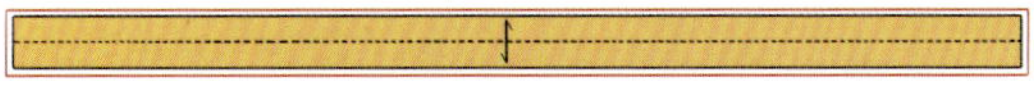

系带（四周各留 1cm 的缝份）

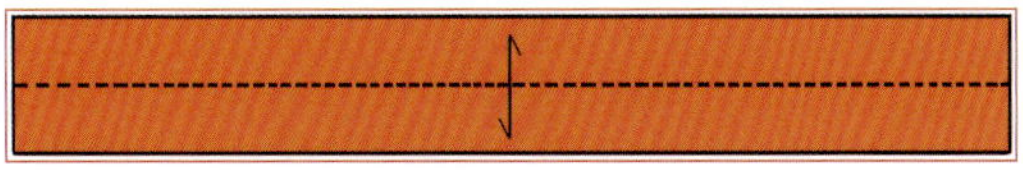

腰头（四周各留 1cm 的缝份）

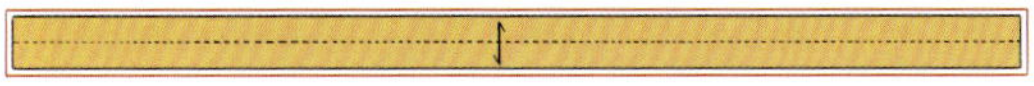

系带（四周各留 1cm 的缝份）

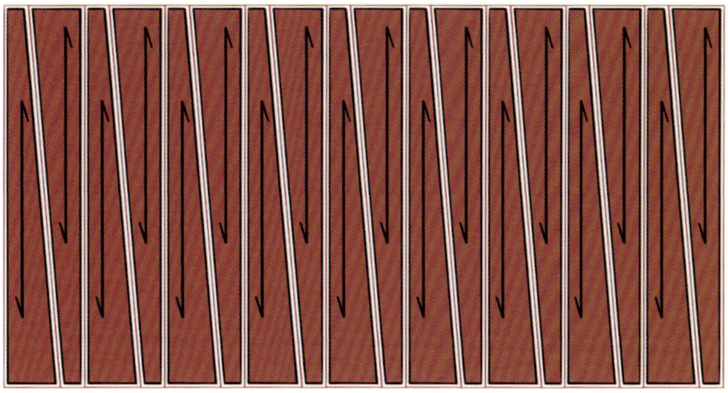

红色裙身裁片（裙身每个裁片四周各留 1cm 的缝份）

黄色裙身裁片（裙身每个裁片四周各留 1cm 的缝份）

07 准备缝合裙片，两个裙片用来去缝的方式拼合。将面料正面朝外，反面对反面，使直角梯形的最长边和较长的直角边从靠近腰部那一段对齐。

08 再缝合一次，将毛边缝进缝份中。沿红色虚线缝 0.5cm 的缝份，将毛边修剪掉 0.3cm，将劈缝熨烫平整。将面料翻转至反面朝外，正面对正面，缝 0.5cm 的缝份。

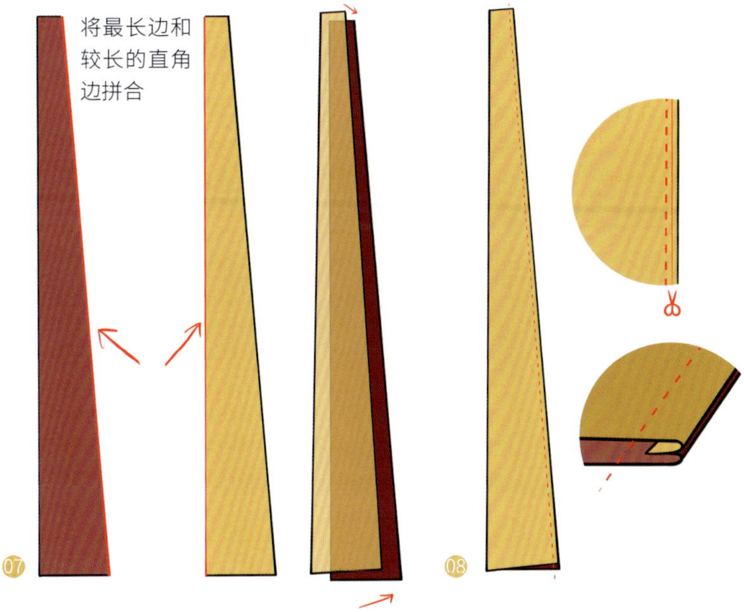

09 按照相同方法将剩下所有裙片按间色的方式拼合完成并熨烫平整。

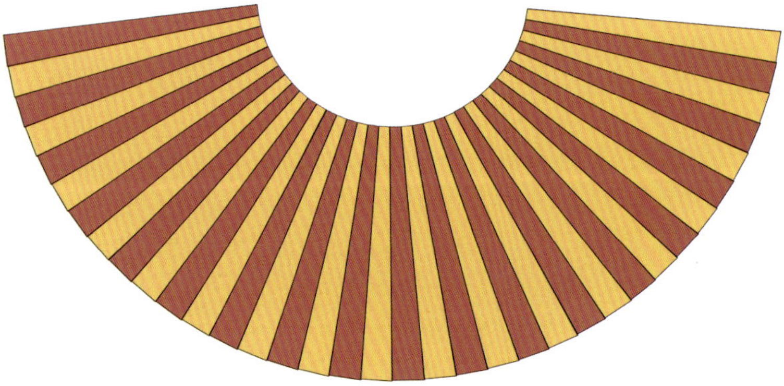

10 将裙身下摆修剪成圆弧形。

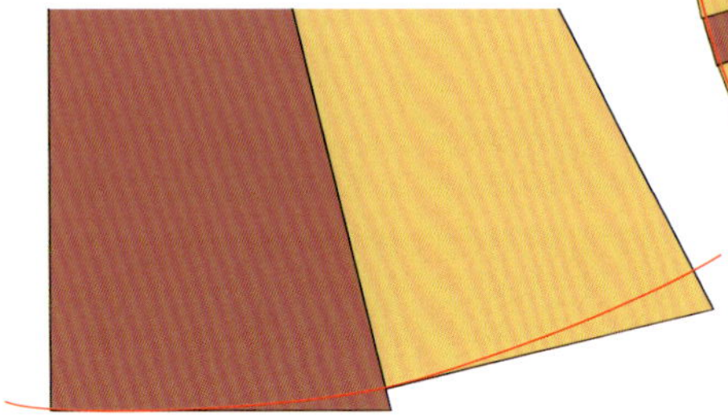

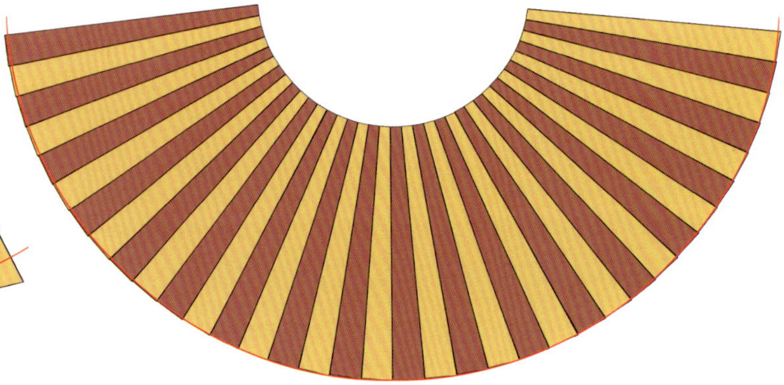

11 给两侧裙片边缘和下摆做卷边缝（1cm 的缝份）。

12 准备制作裙腰。裙腰长度是腰围的 1.5 倍，宽度是 5cm，可以是一条直线。裙腰是双层的，所以需要两倍的裁片 + 缝份。将面料向反面翻折 0.5cm，再次翻折 1cm，用熨斗初步熨烫固定。沿红色虚线缝 0.1cm 的明线。

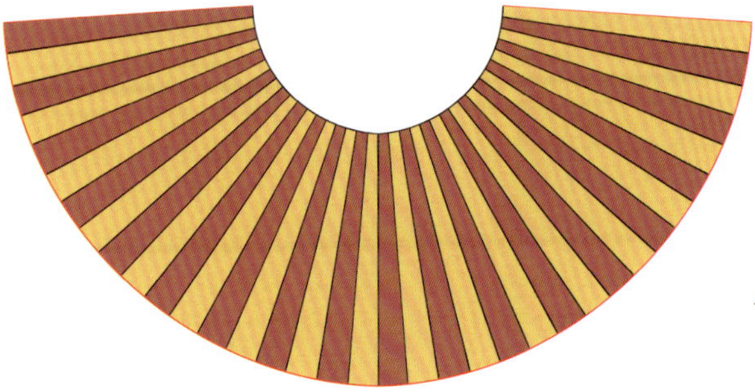

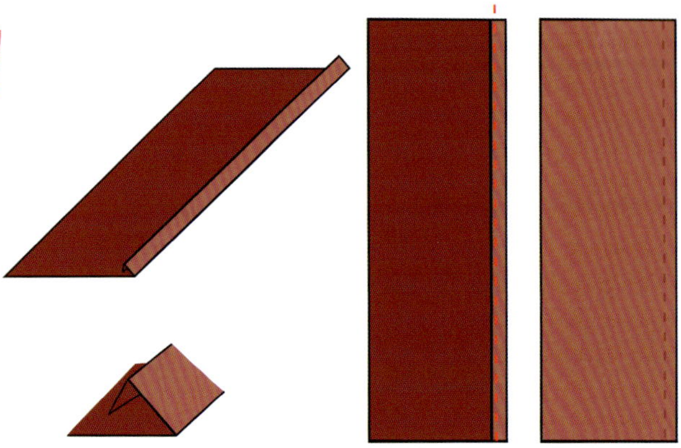

正面效果

13 准备给裙子上腰头。

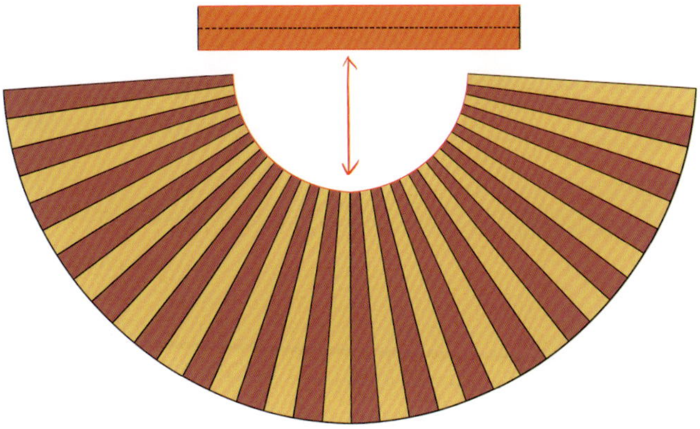

14 准备制作两侧系带，长140cm，宽4cm，因此需要准备10cm [4cm×2+1cm（缝份）×2] 宽，142cm[140cm+ 1cm×2缝份]长的裁片。将剪裁下来的系带布片正面朝上沿黑色虚线对折至反面朝外，正面朝内。

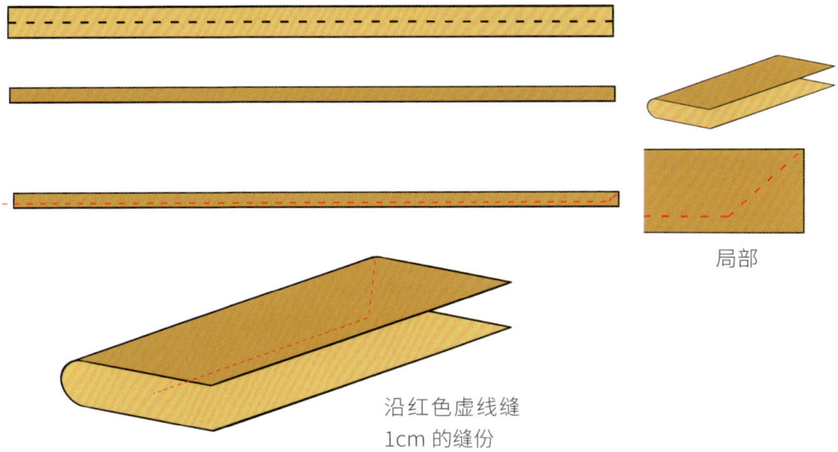

15 用翻带器将系带翻转至正面。裙腰面料反面朝上，两侧分别向内翻折 1cm。

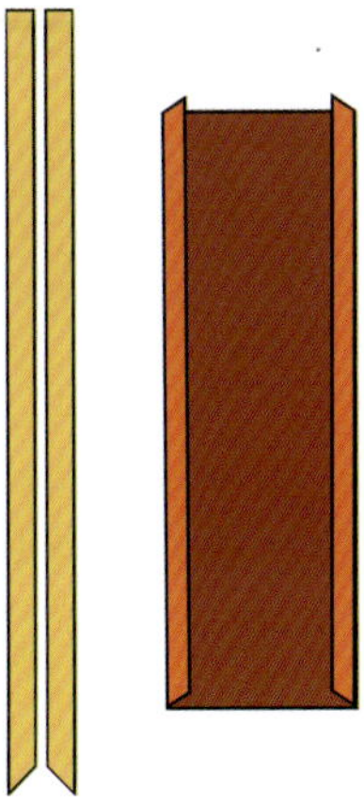

16 中线（蓝色实线）向右偏移0.2cm得到折叠线(红色虚线)。沿红色虚线对折，熨烫平整。

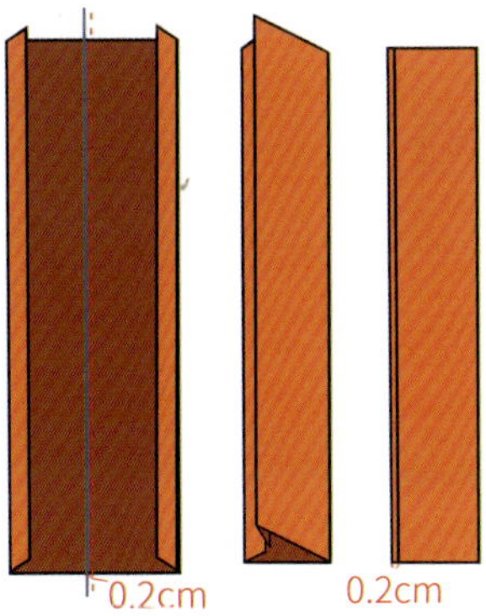

17 将裙腰翻转至正面朝内，将系带夹在中间，缝 1cm 的缝份，然后将两条系带缝在裙头两端。

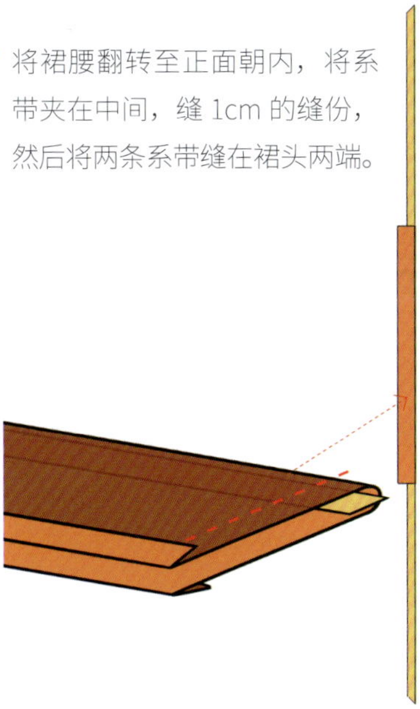

18 取出裙身面料，将预先折烫好的裙腰的正面对着第二块布的正面。将上一步骤对折后裙腰较短的布边与裙身上缘对齐，缝 1cm 的缝份。

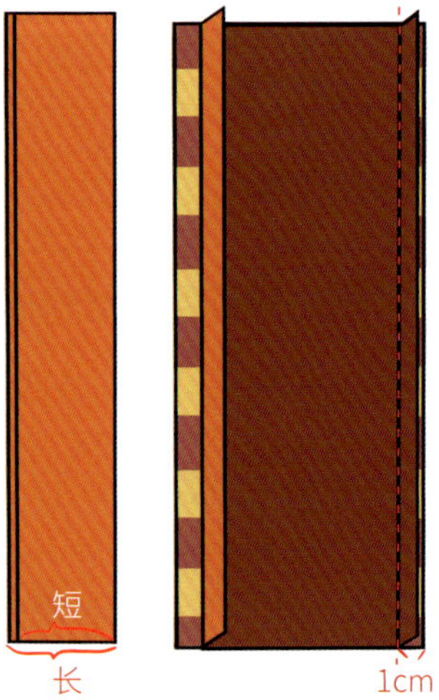

19 翻转面料，将两块面料的正面朝上，从两块面料衔接处（红色虚线处）缝线。

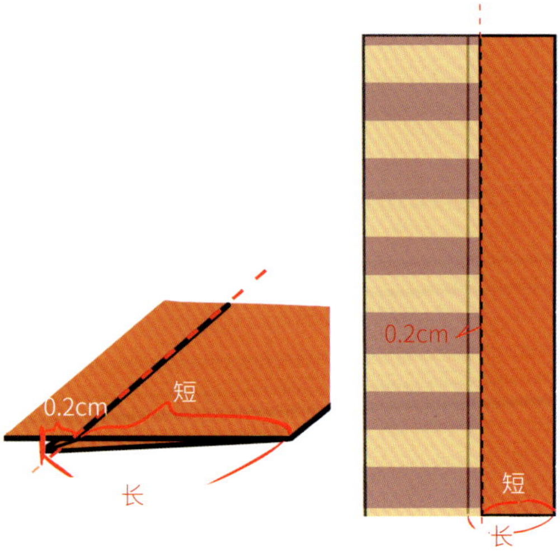

错金银花鸟纹钗
璎珞
圆领大襟背子
锦帽
窄袖大襟式衫子
披帛
三十六破间色裙

3.3　阿斯塔那第 187 号墓俑衣案例

此次展示白花缬绿绢裙制作案例。唐代除了流行过石榴裙，还曾流行绿色衣裙。俑衣是随葬俑所穿，裙身印有宝相花和柿蒂花纹样。唐高宗后期开始流行多幅面料制成的女裙，这件为八破裙，缩小腰围增大裙身，显得腰细。唐代诗人孟浩然曾在《春情》中形容这种破裙为“坐时衣带萦纤草，行即裙裾扫落梅”。

3.3.1　植物染手绘直袖对襟衫

1. 面料处理

面料：羊毛纱

工艺：植物染

染料：五倍子

01 取适量五倍子在锅中煮出颜色，放入羊毛纱煮色。

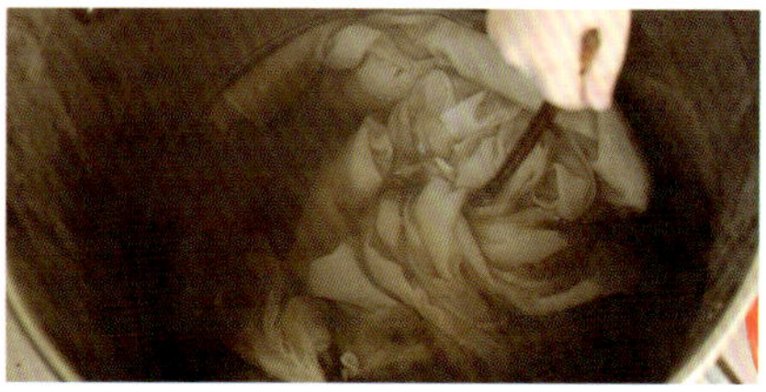

02 将染好的羊毛纱放入有明矾的水中固色。

03 在牛皮纸上雕刻出纹样并刷好桐油，晾干。

04 调好织物染料的颜色。

03

04

05 按照版纸的样子在面料上进行手绘。

06 晾干手绘的部分。

05

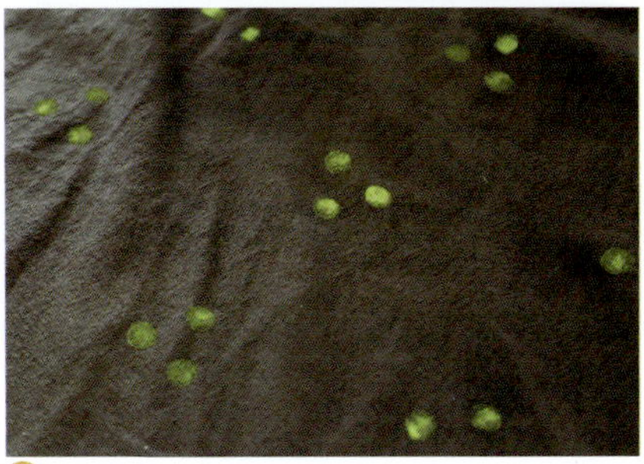

06

2. 制作宽袖衫

01 平铺图尺寸以及面料正反示意图。

单位：厘米（cm）

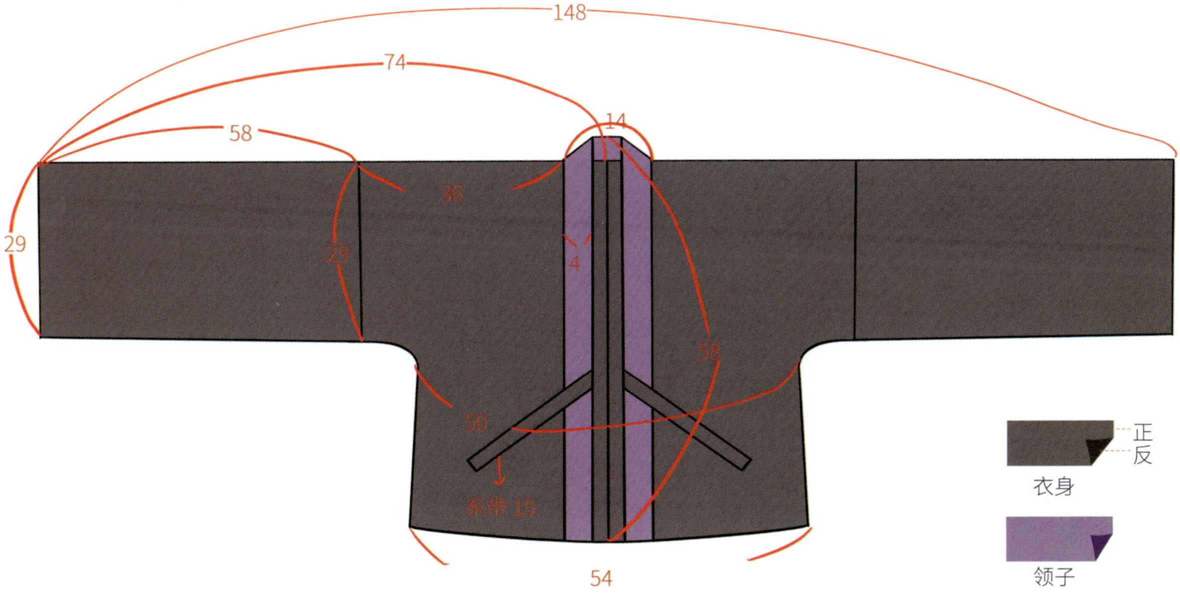

02 净样版如图所示。

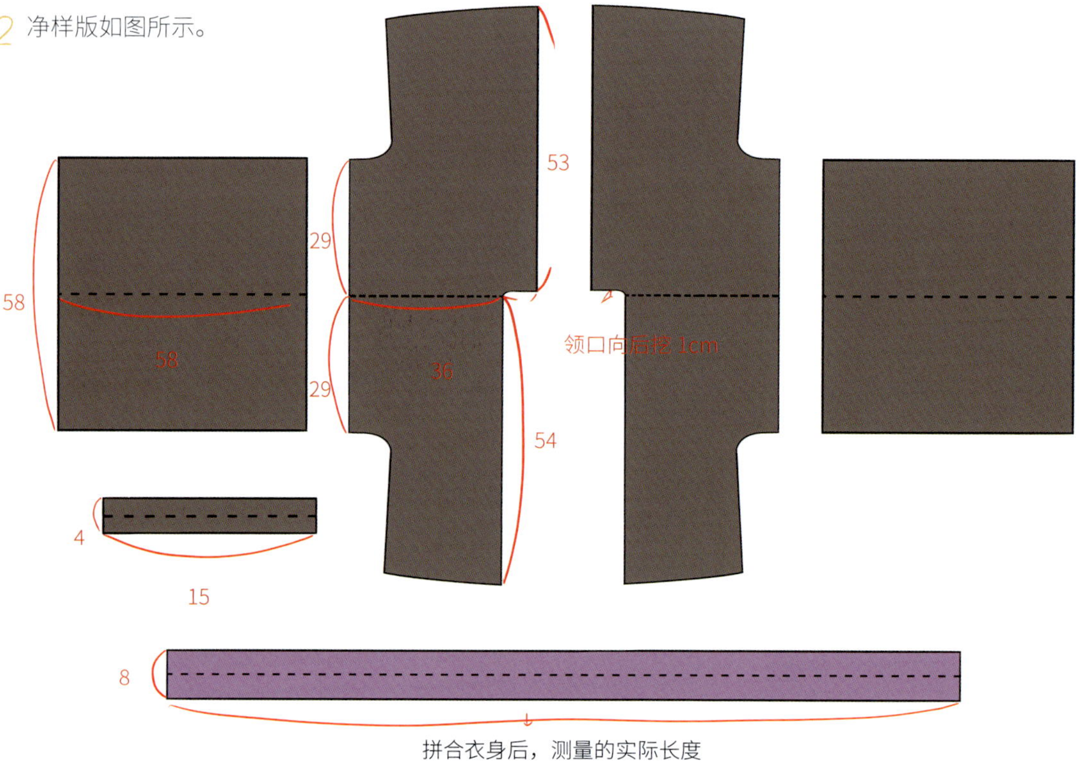

03 放缝份（最终纸样）。

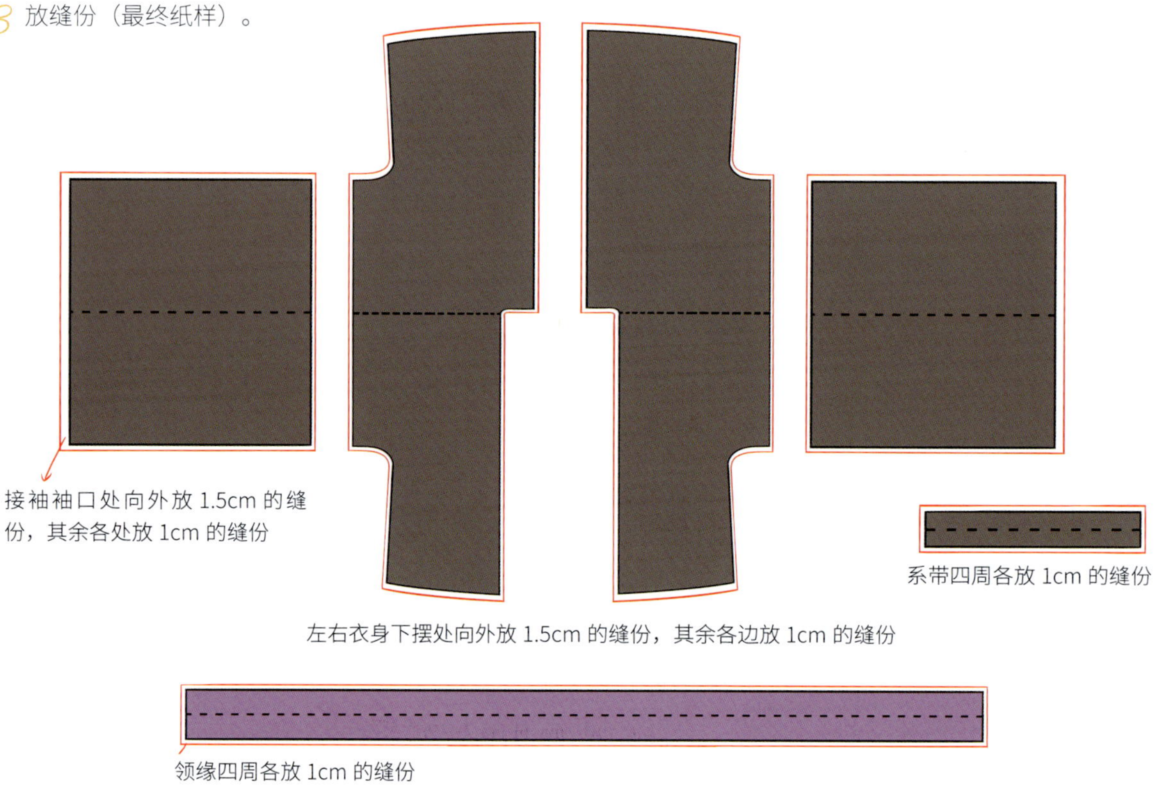

04 准备好裁片，准备拼合衣身和袖片。

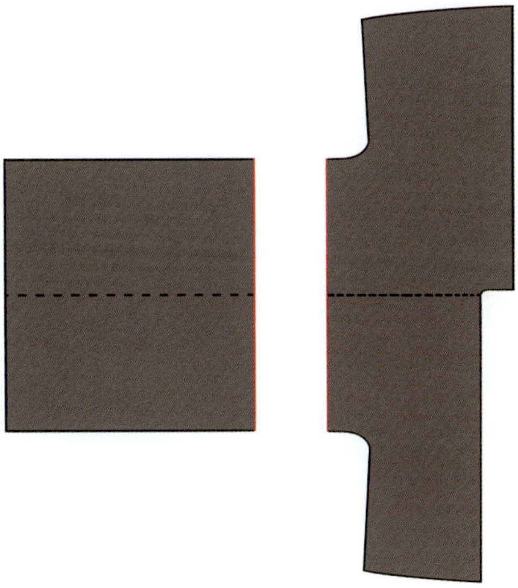

05 将衣身和袖片正面朝外，反面与反面对齐。可以预先用珠针或夹子固定要缝合的布边。

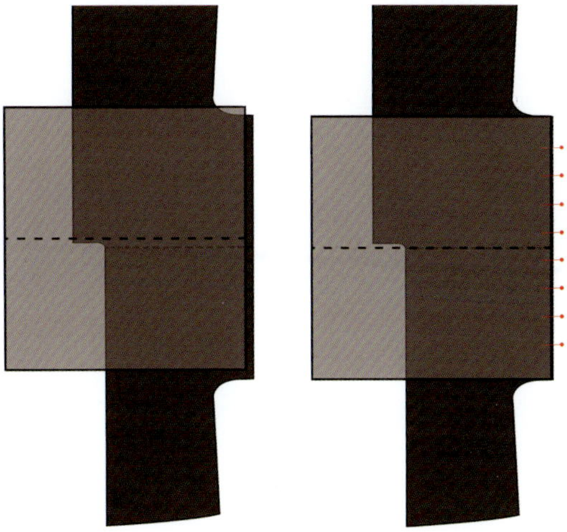

06 沿红色虚线缝 0.5cm 的缝份，将毛边修剪掉 0.3cm，将劈缝熨烫平整。将面料翻转至反面朝外，正面对正面，缝 0.5cm 的缝份。

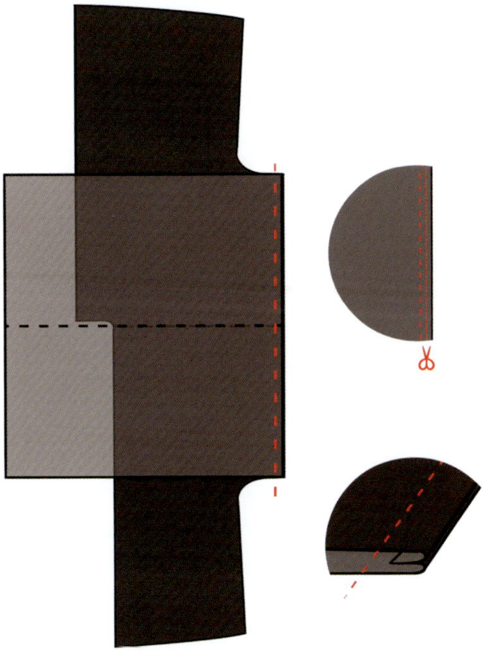

07 按照同样的方式缝合两边的衣身和袖片，然后将缝份劈开，熨烫平整。

08 准备拼合后中缝。

09 将两块面料反面对反面，正面朝外。可以预先用珠针或夹子固定要缝合的布边。

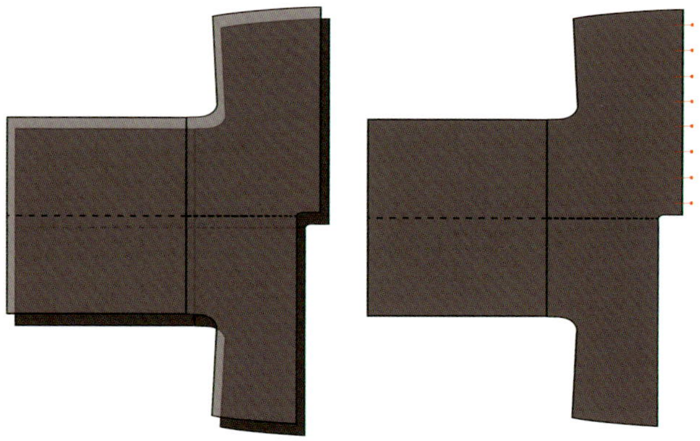

10 沿红色虚线缝 0.5cm 的缝份，将毛边修剪掉 0.3cm，将劈缝熨烫平整。将面料翻转至反面朝外，正面对正面，缝 0.5cm 的缝份。

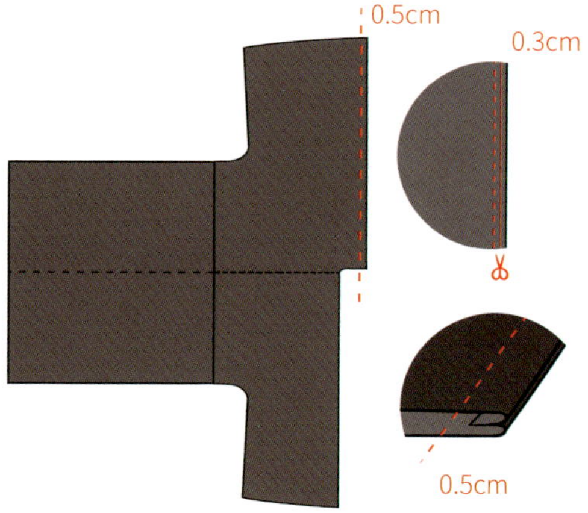

11 展开缝合好的衣身，熨烫平整。

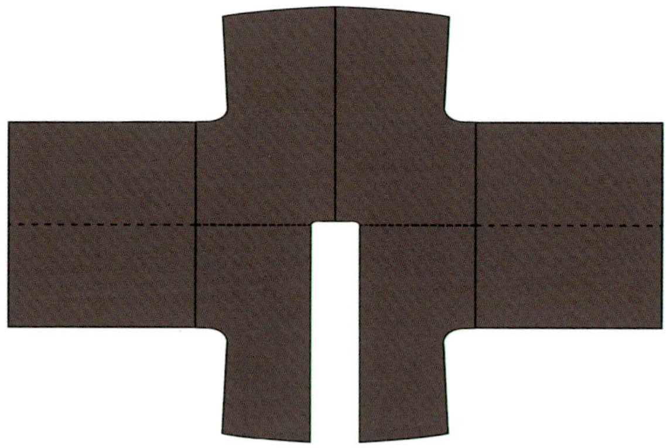

12 准备拼合侧缝。

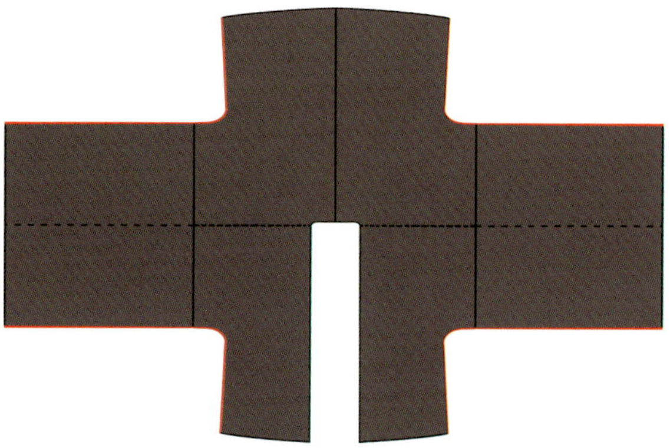

13 沿红色虚线缝 0.5cm 的缝份，将毛边修剪掉 0.3cm，将劈缝熨烫平整。将面料翻转至反面朝外，正面对正面，缝 0.5cm 的缝份。

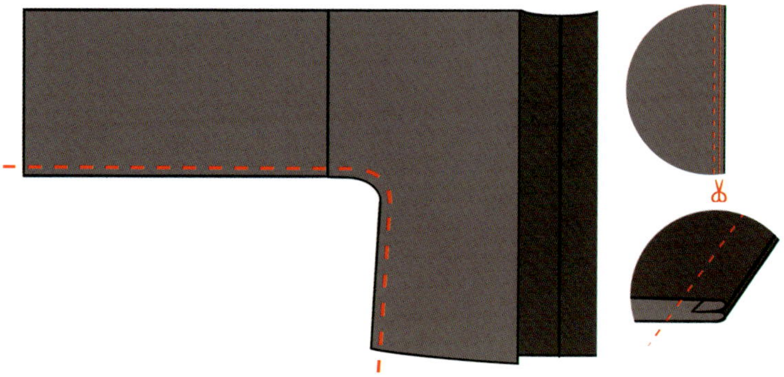

14 准备上领缘。

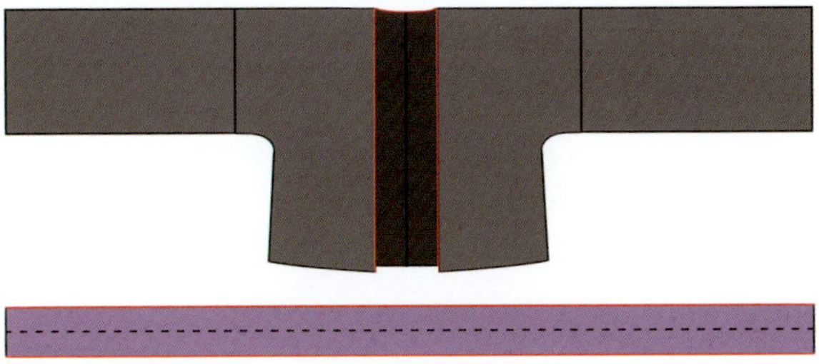

15 将领缘两边向内翻折熨烫 1cm，将面料对折，再次熨烫。将衣身领口处与上领缘边缘对齐，面料正面对正面，缝合 1cm。

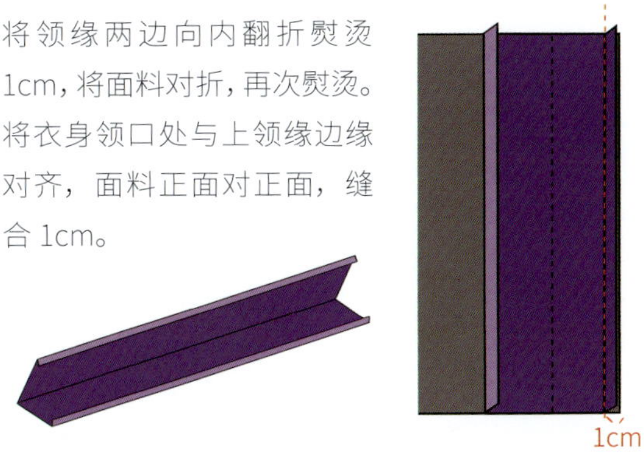

16 靠近肩线的领口弧度较大，不方便包边，可以用打剪口的方法处理。剪口垂直于面料边缘，长度为 0.5cm 左右。

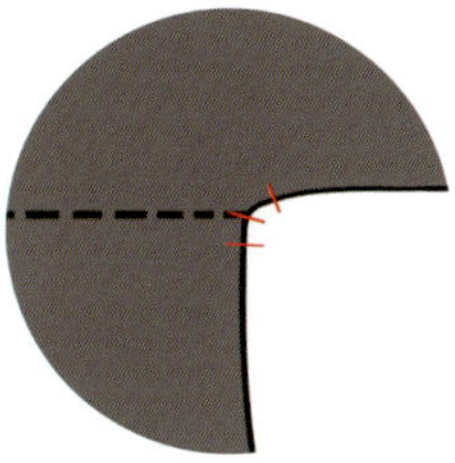

17 提前将系带烫折，并缝好（具体步骤与制作裙子系带相同）。然后将系带提前固定在领缘内侧。

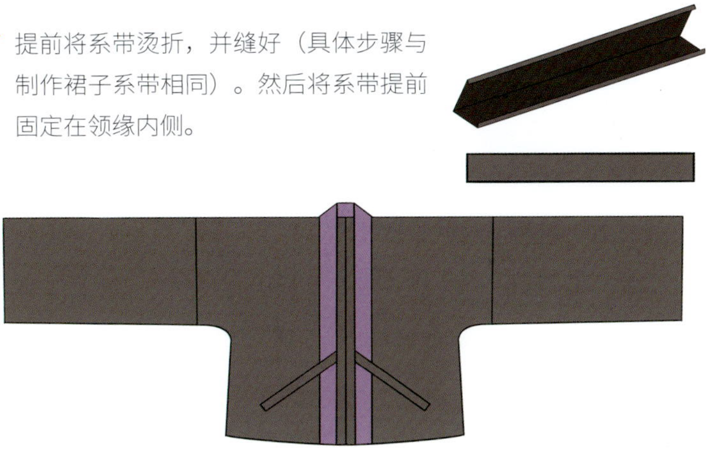

18 准备缝合领口和领缘的另一边，用暗针法将缘边扦在大身上。

19 给袖口和下摆卷边。

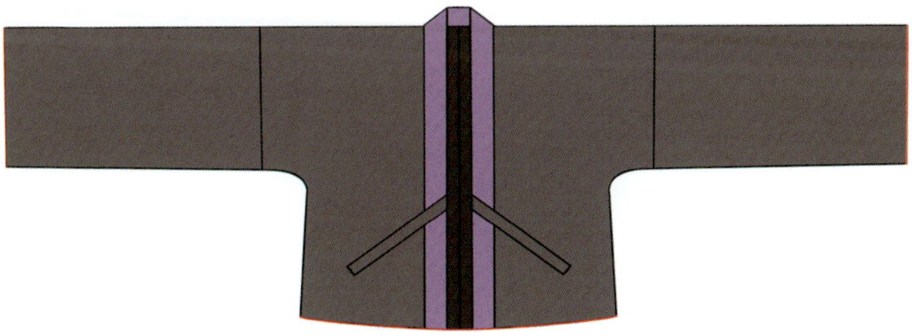

20 将面料向反面翻折 0.5cm，再次翻折 1cm，用熨斗初步熨烫固定。沿红色虚线缝 0.1cm 的明线。

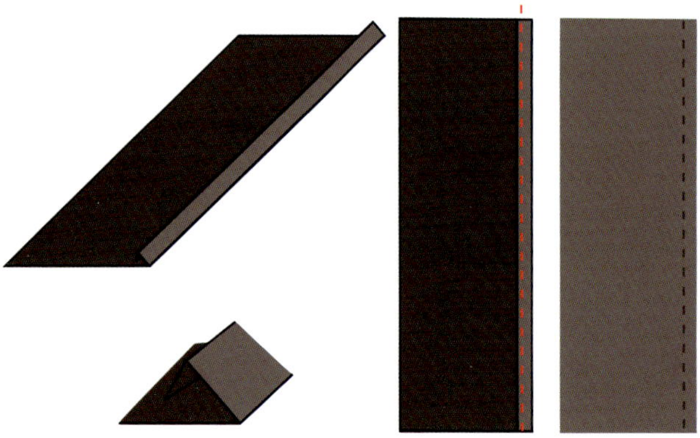

3.3.2 白花缬绿绢裙

1. 面料处理

面料：羊毛纱　　工艺：灰缬　　染料：冻绿

01 在牛皮纸上雕刻出需要灰缬的形状。

02 将版纸涂上桐油并晾干。

03 调好灰缬需要的防染糊。

04 用刮板按照版纸的形状刮在面料上并均匀排布。

05 晾干防染糊，取膜，花纹就印在面料上了。

06 取染料冻绿若干。

07 蒸煮冻绿。

08 将染汁静置至常温。

09 将面料泡入染汁中，静置半小时以上。

10 洗干净灰缬的部分。

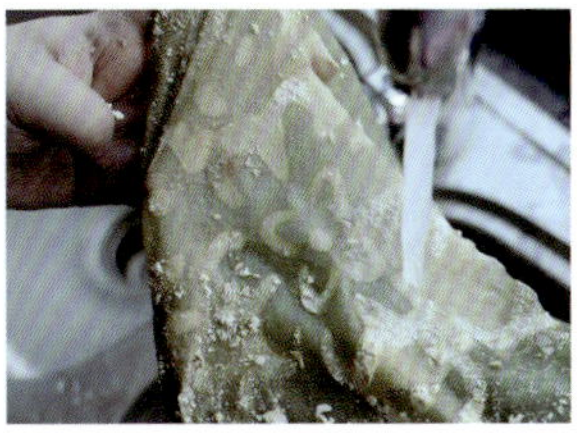

11 晾干面料。

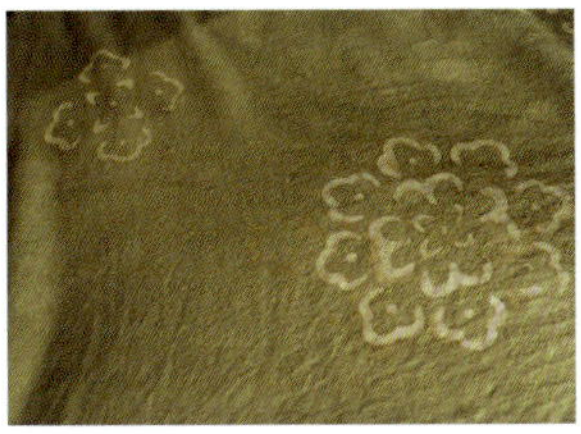

12 按照版纸裁剪出裙摆的部分备用。

2. 制作裙子

01 平铺图尺寸以及面料正反示意图。

单位：厘米（cm）

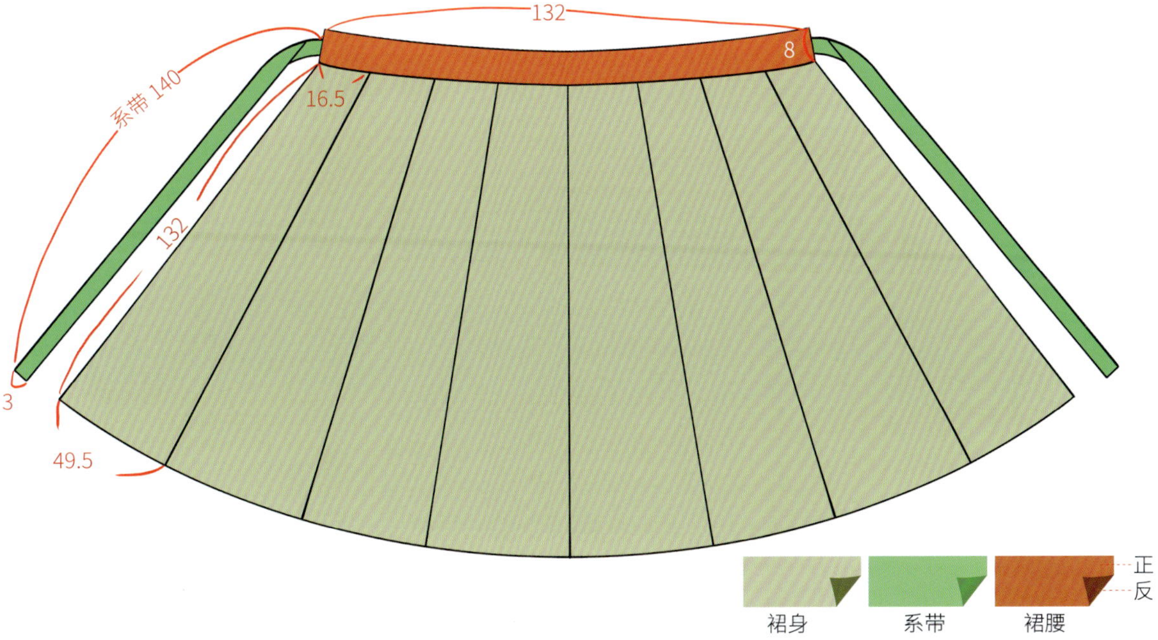

02 净样版如图所示。

单位：厘米（cm）

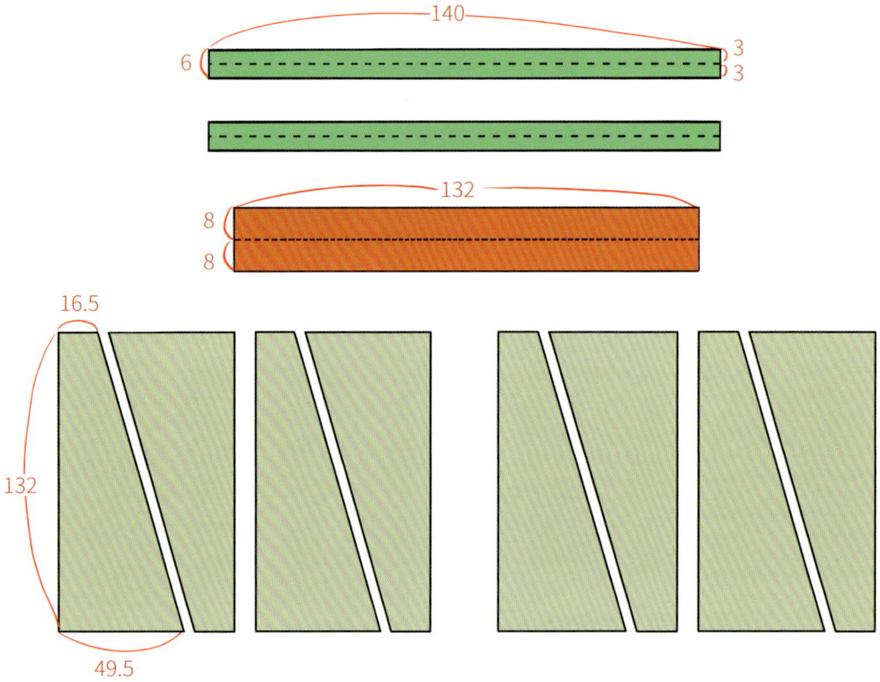

03 放缝份（最终纸样），所有布片四周均放缝 1cm。

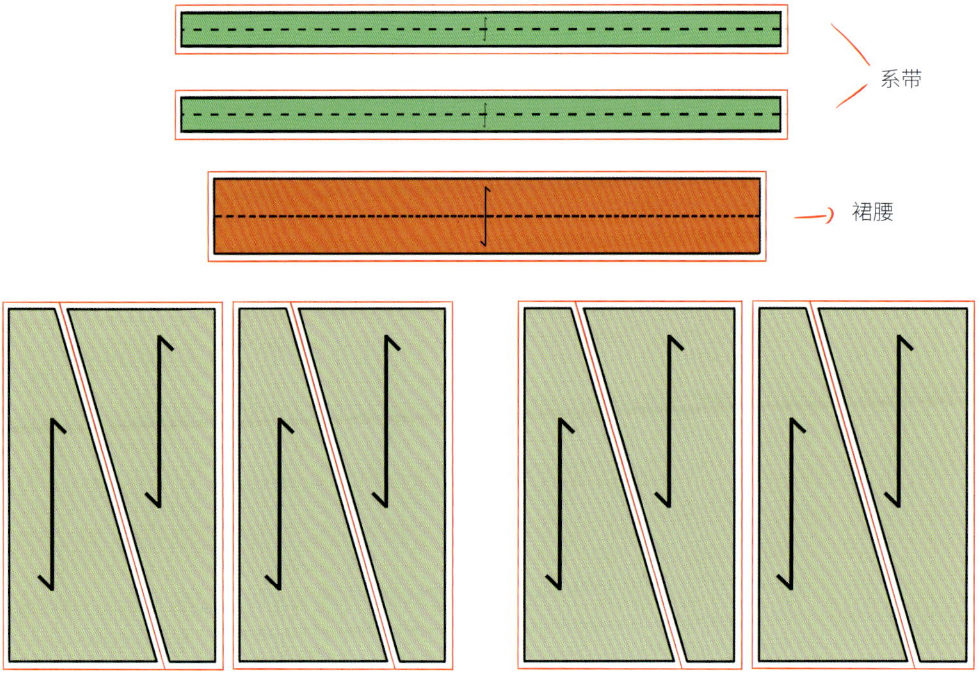

04 根据纸样剪裁好面料，并准备缝合裙片，两个裙片用来去缝的方式拼合。

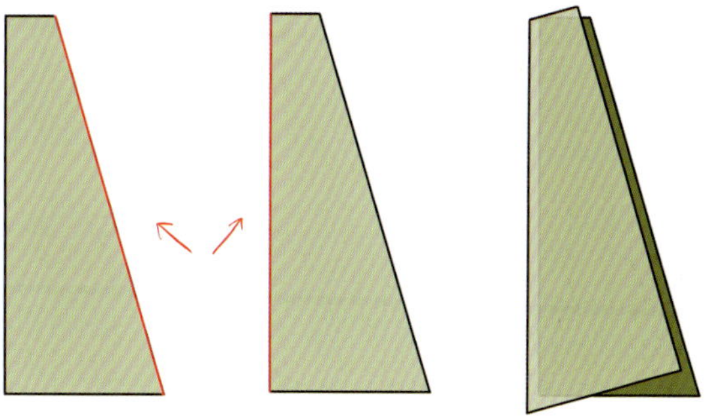

将面料正面朝外，反面对反面，使直角梯形的最长边和较长的直角边，从靠近腰部那一段开始对齐，将最长边和较长的直角边进行拼合

05 沿红色虚线缝 0.5cm 的缝份，将毛边修剪掉 0.3cm，将劈缝熨烫平整。将面料翻转至反面朝外，正面对正面，缝 0.5cm 的缝份。

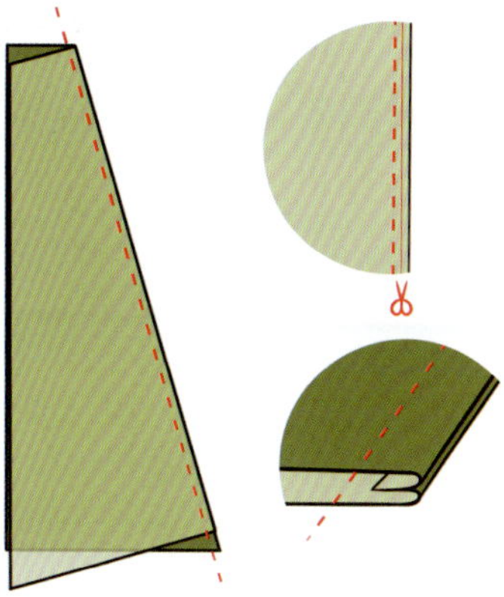

06 将下摆修剪成圆润的弧形。

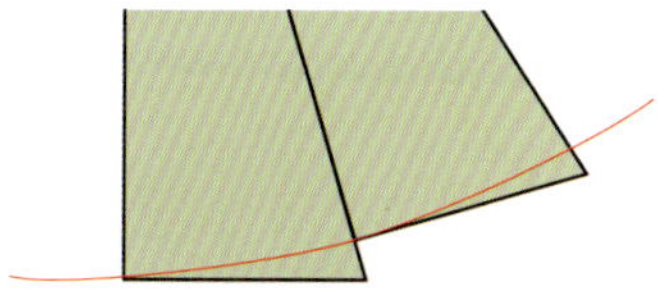

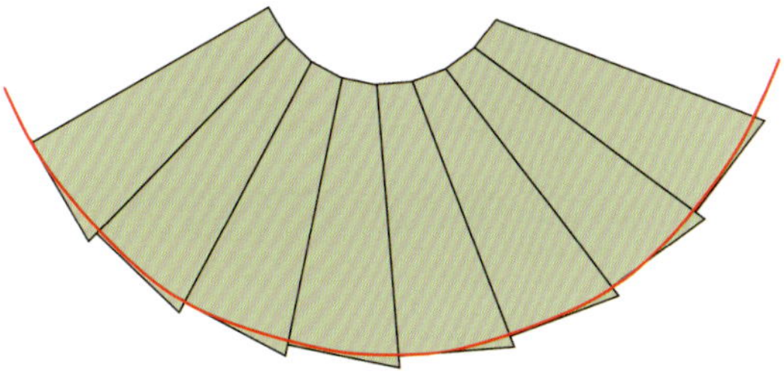

07 给两侧裙片边缘和下摆卷边。

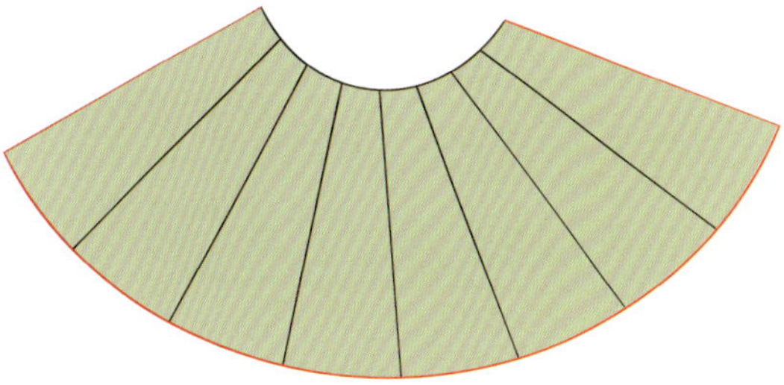

08 将面料向反面翻折 0.5cm，再次翻折 1cm，用熨斗初步熨烫固定。沿红色虚线缝 0.1cm 的明线。

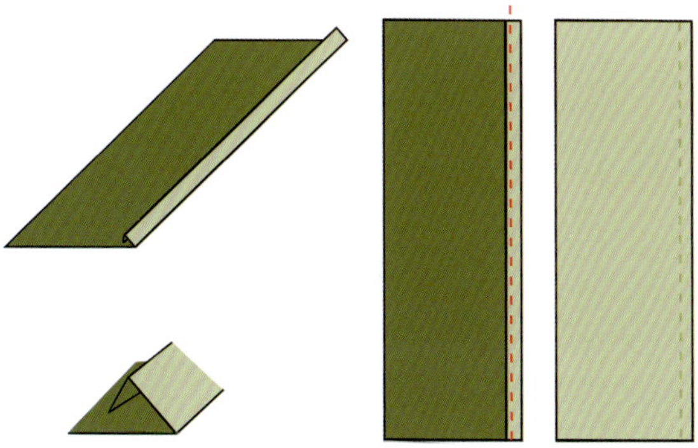

正面效果

09 准备上腰头。

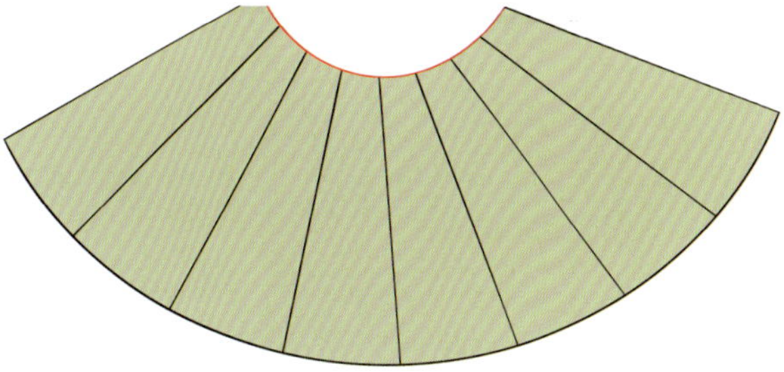

10 拿出剪裁下来的系带布片，正面朝上，沿黑色虚线对折至反面朝外，正面朝内。沿红色虚线缝 1cm 的缝份。

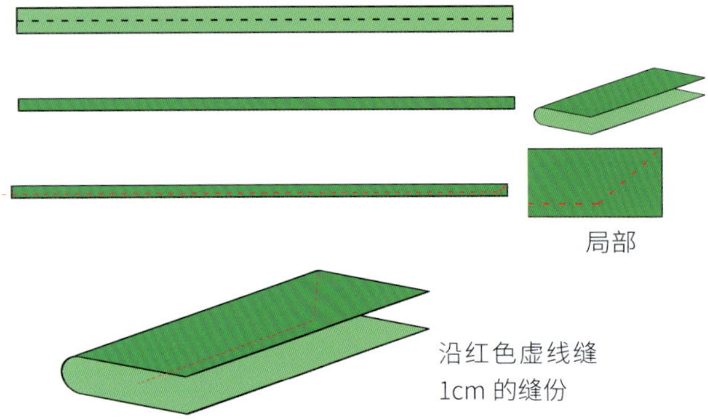

11 用翻带器将系带翻转至正面。将裙腰面料的反面朝上，两侧分别向内翻折 1cm。

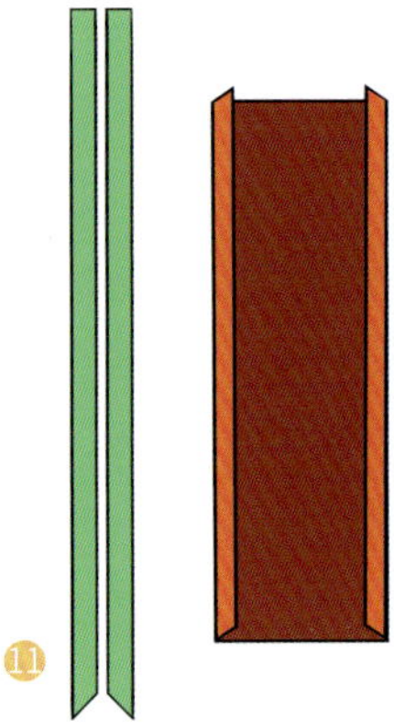

12 中线（蓝色实线部分）向右偏移 0.2cm 得到折叠线（红色虚线部分）。沿红色虚线对折，熨烫平整。

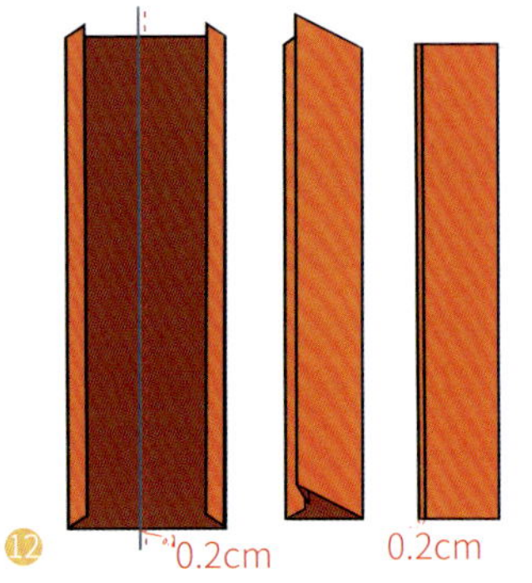

13 将裙腰翻至正面朝内，将系带夹在中间，缝 1cm 的缝份。将两条系带缝在裙头两端。

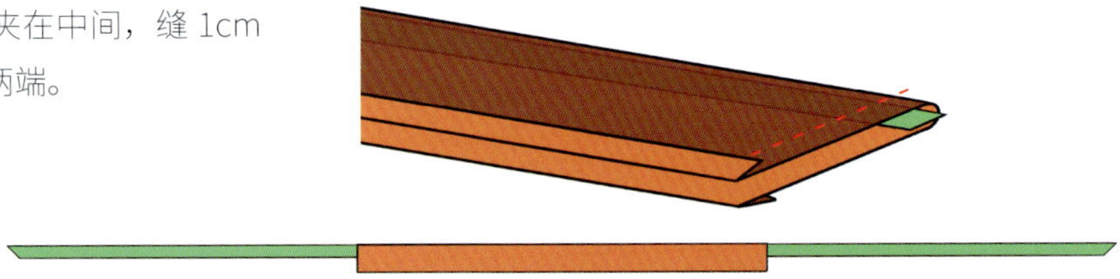

14 取出裙身面料，将预先折烫好的裙腰的正面对着第二块布的正面，将前一步对折后裙腰较短的布边与裙身上缘对齐，缝 1cm 的缝份。

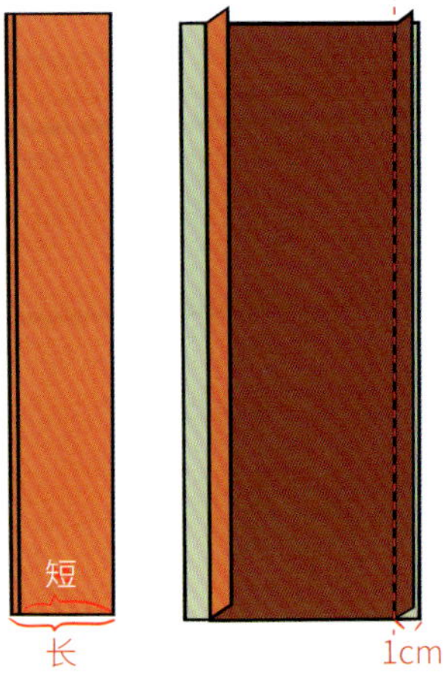

15 翻转面料，将两块面料的正面朝上，从两块面料的衔接处（红色虚线处）缝线。

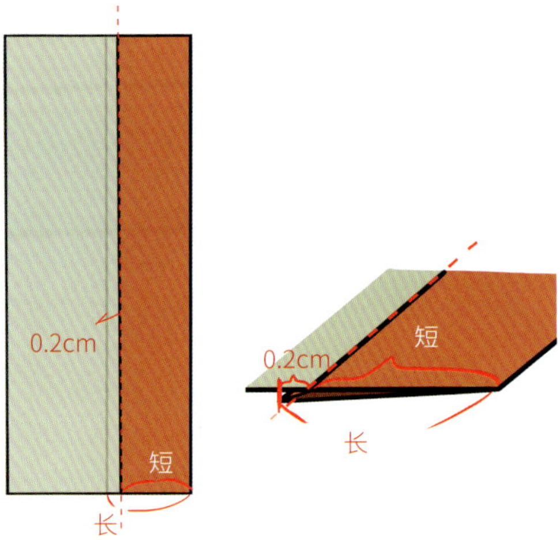

绢花
灰缬手绘直袖衫
白花缬绿绢裙

第4章

制作篇：宋代复原汉服案例

4.1　宋代服装特点

宋代（960—1279）是中国历史上承五代十国下启元朝的朝代，分北宋和南宋，共历 18 帝，享国 319 年。北宋初期的上层女子服饰并没有趋于朴实无华，反而更加奢靡，整个服饰更加宽博。与此两极分化的是民间女子因为要劳作，所以服饰会相对紧身。宋朝女装主流形制为上身穿窄袖短衣，下身穿长裙，通常在上衣外面再穿一件对襟的长衫。

宋代服饰　中国丝绸博物馆藏

宋代服饰　南京博物馆藏

《瑶台步月图》　陈清波绘　故宫博物院藏

4.2　福州南宋黄昇墓服装案例

4.2.1 植物染抹胸

面料：真丝花罗

01 平铺图尺寸以及面料正反示意图。

单位：厘米（cm）

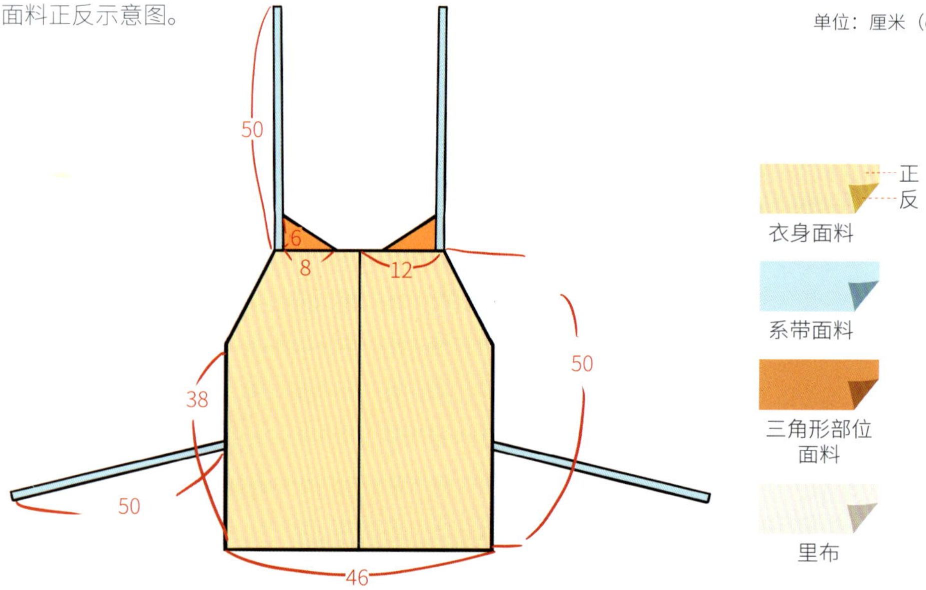

02 净样版如图所示。

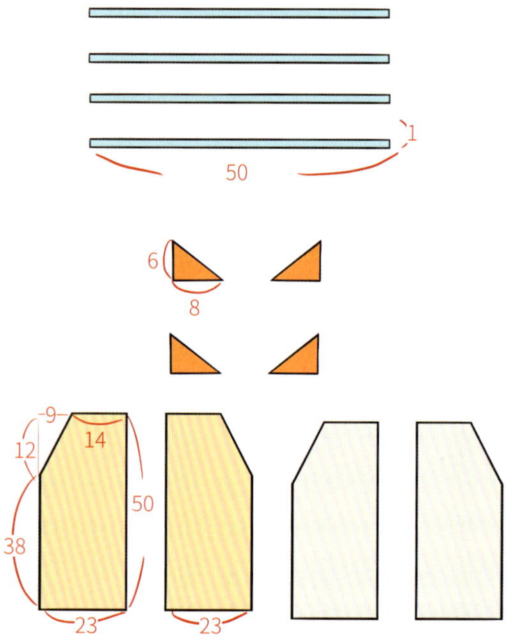

03 放缝份（最终纸样）。

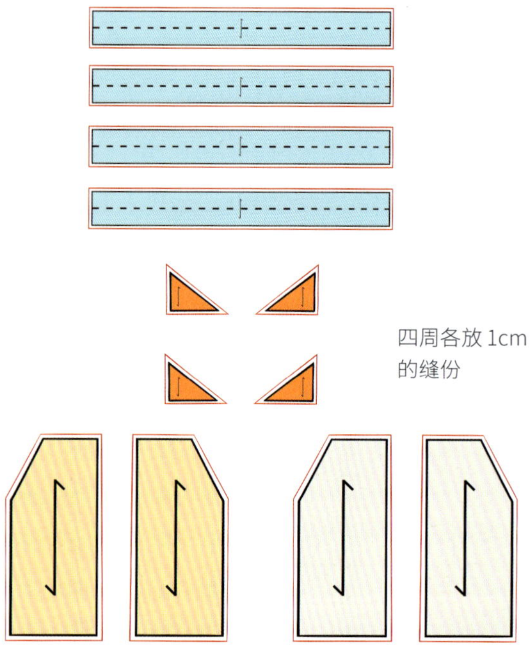

04 准备缝合衣身表里布的胸部省道和中缝。

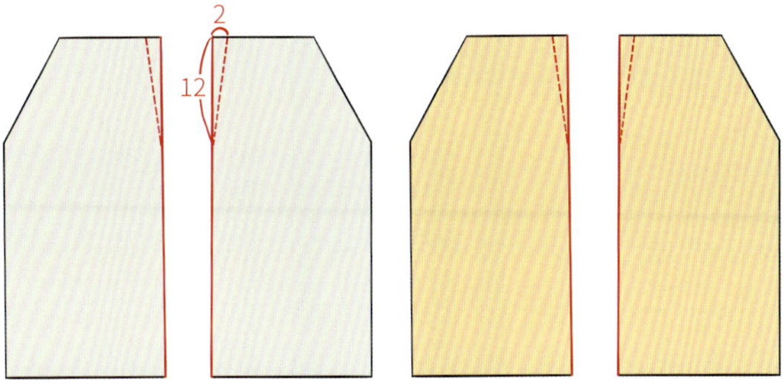

05 将衣身表布翻转至正面对正面，反面朝外，沿红色虚线缝合。然后按照同样的方式缝合里布的中缝。

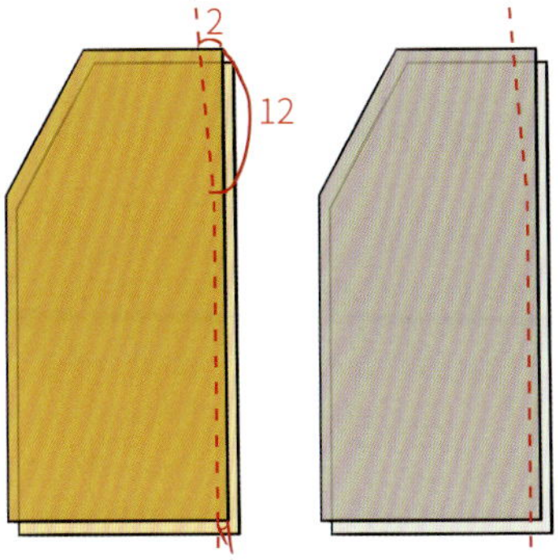

06 缝合完成，展开面料熨烫平整。

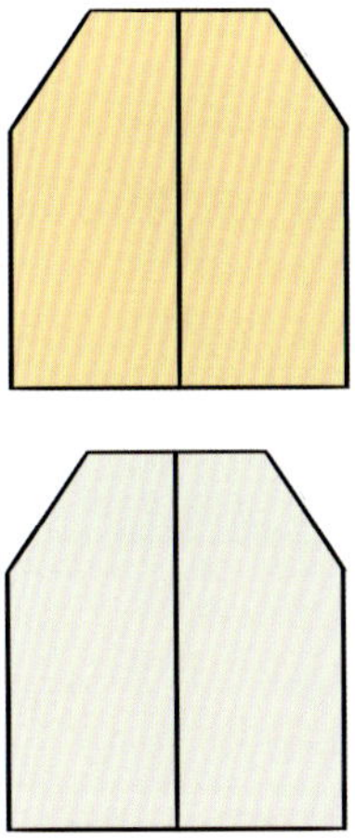

TIPS

省道可以使衣服更加贴合人体曲线，因此省道缝合完成，面料会有自然的起伏，熨烫过程中要格外注意，不要将省道形成的自然起伏烫平。

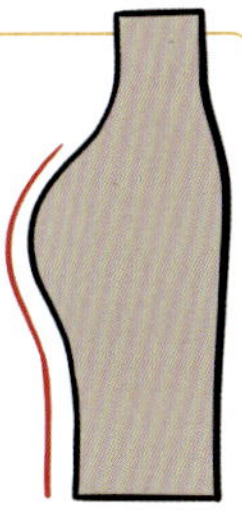

07 准备制作抹胸的上半部分。

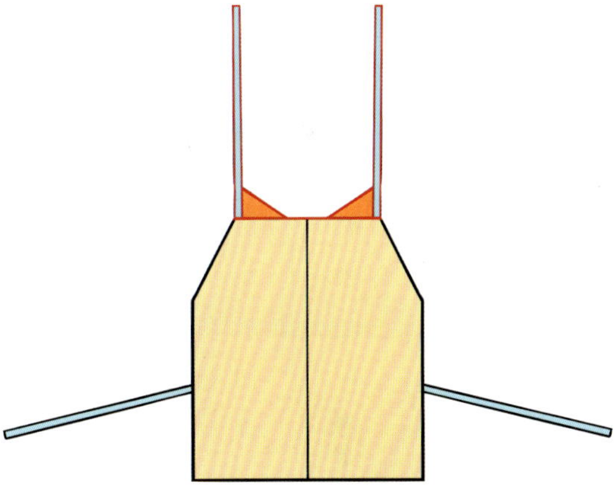

08 将三角形布片两两重叠对齐，正面对正面，反面朝外。斜边对齐缝合 1cm 的缝份，然后翻转至正面朝外，熨烫平整。

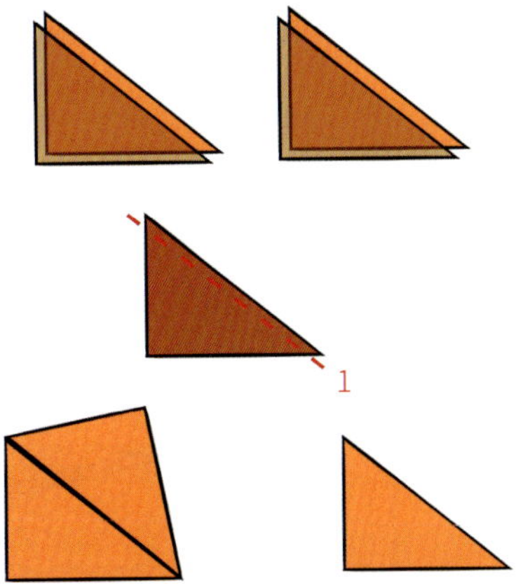

09 取两条系带面料，反面朝上，沿红色虚线翻折 1cm，熨烫平整，再次沿黑色虚线对折，熨烫平整。

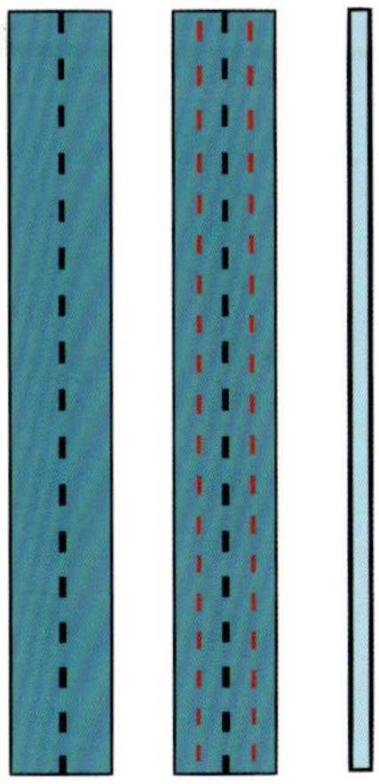

10 用烫折好的布条夹住三角面料较短的直角边。缝合 0.1cm 的明线，一直车缝到系带的另一端。

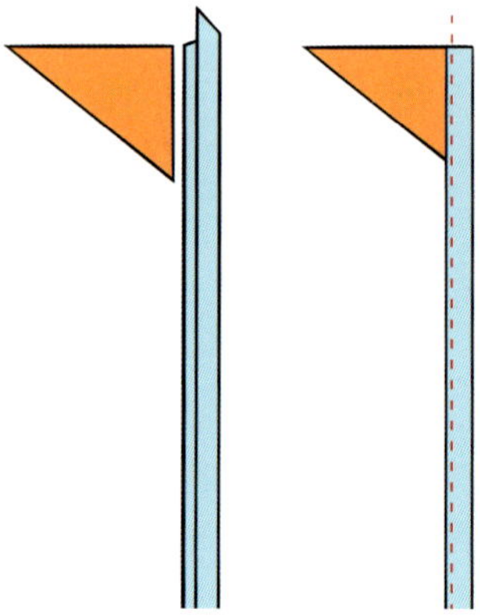

11 将另外两条系带面料熨烫平整，反面朝上，两边各向内翻折 1cm。沿红色虚线将面料对折，熨烫平整。

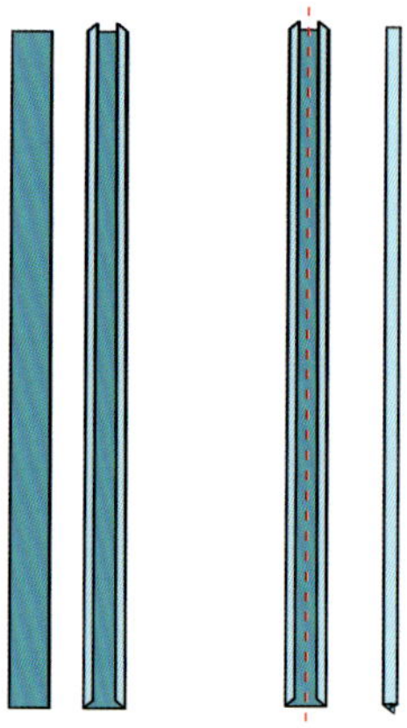

12 在表布上固定四条系带，车缝 1cm。

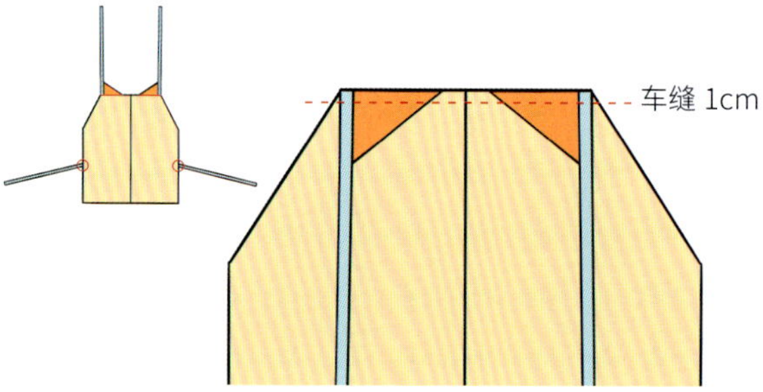

13 表布和里布正面朝内，反面对反面。车缝至下摆处留一个小口，用来掏出正面。

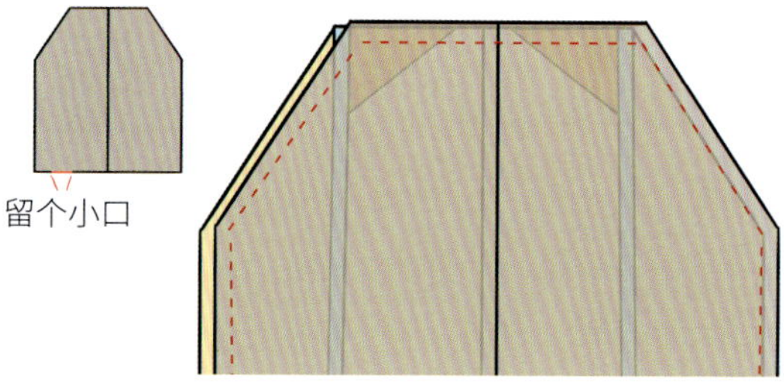

14 从小口处将缝合好的衣服翻转至正面，用手针暗缝的方式缝合小口。

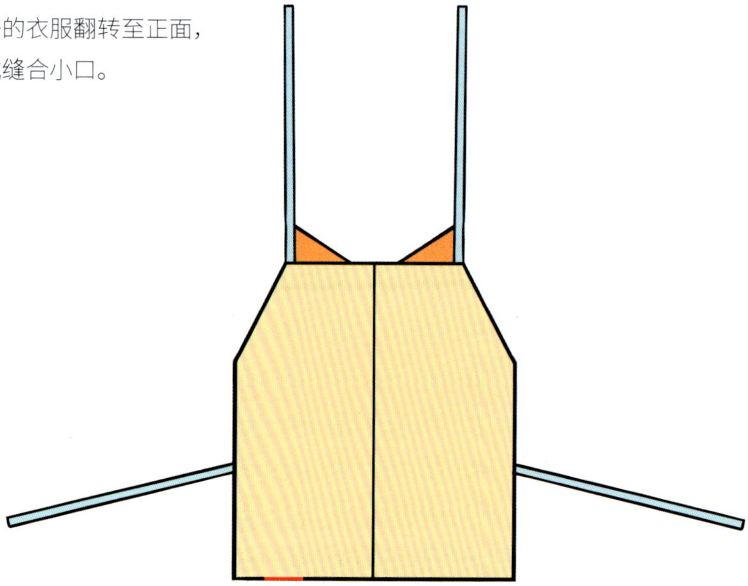

4.2.2 花罗镶手绘贴金花边单衣

1. 面料处理

01 按照最终纸样裁剪面料。

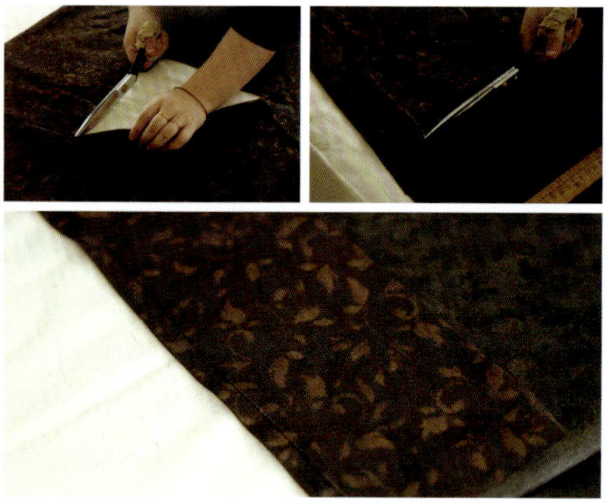

02 衣缘部分做贴金处理。

2. 制作单衣

01 平铺图尺寸以及面料正反示意图。

单位：厘米（cm）

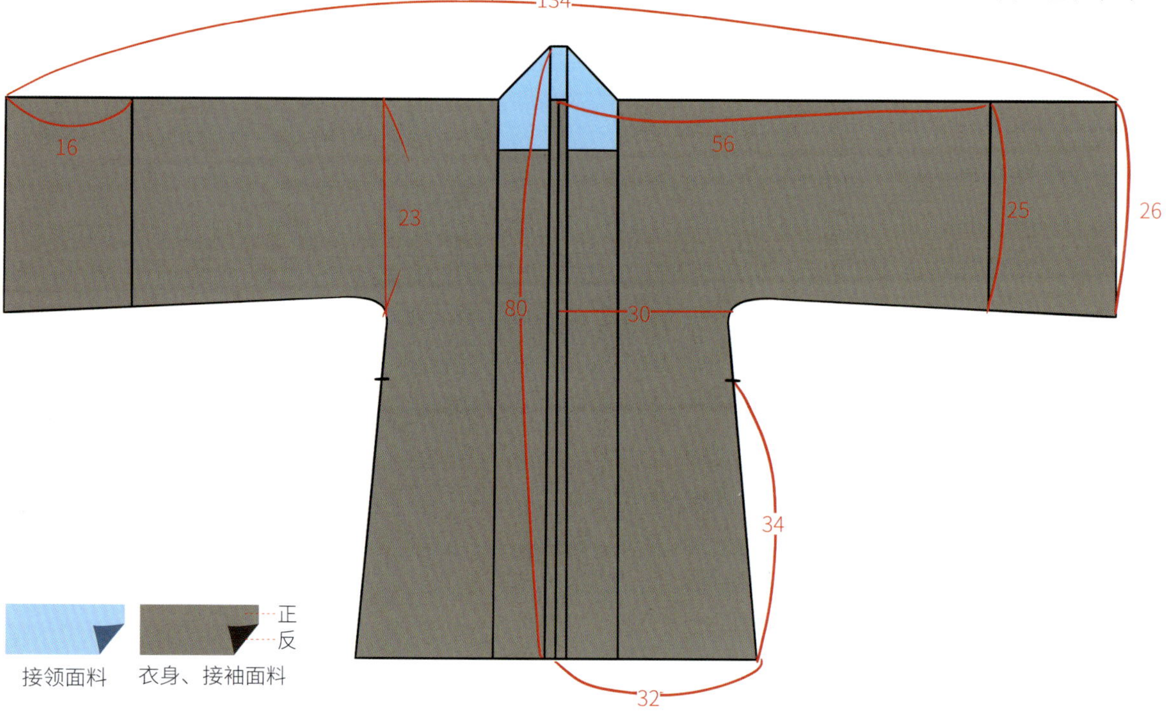

02 净样版如图所示。

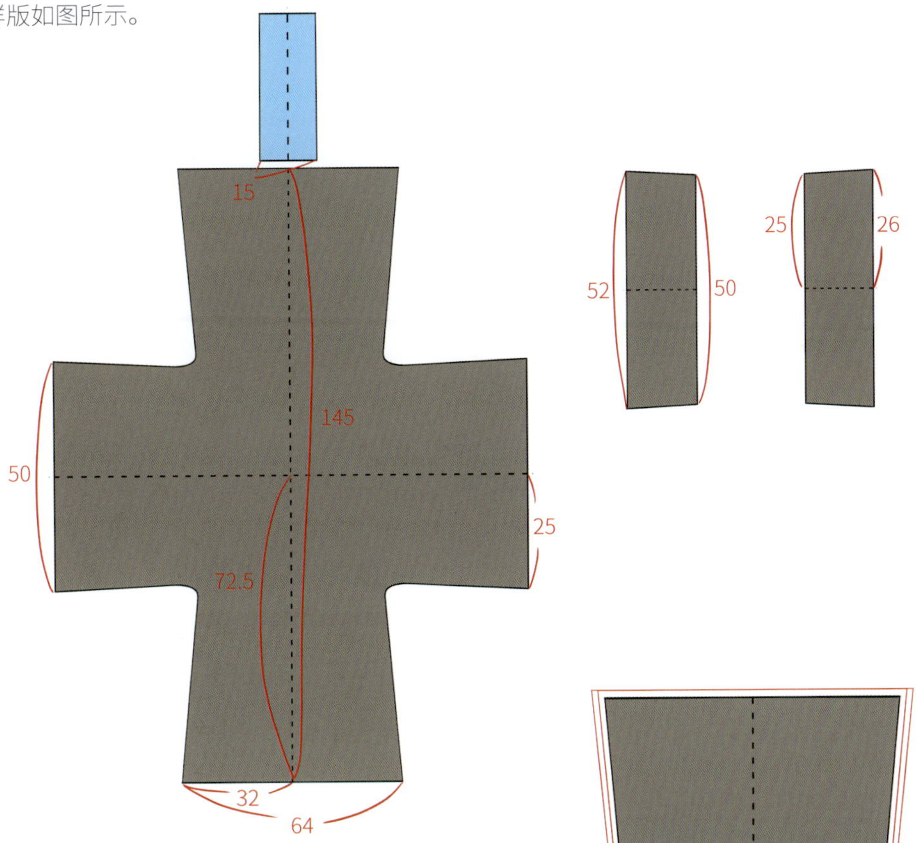

03 放缝份（最终纸样）。

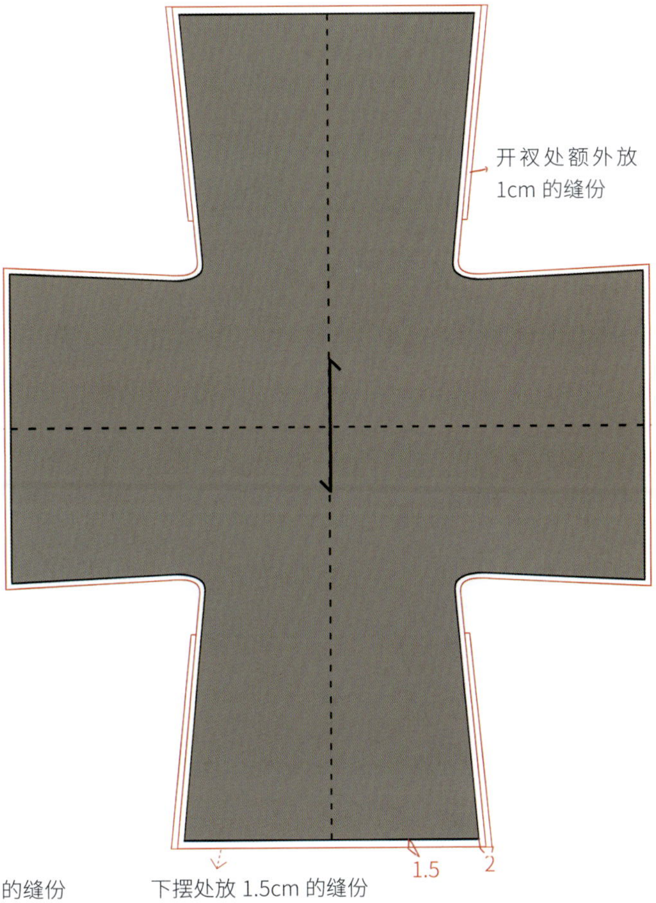

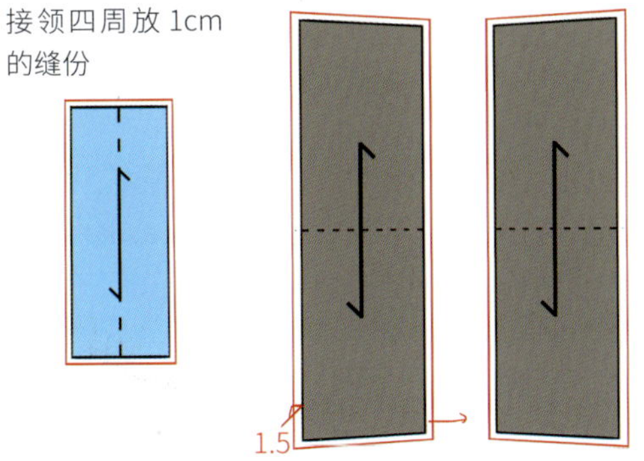

袖口处放 1.5cm 的缝份，其余三边放 1cm 的缝份

下摆处放 1.5cm 的缝份

04 沿红色实线剪开衣身面料。

05 缝合假中缝，将衣身对折至正面朝内，反面朝外，沿红色虚线缝 1cm 的缝份。

06 准备制作折领，将领口部位向两侧翻折。

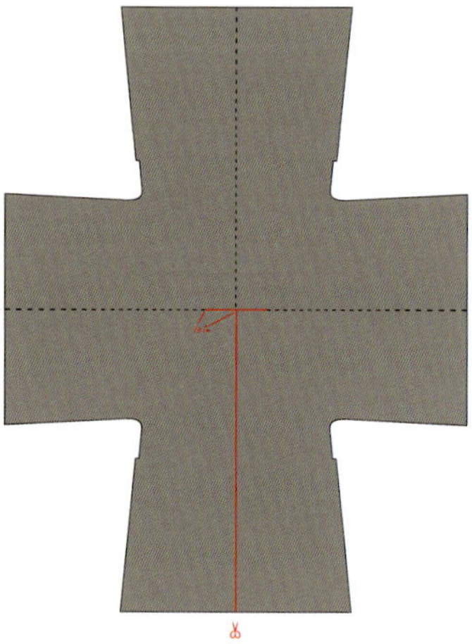

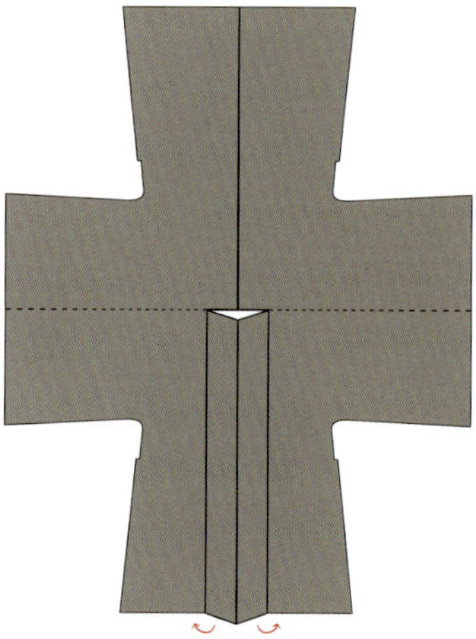

07 熨烫平整，沿红色虚线车缝 1cm 的缝份。

08 缝合完成后，翻折回来，熨烫平整。

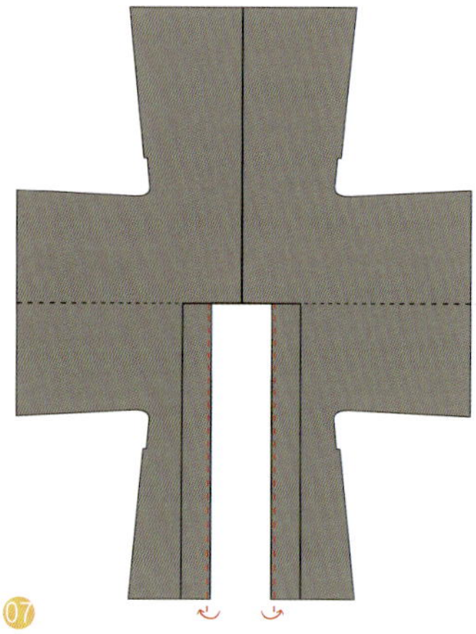

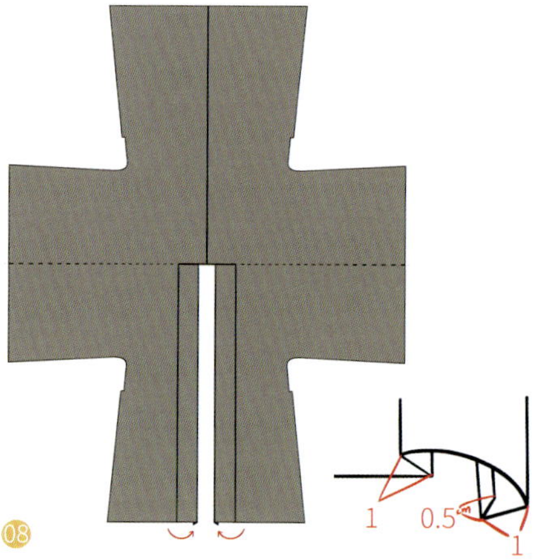

09 拼接衣身和接袖。

10 沿红色虚线缝 0.5cm 的缝份，将毛边修剪掉 0.3cm，将劈缝熨烫平整。将面料翻转至反面朝外，正面对正面，缝 0.5cm 的缝份。

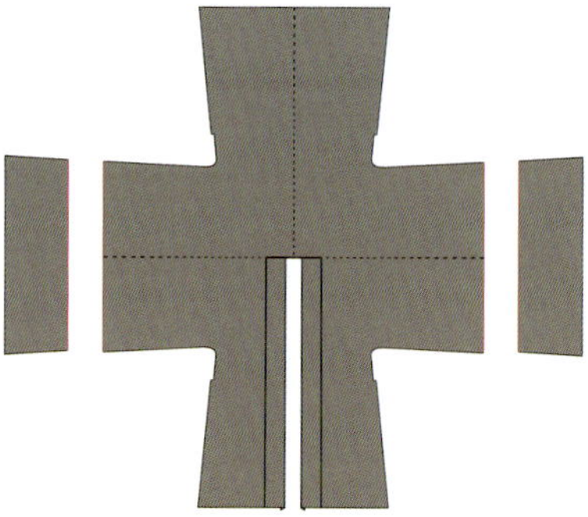

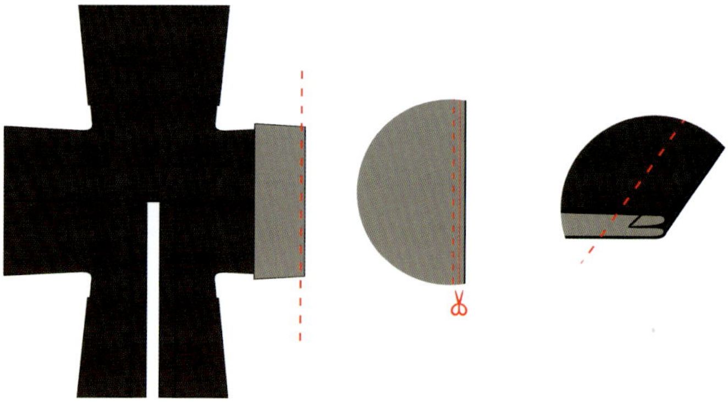

11 缝合完成后，展开面料熨烫平整。

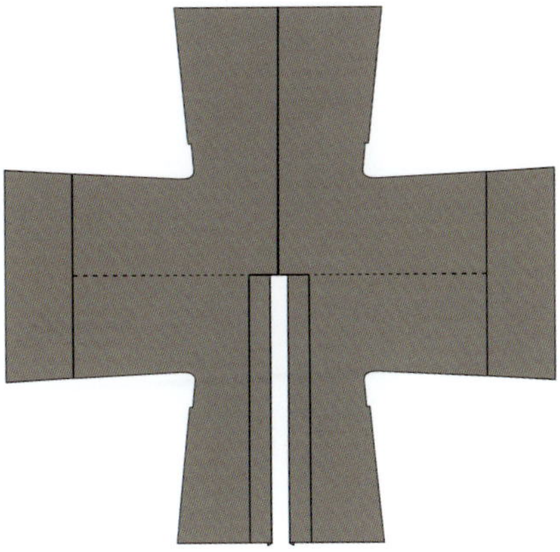

12 将接领面料四周向内翻折 1cm，将翻折好的面料对折。用暗针缝的方式将接领四周固定在衣身上。

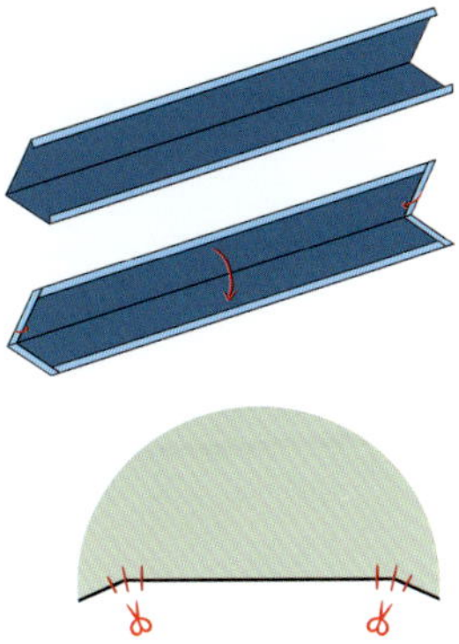

靠近肩线的领口弧度较大，不好包边，可以用打剪口的方法处理。剪口垂直于面料边缘，长度 0.5cm 左右

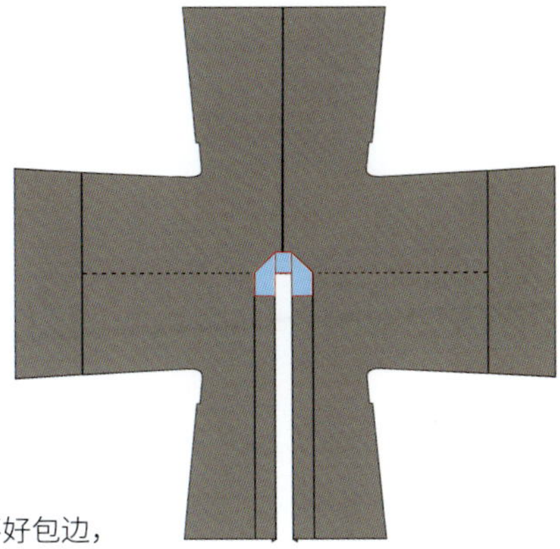

13 给下摆和袖口卷边。

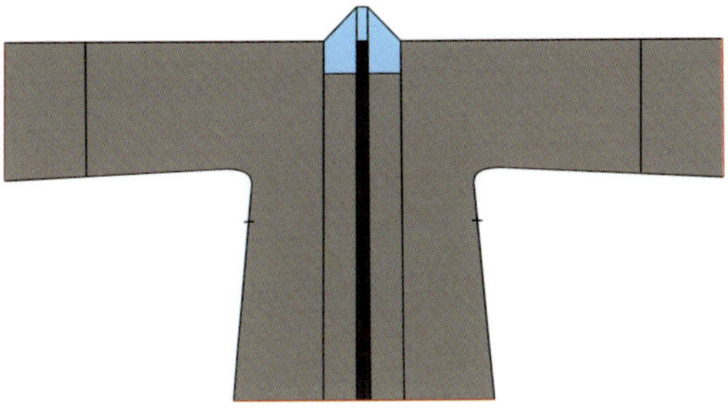

14 将面料向反面翻折 0.5cm，再次翻折 1cm，用熨斗初步熨烫固定。沿红色虚线缝 0.1cm 的明线，按此步骤依次给袖口和下摆卷边。

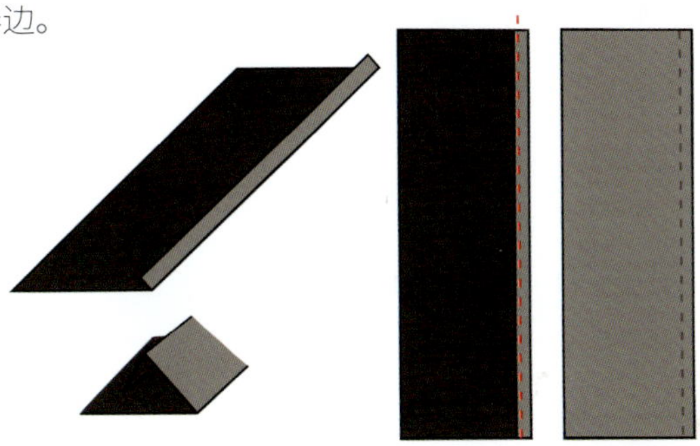

正面效果

15 用暗缝的方式为衣服缝上贴金牙子、手绘牙子和护领。

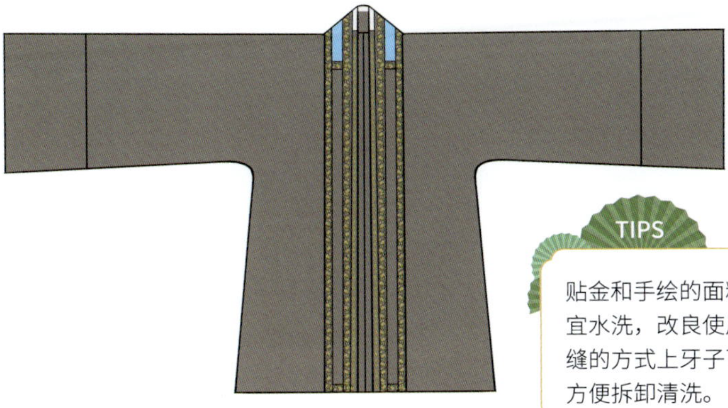

TIPS

贴金和手绘的面料不宜水洗，改良使用暗缝的方式上牙子可以方便拆卸清洗。

成品细节

琉璃花头簪
缠花簪
珍珠耳环
琉璃项链
黄昇墓抹胸
花罗镶手绘
销金花边单衣
镶琉璃金戒指
两片裙（旋裙）

4.2.3 水绿绊丝长背心

1. 面料处理

01 熨汤面料，准备剪裁。

02 剪裁好衣身。

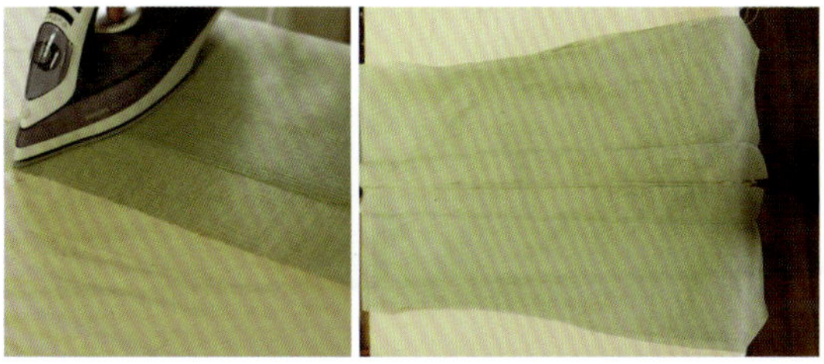

03 将牙子部分进行贴金处理。

2. 制作背心

01 平铺图尺寸以及面料正反示意图。

02 裁剪一片长 214cm、宽 62cm 的长方形裁片，即在净样版 211cm×58cm 的长方形左右两侧各预留 2cm 的缝份，上下各预留 1.5cm 的缝份。

单位：厘米（cm）

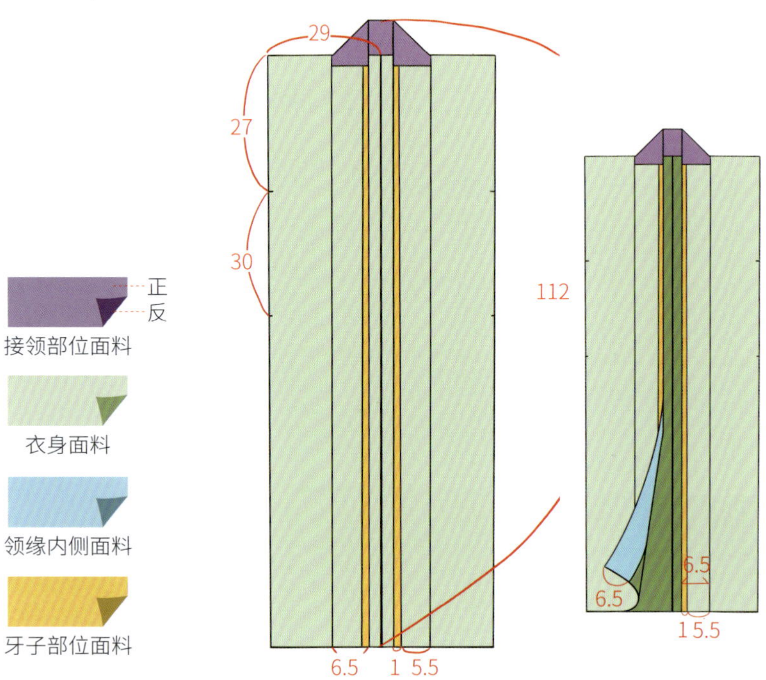

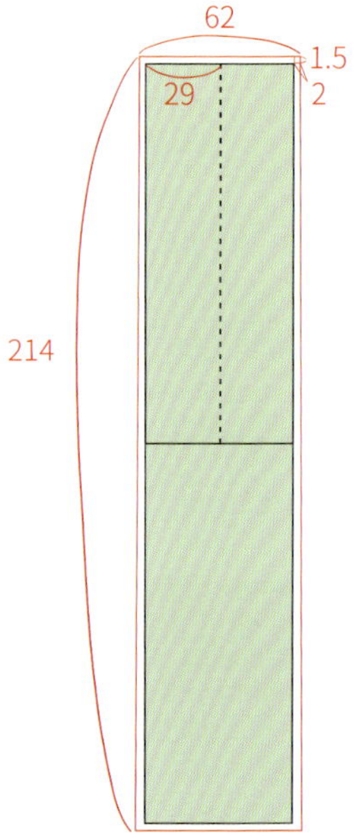

03 用剪刀沿红色实线剪开。

04 缝假中缝。将后片衣身正面朝内对折，沿红色虚线车缝 1cm 的缝份。

05 将领口部位向两侧翻转，熨烫平整，车缝1cm的缝份。

06 缝合完成后，折回来熨烫平整。

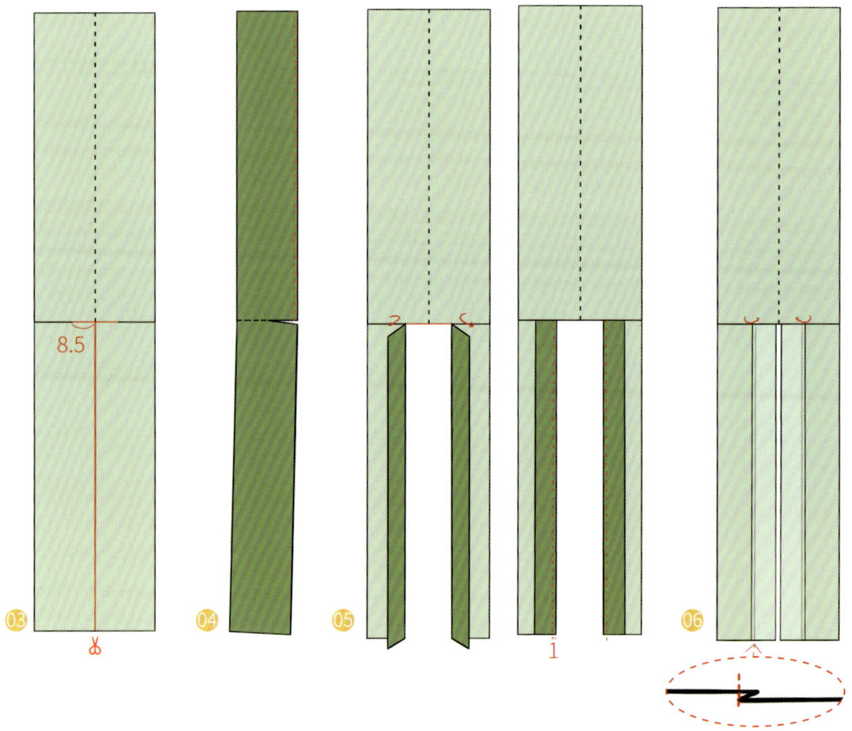

07 裁剪领缘和牙子。领缘内侧净样宽 6.5cm，长度靠测量缝合完成的衣身领口一圈获得，两侧放缝份 1cm。牙子两侧也需要预留 1cm 的缝份。

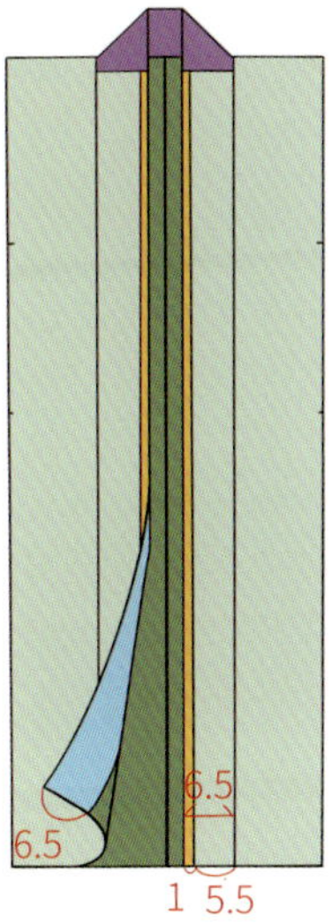

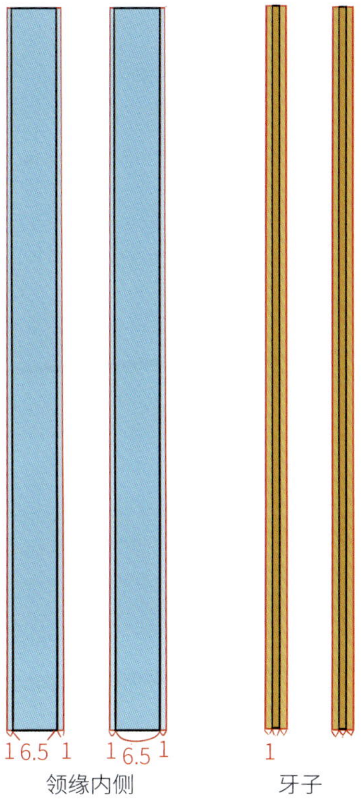

08 缝合牙子和领缘内侧的面料。面料正面相对，反面朝外，车缝 1cm 的缝份。展开面料熨烫平整。

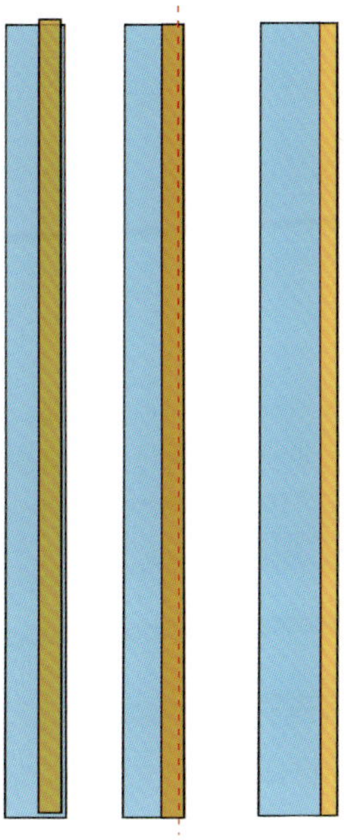

09 将内外领缘缝合。内外领缘正面相对，反面朝外，车缝 1cm 的缝份。用暗针法缝合另一边。

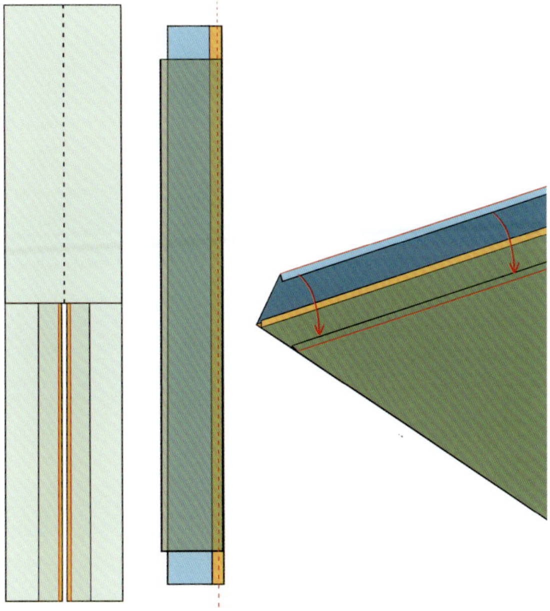

10 侧缝部位沿红色虚线缝合 2cm 的缝份，划分出下摆开衩和肩部袖笼。侧缝预留了 2cm 的缝份，连续两次翻折 1cm 的卷边，熨烫平整。车缝 0.1cm 的缝份。

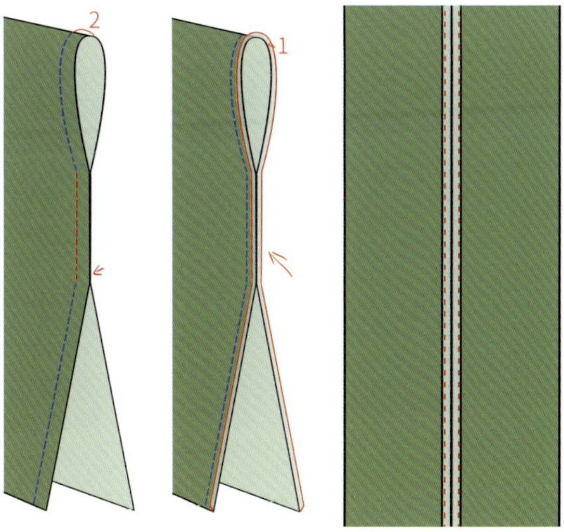

11 给下摆卷边。

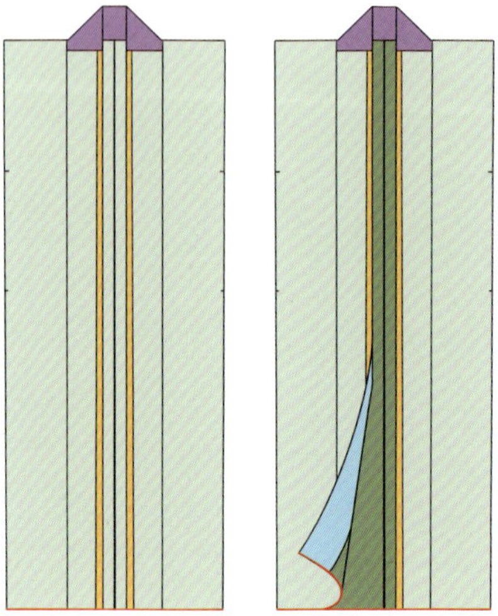

12 将面料向反面翻折 0.5cm 后，再次翻折 1cm，用熨斗初步熨烫固定。沿红色虚线缝 0.1cm 的明线。

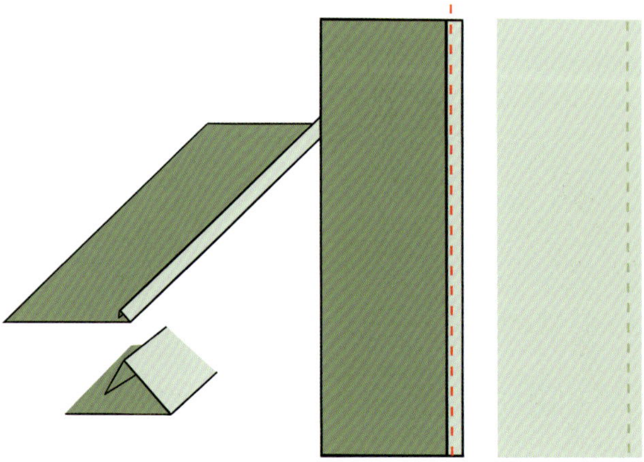

正面效果

13 将接领面料四周向内翻折 1cm，再将翻折好的面料对折。靠近肩线的领口弧度较大，不好包边，可以用打剪口的方式处理，剪口垂直于面料边缘，长度 0.5cm 左右。

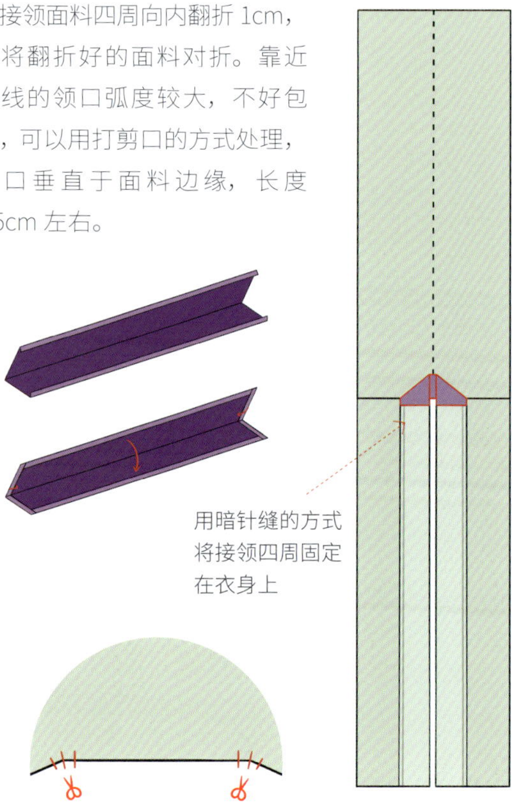

圆首长脚簪
牛皮宋冠
荷叶耳环
绰丝长背心
琉璃长项链
金臂钏
罗扇
三裥裙

4.3 安徽南陵铁拐宋墓服装案例

4.3.1 水绿铁拐墓长衫

01 将面料熨烫好并按照最终纸样剪裁好备用。

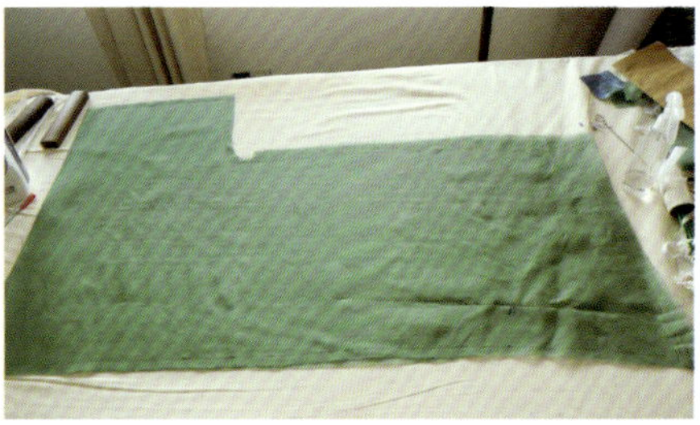

02 平铺图尺寸以及面料正反示意图。

单位：厘米（cm）

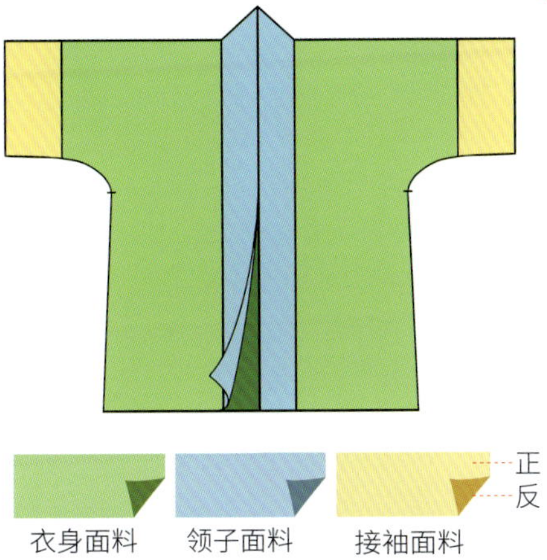

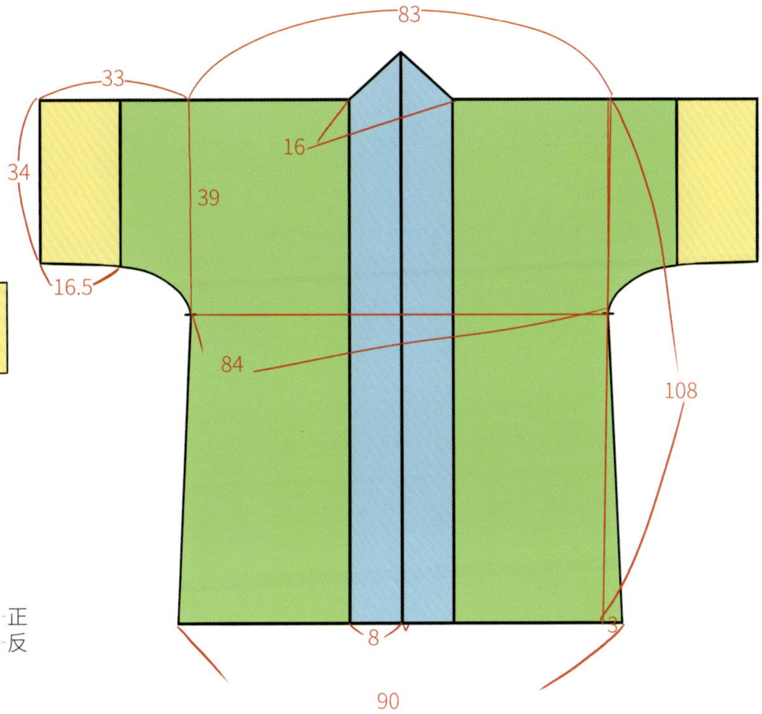

03 净样版如图所示。

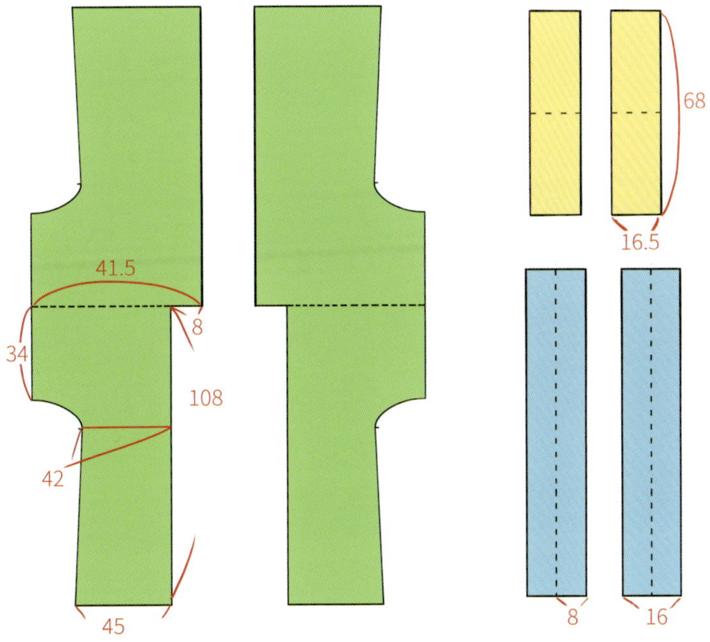

04 放缝份（最终纸样）。

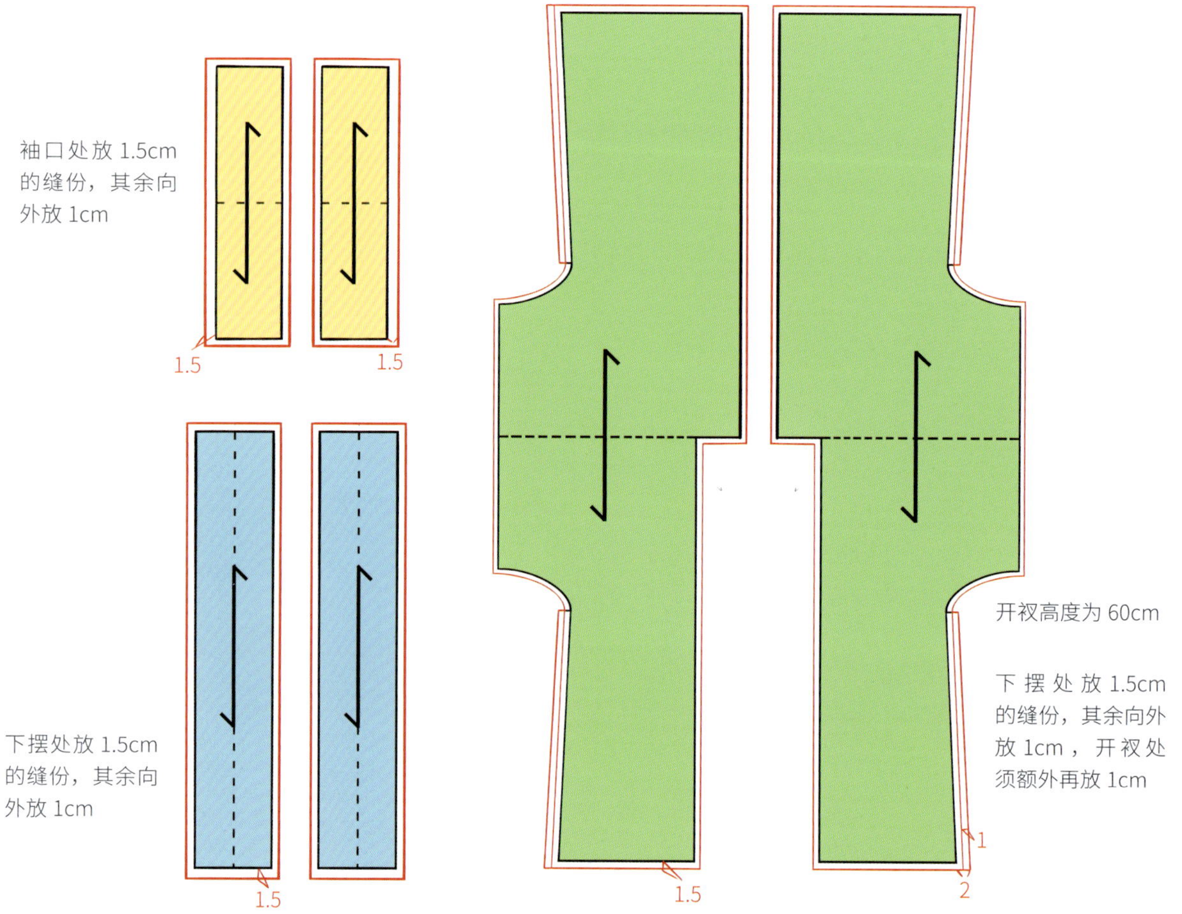

05 拼接衣身和接袖。

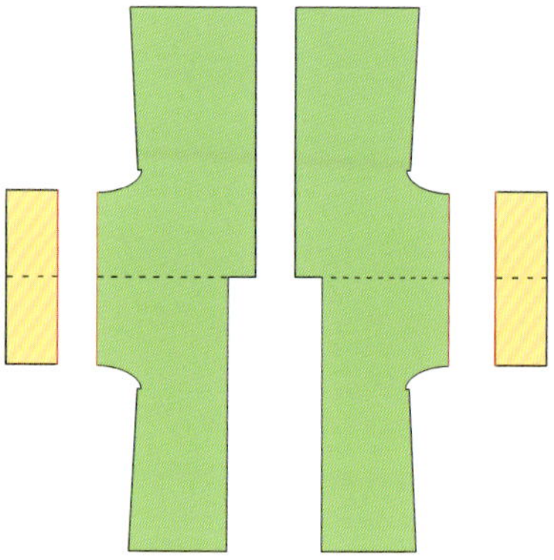

06 将衣身和接袖反面相对，正面对正面。可以预先用珠针或夹子固定要缝合的布边。

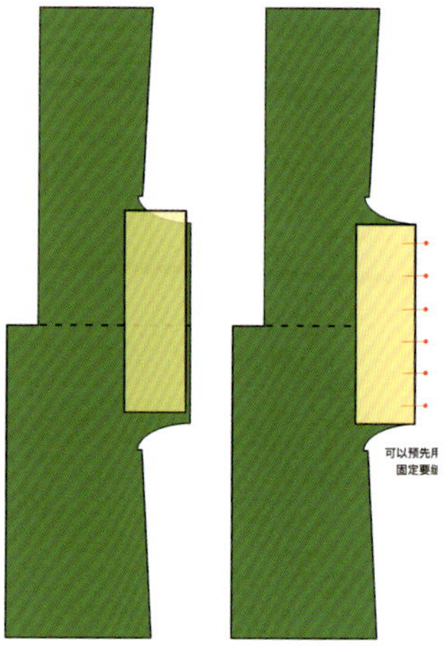

07 沿红色虚线缝 0.5cm 的缝份，将毛边修剪掉 0.3cm，将劈缝熨烫平整。将面料翻转至反面朝外，正面对正面，缝 0.5cm 的缝份。

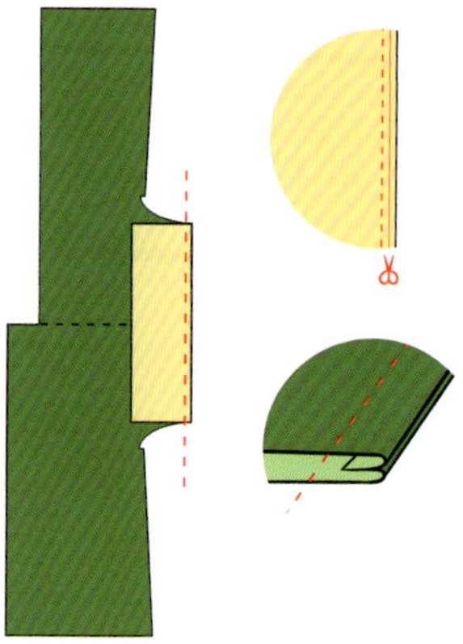

08 另一边按照同样的方法缝合，展开面料熨烫平整。

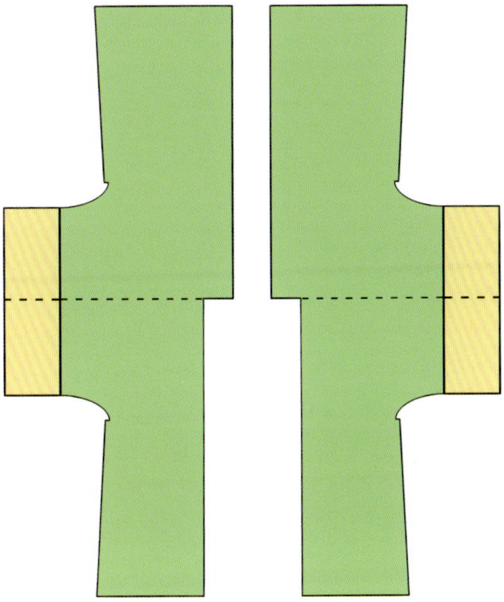

09 准备缝合后中缝。

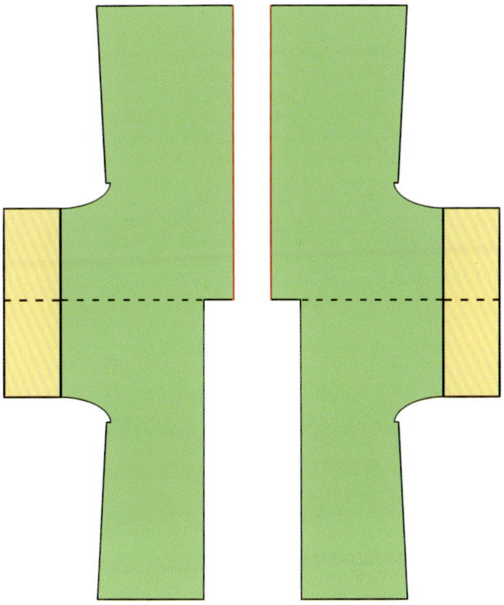

10 将两块衣身面料反面对反面，正面朝外。可以预先用珠针或夹子固定要缝合的布边。

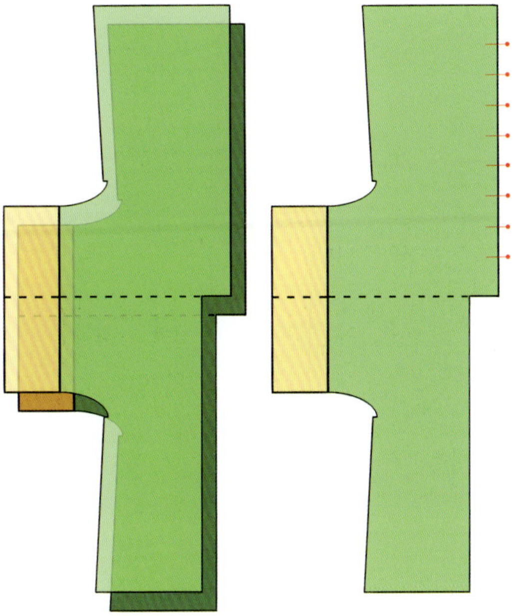

11 沿红色虚线缝 0.5cm 的缝份，将毛边修剪掉 0.3cm，将劈缝熨烫平整。将面料翻转至反面朝外，正面对正面，缝 0.5cm 的缝份。

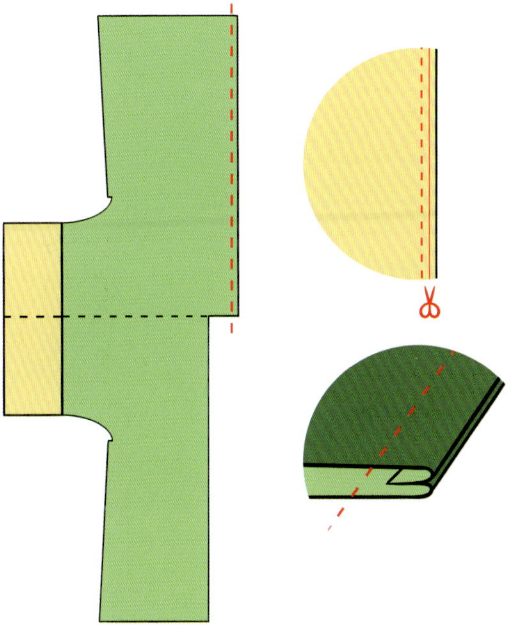

12 缝合完成，展开面料熨烫平整。

13 拼合侧缝和开衩。

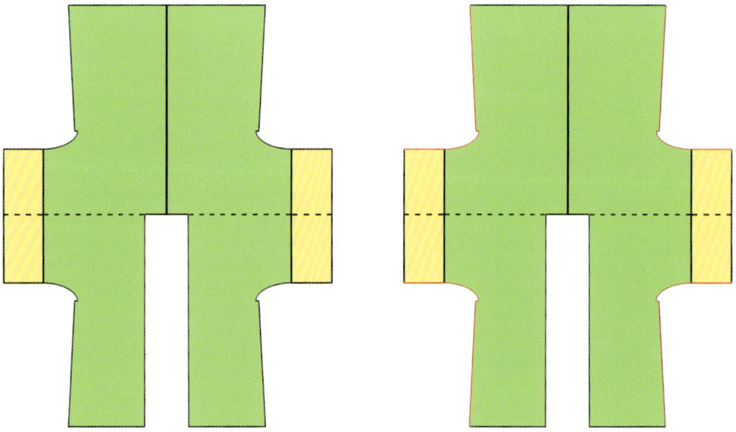

14 两块面料正面朝外，反面对反面。对齐面料两端，沿红色虚线缝合，缝至开衩止点打一两针倒针固定。

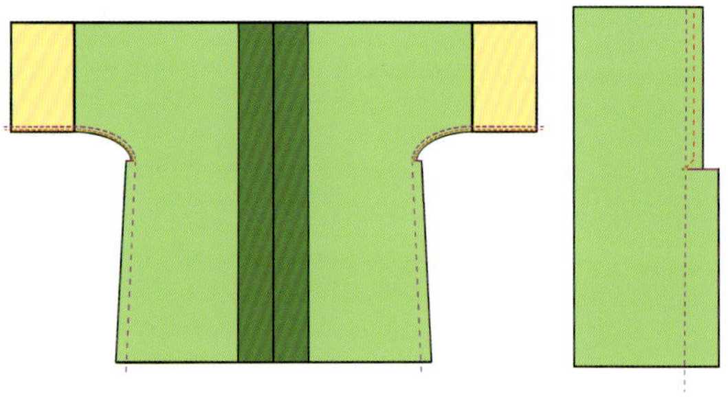

15 沿红色实线修剪掉 0.3cm 的毛边（注意需要剪到离开衩止点 0.1cm 处，不要剪到开衩止点）。

16 将面料翻转至反面朝外，正面相对。沿红色虚线缝 0.5cm 的缝份，缝至开衩止点（绿色圆点）打倒针固定。

17 熨烫平整的反面效果如图所示。

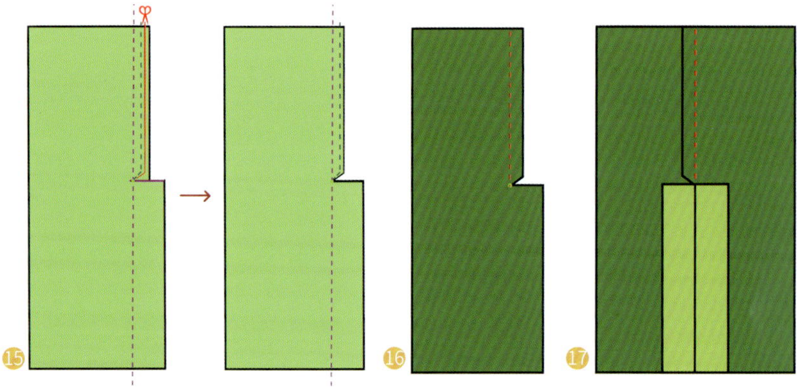

18 沿紫色虚线向内翻折 1cm，再沿白色虚线向内翻折。

19 翻折后熨烫平整。沿红色虚线缝 0.1cm 的明线。

20 熨烫平整的正面效果如图所示。

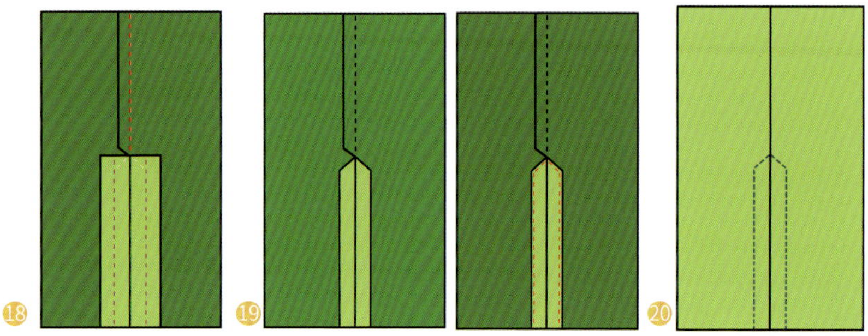

21 准备上领子。

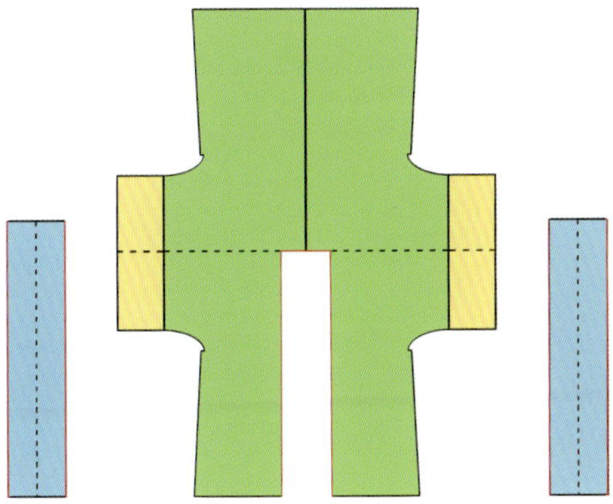

22 将领子的面料正面相对，反面朝外。沿红色虚线缝合1cm的缝份，展开熨烫平整。沿黑色虚线对折，两侧分别向内烫折1cm的缝份。

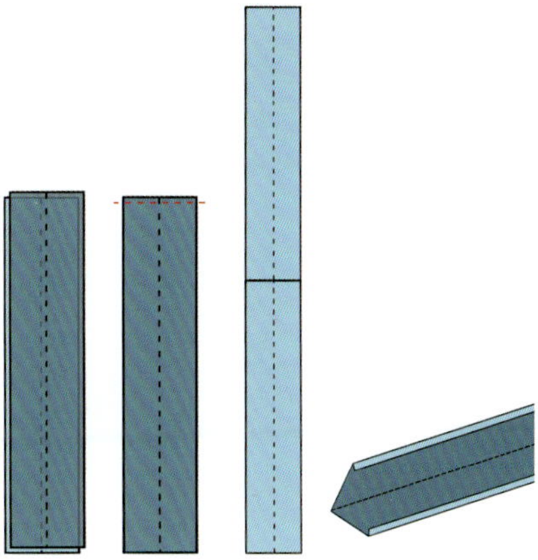

23 准备缝合领口和领缘的另一边。用暗针法将缘边扦到大身上。

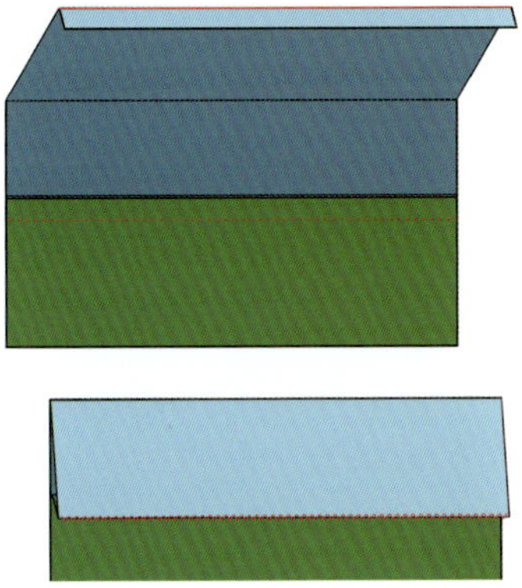

24 给袖口和下摆卷边。

25 将面料向反面翻折0.5cm，再次翻折1cm，用熨斗初步熨烫固定。沿红色虚线缝0.1cm的明线。

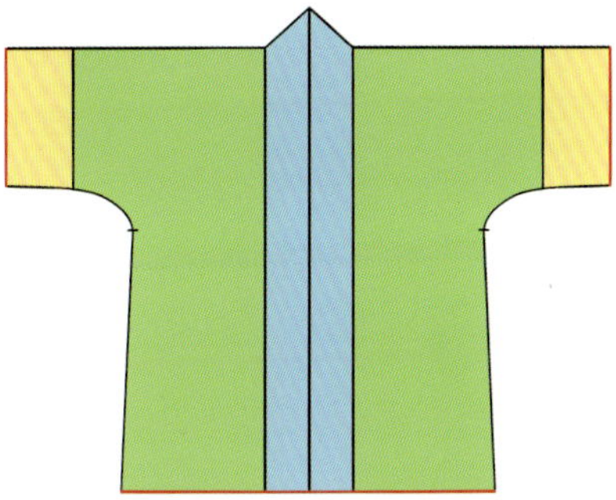

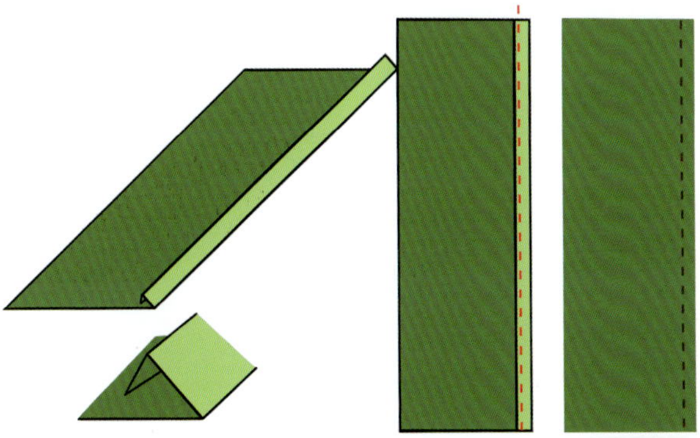

正面效果

细节展示

蓝色琉璃发钗
一片式三角褶抹胸
罗扇
铁拐墓长衫
花罗飞机袖短衫
三裥裙

4.3.2 花罗飞机袖

01 熨烫整理面料。

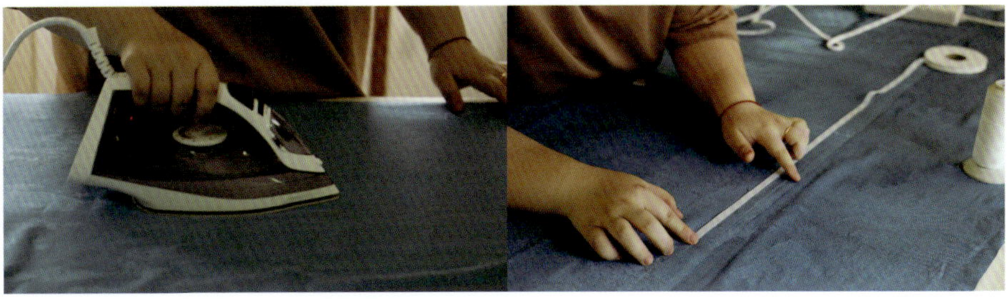

02 平铺图尺寸以及面料正反示意图。

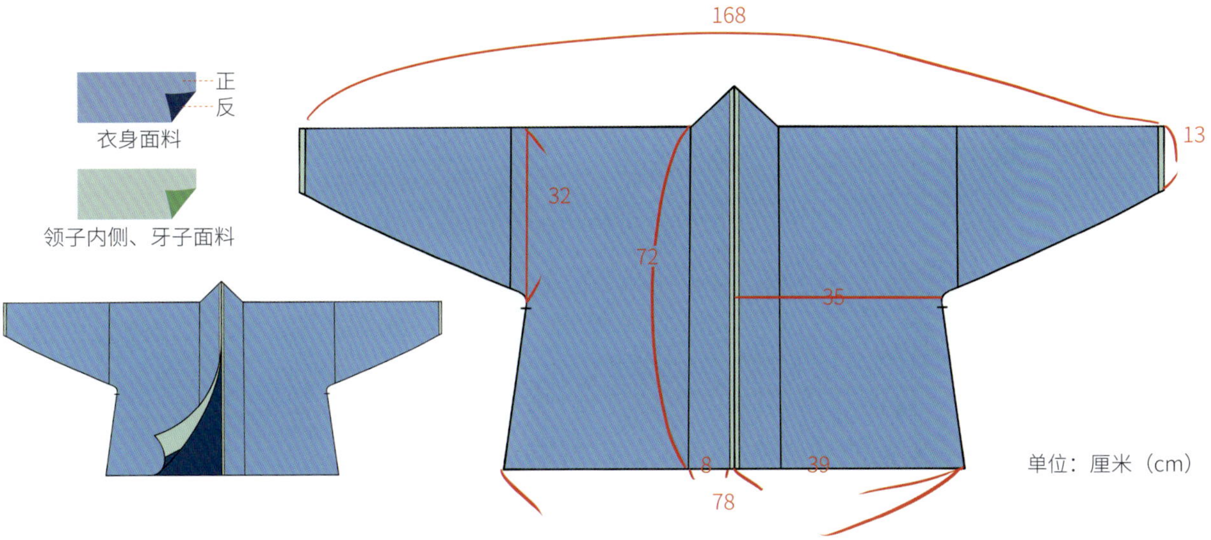

03 净样版如图所示。

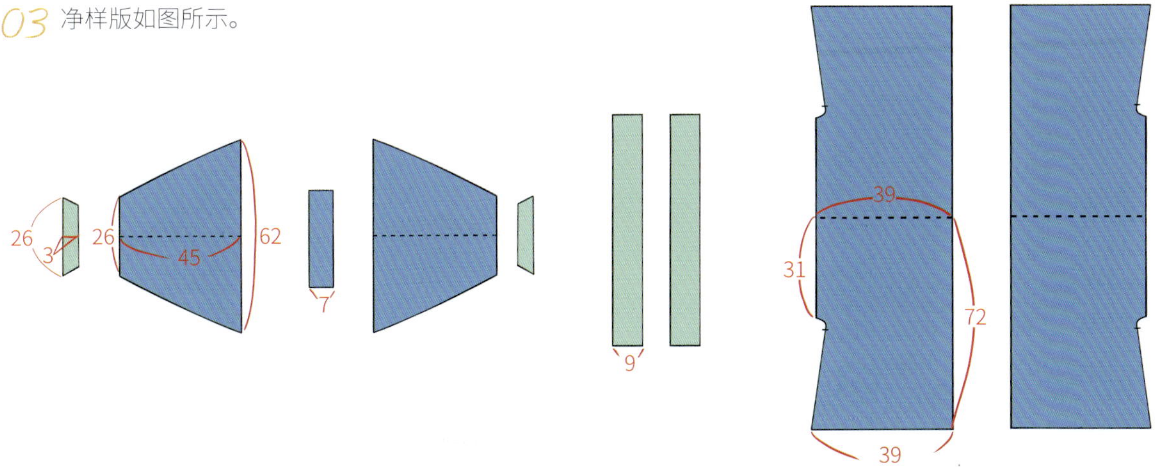

04 放缝份（最终纸样）。

单位：厘米（cm）

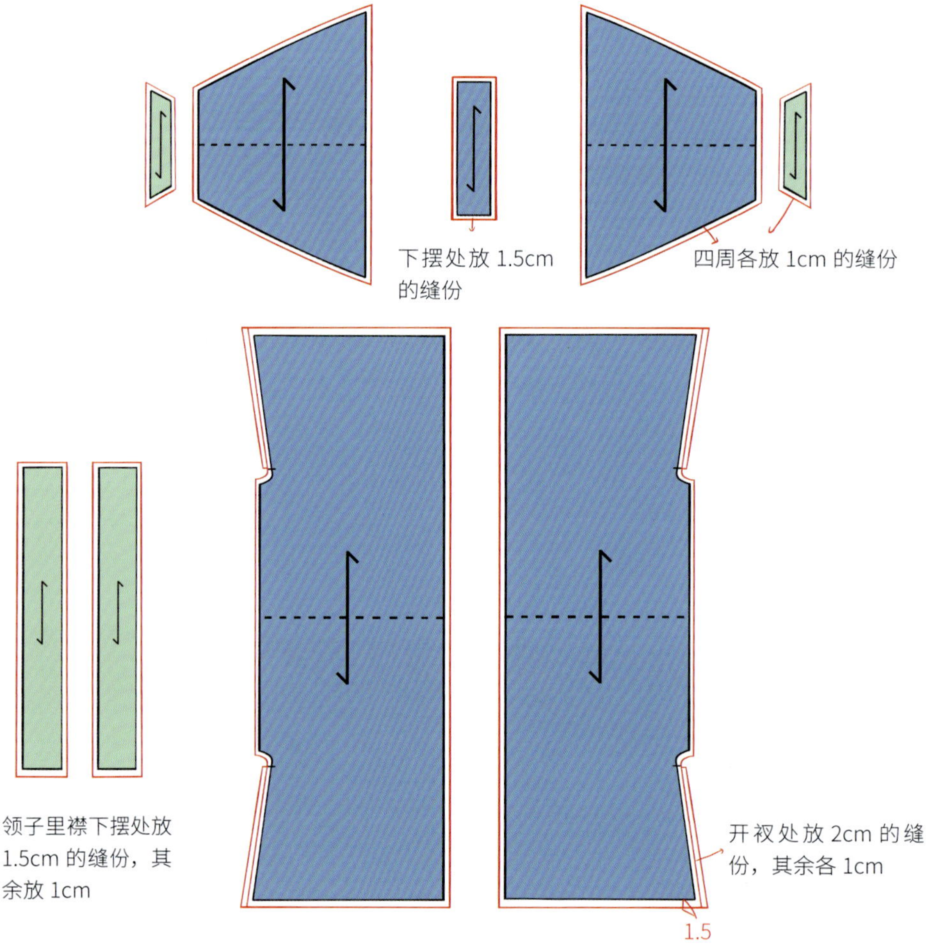

05 准备制作折领，沿红色实线剪开领口两侧向外翻折。

06 沿红色虚线车缝 1cm 的缝份。

07 再次翻折回来熨烫平整。

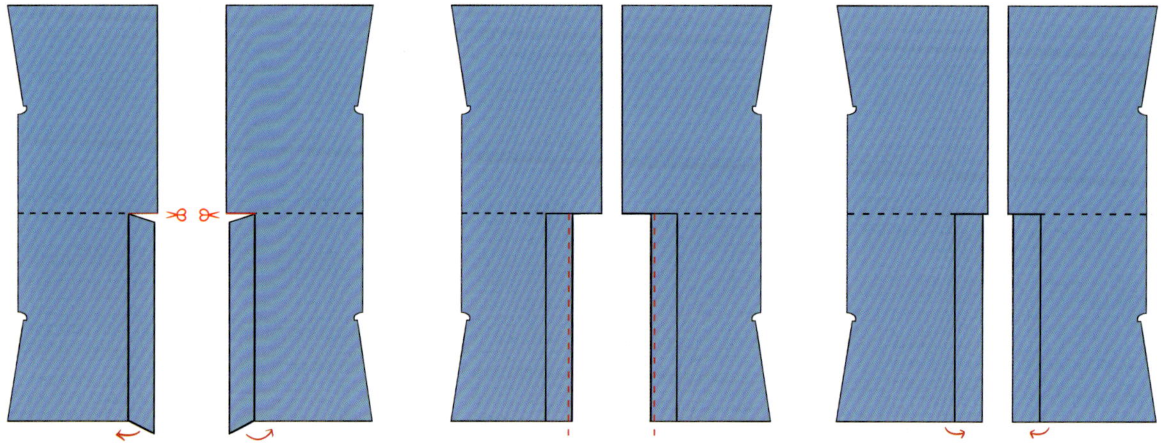

08 面料正面朝内，反面朝外，车缝 1cm 的缝份，展开熨烫平整。

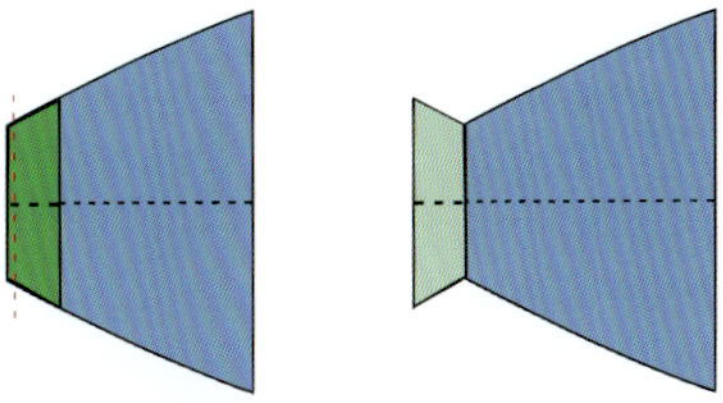

09 将衣身与接袖缝合。

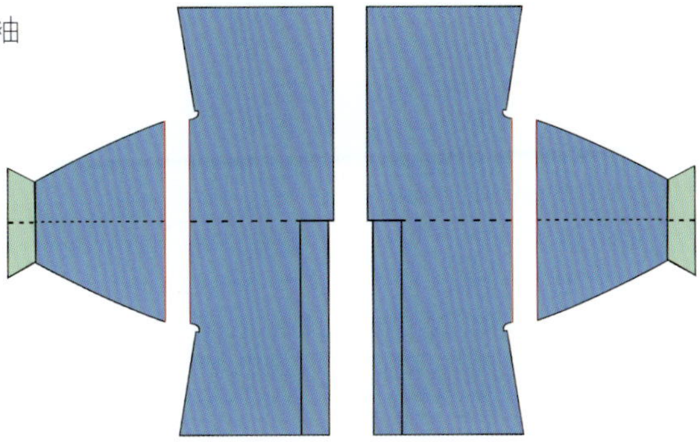

10 将接袖和衣身反面对反面，正面朝外。可以预先用珠针或夹子固定要缝合的布边。

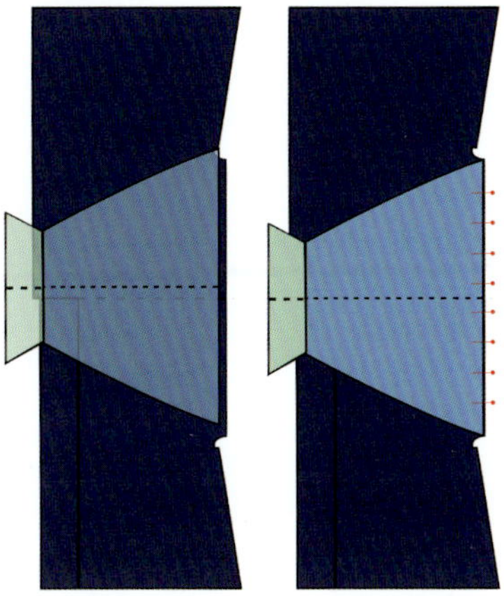

11 沿红色虚线缝 0.5cm 的缝份，将毛边修剪掉 0.3cm，将劈缝熨烫平整。将面料翻转至反面朝外，正面对正面，缝 0.5cm 的缝份。

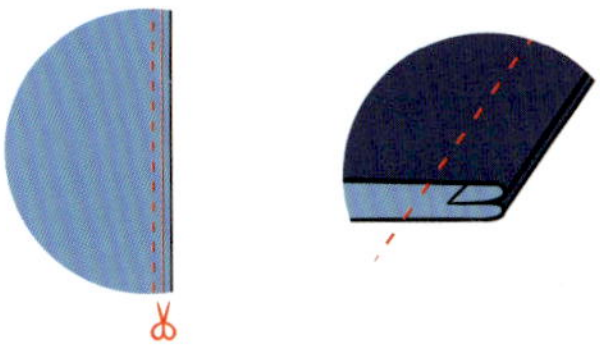

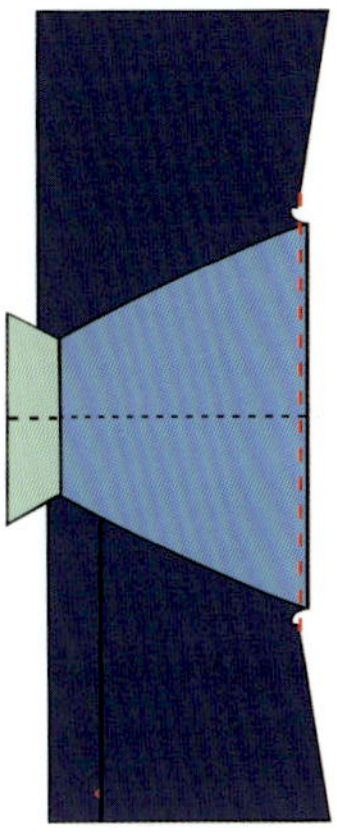

12 缝合完成，展开面料熨烫平整。

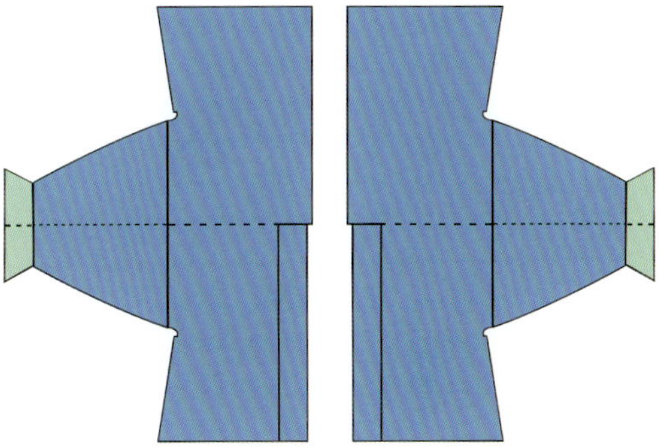

13 准备拼合后中缝。

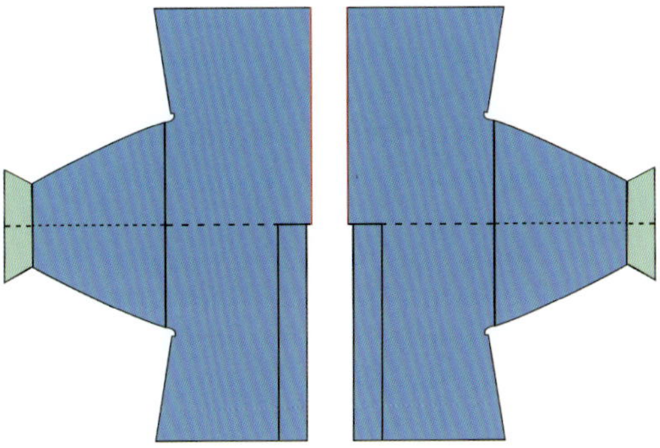

14 将两块拼合好的衣身，反面对反面，正面朝外。可以预先用珠针或夹子固定要缝合的布边。

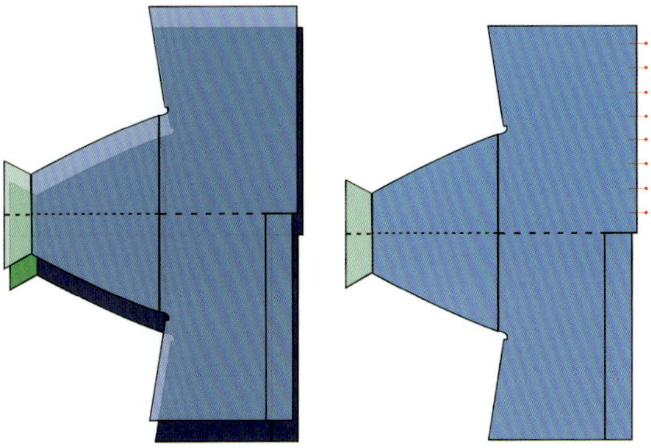

15 沿红色虚线缝 0.5cm 的缝份，将毛边修剪掉 0.3cm，将劈缝熨烫平整。将面料翻转至反面朝外，正面对正面，缝 0.5cm 的缝份。

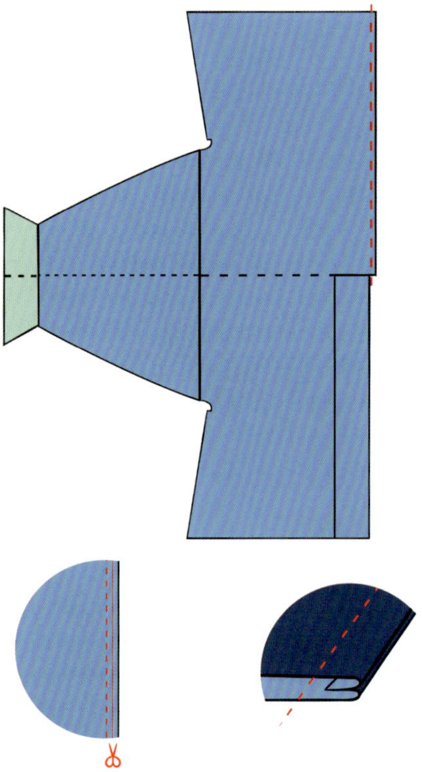

16 展开面料熨烫平整。

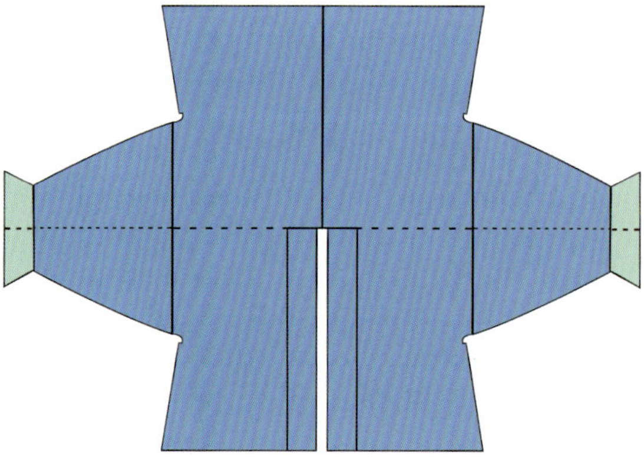

17 拼合侧缝与开衩。

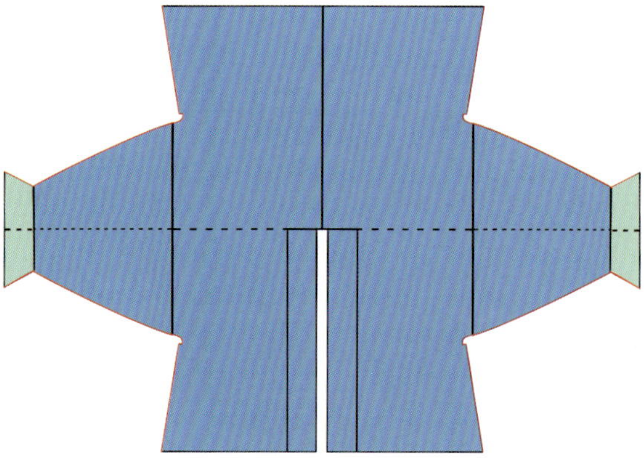

18 两块面料正面朝上，预先标出开衩止点（绿色圆点）。

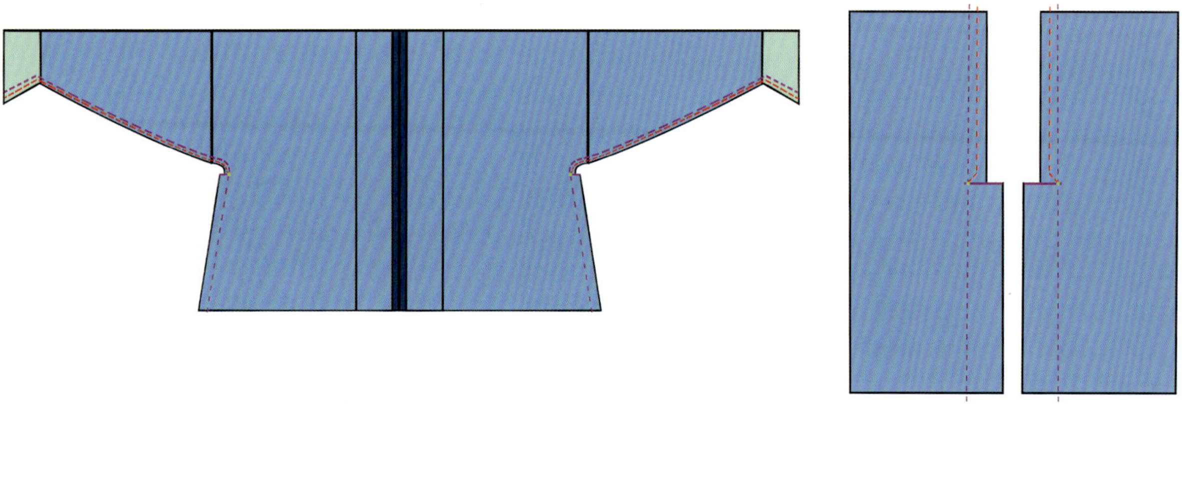

19 两块面料正面朝外，反面对反面。对齐面料两端，沿红色虚线缝合，缝至开衩止点打一两针倒针固定。

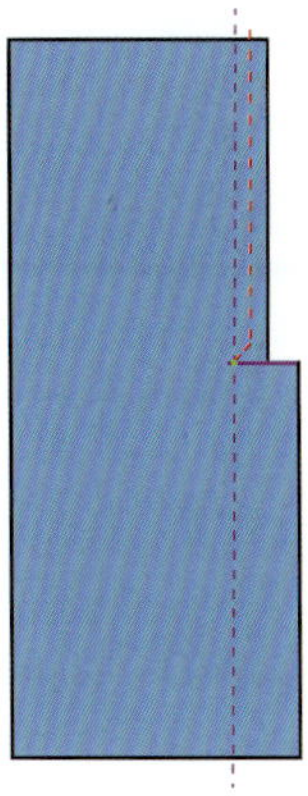

20 沿红色实线修剪掉 0.3cm 的毛边（注意需要剪到离开衩止点 0.1cm 处，不要剪到开衩止点）。

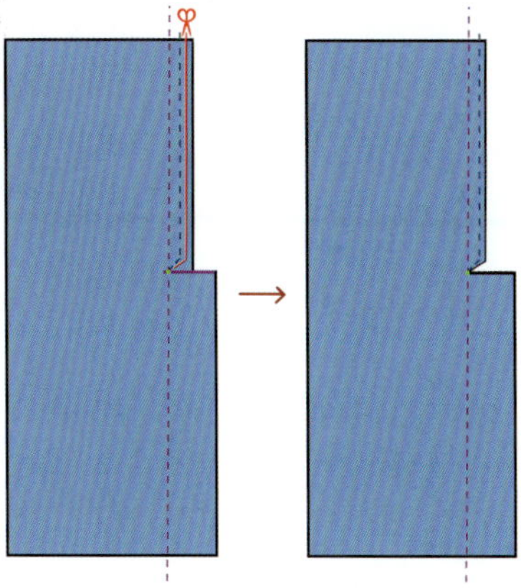

21 将面料翻转至反面朝外，正面相对。沿红色虚线缝 0.5cm 的缝份，缝至开衩止点（绿色圆点）打倒针固定。

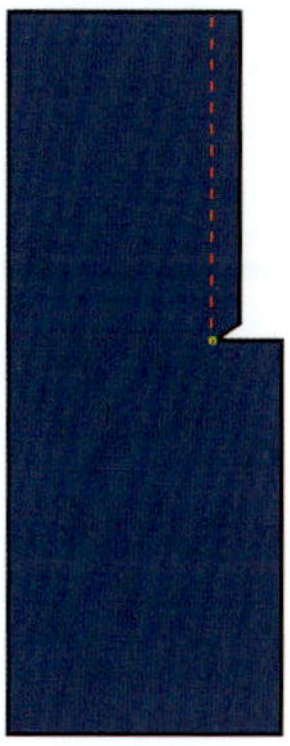

22 熨烫平整的反面效果如图所示。

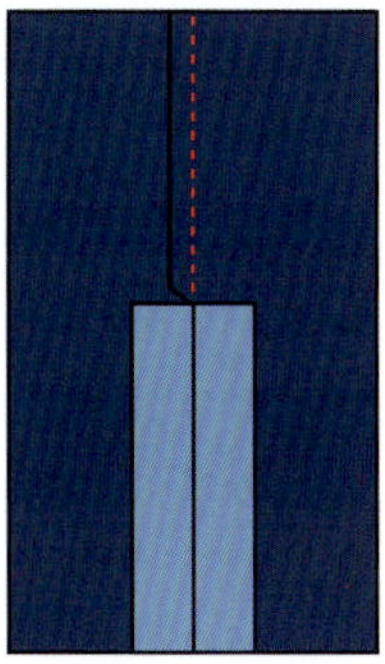

23 沿紫色虚线向内翻折 1cm，再沿白色虚线向内翻折。

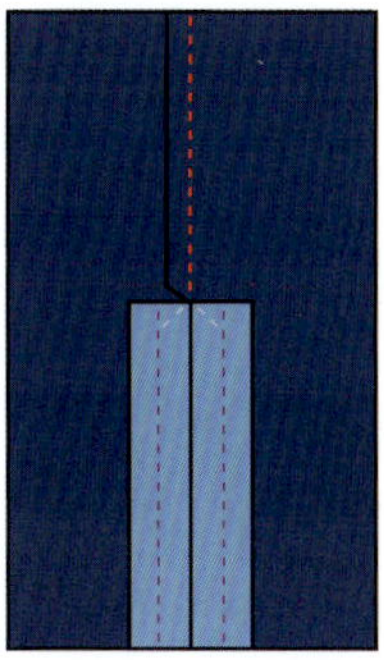

24 翻折后熨烫平整。沿红色虚线缝 0.1cm 的明线。

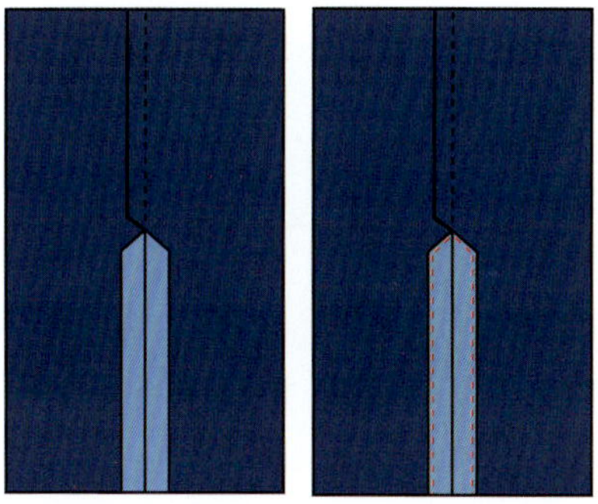

25 熨烫完成的正面效果如图所示。

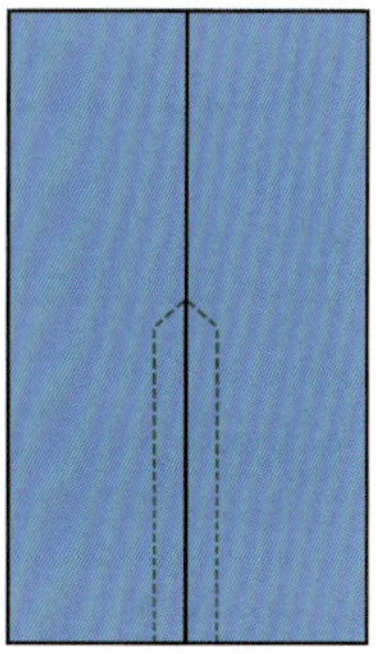

26 用暗缝的方式将接领固定在领口处。

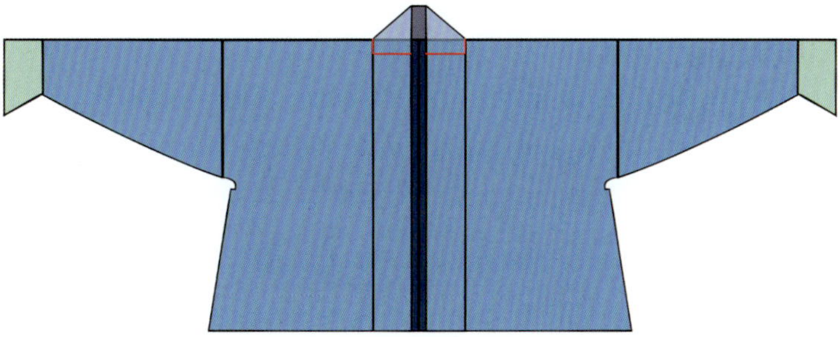

27 将内外领缘缝合。内外领缘正面相对，反面朝外，车缝 1cm 的缝份。

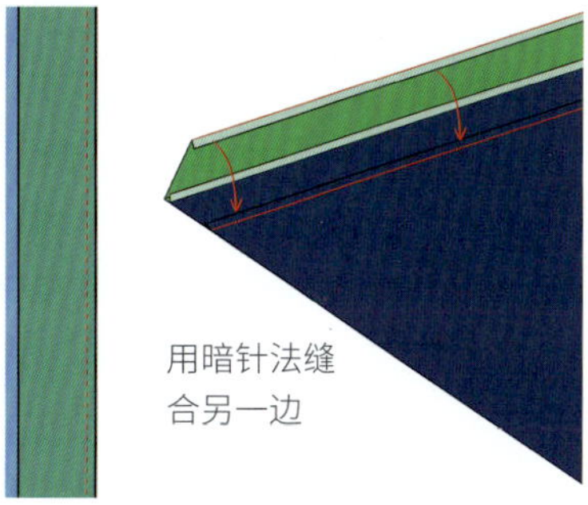

28 准备给下摆卷边。

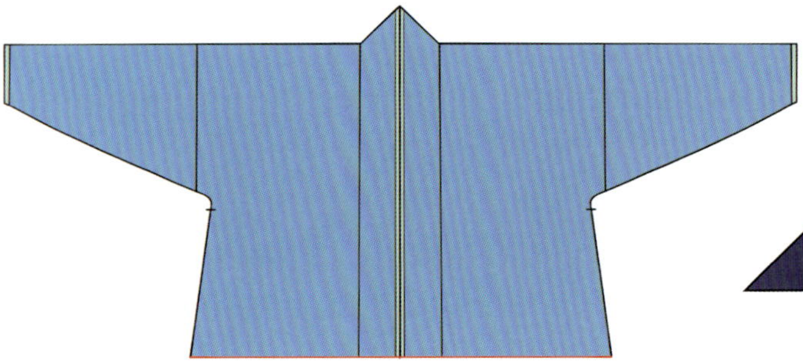

29 将面料向反面翻折 0.5cm，再次翻折 1cm，用熨斗初步熨烫固定。

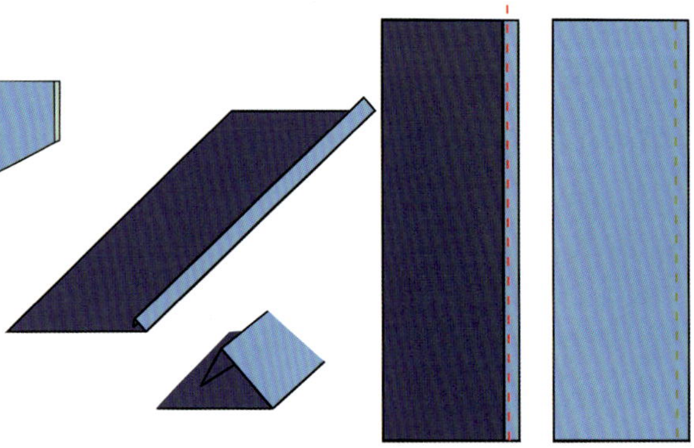

30 袖口的贴边部分毛边向内翻折 1cm，用暗缝法将贴边和袖口固定。

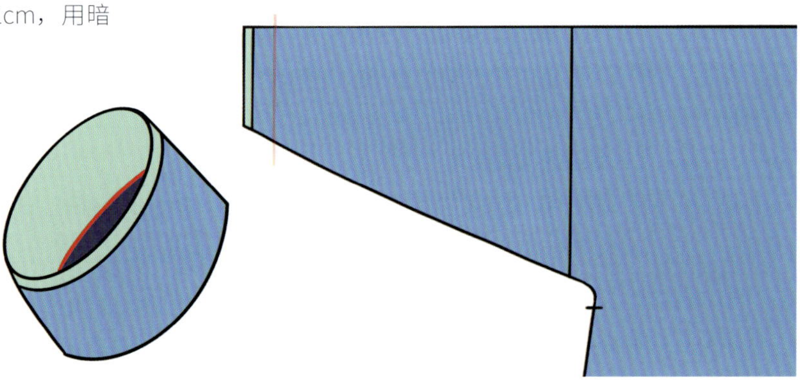

细节展示

蓝色琉璃发钗
水晶耳环
一片式三角褶抹胸
花罗飞机袖短衫
三裥裙

4.4 南京长干寺地宫服装案例

4.4.1 一片式三角褶抹胸

01 平铺图尺寸以及面料正反示意图。

单位：厘米（cm）

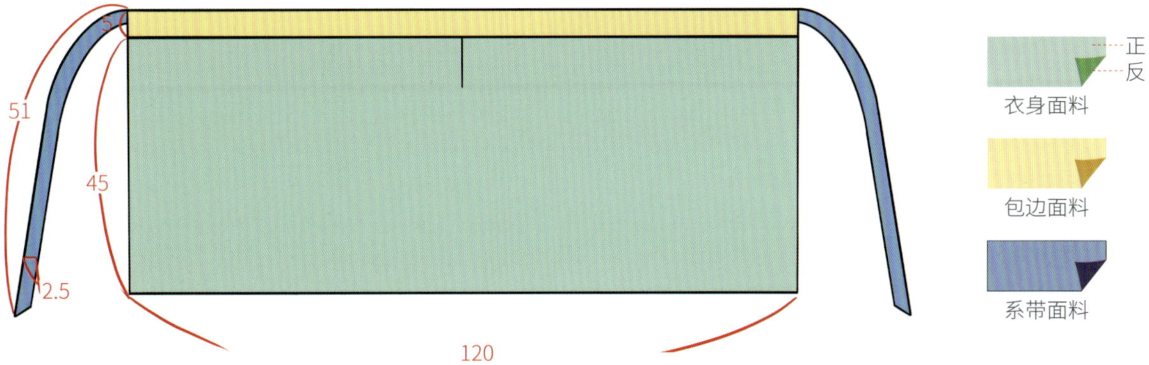

02 净样版如图所示。

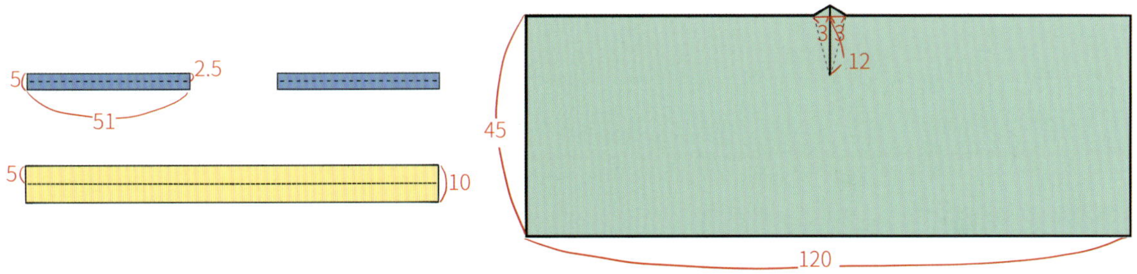

03 放缝份（最终纸样）。

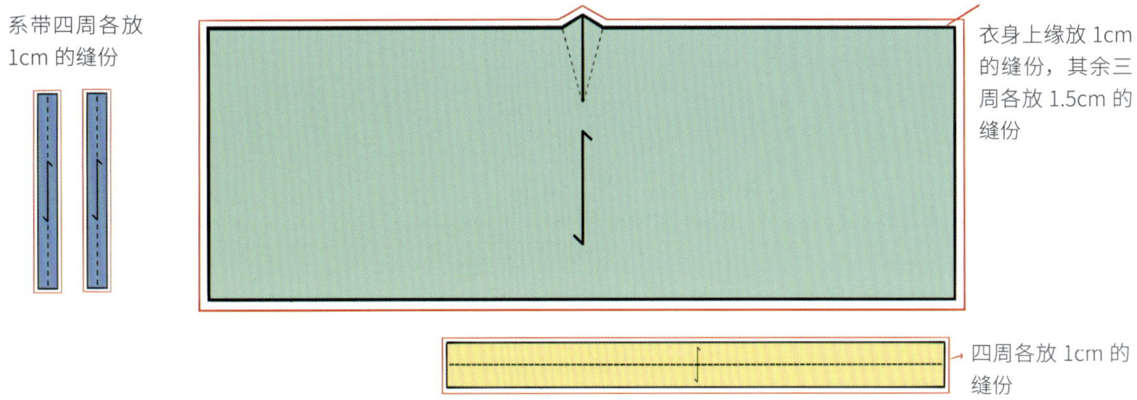

04 对折至正面朝内，反面朝外，沿红色虚线车缝。可以修剪掉多余的缝合部分，使省道展开更加服帖。

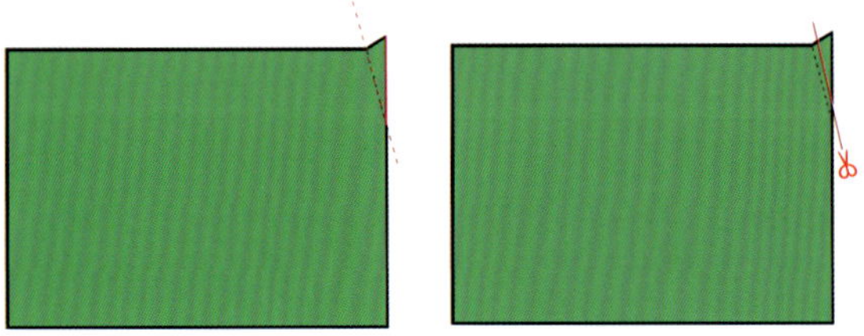

05 将面料向反面翻折 0.5cm，再次翻折 1cm，用熨斗初步熨烫固定。沿红色虚线缝 0.1cm 明线。

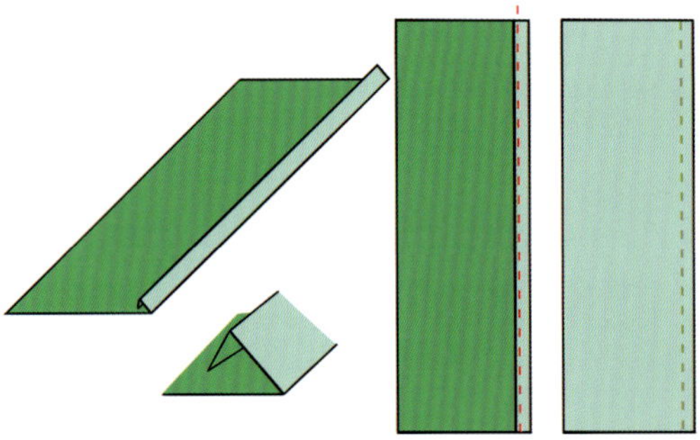

06 给两侧和下摆卷边。

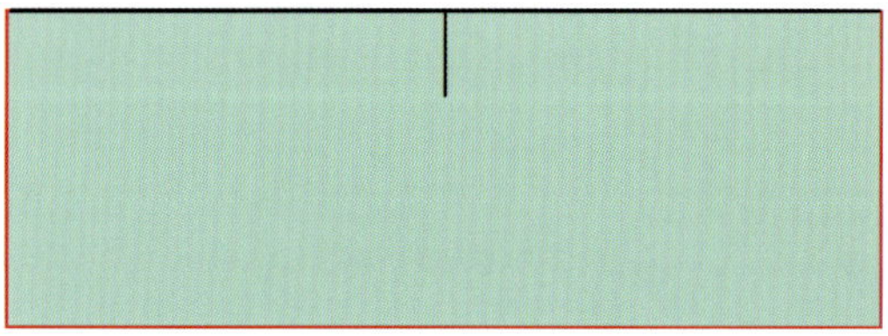

07 准备缝合系带和包边。

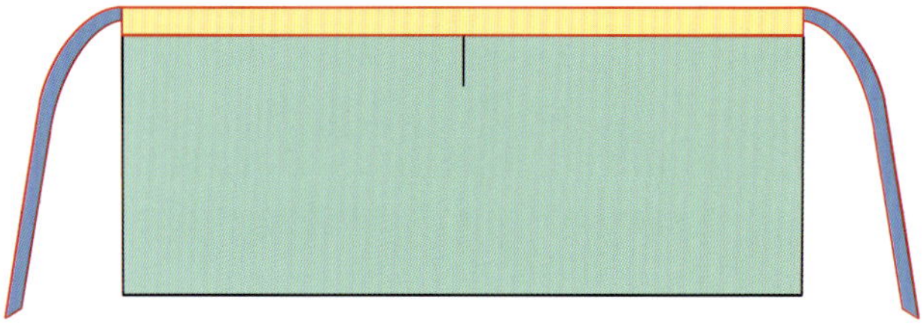

08 拿出剪裁下来的系带布片，正面朝上，沿暗黑色虚线对折至反面朝外，正面朝内。

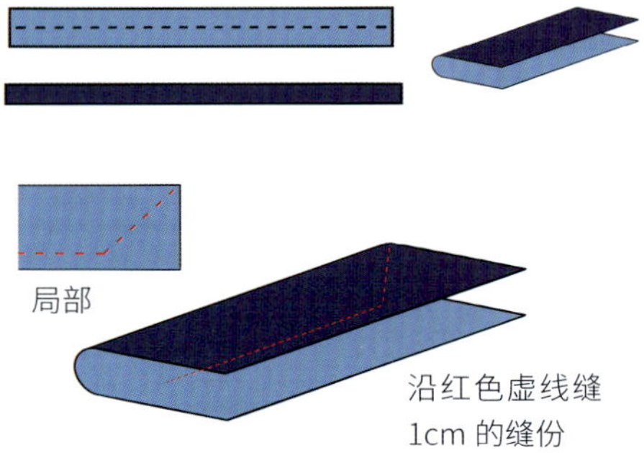

09 用翻带器将系带翻转至正面。包边面料反面朝上，两侧分别向内翻折 1cm。

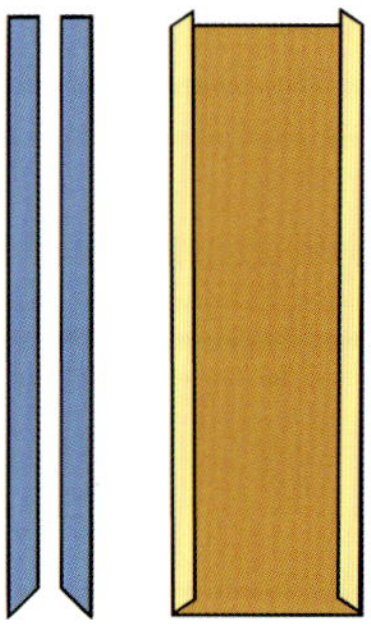

10 沿红色虚线对折，熨烫平整。

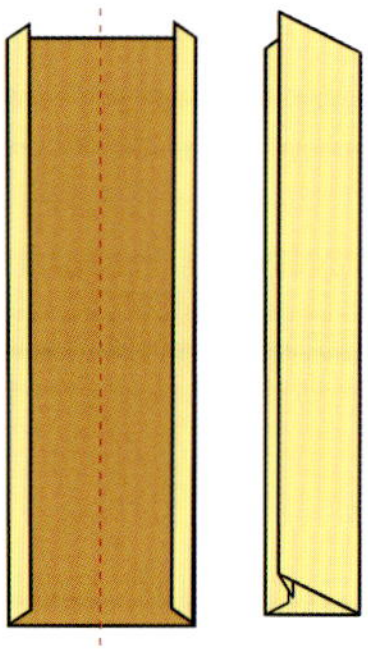

11 将包边面料翻转至正面朝内，将系带夹在中间缝 1cm 的缝份。将两条系带缝在包边的两端。

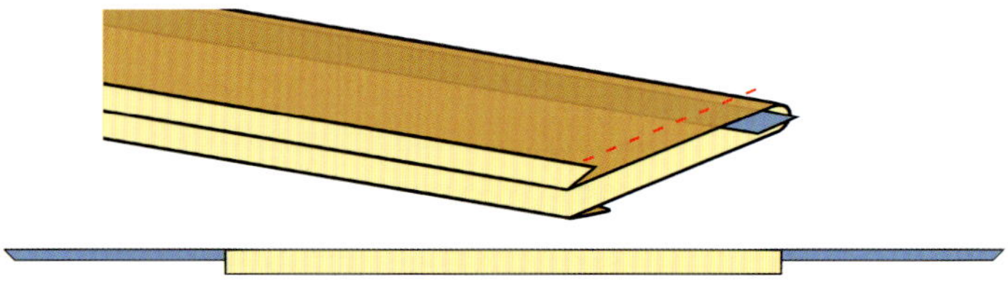

12 将预先折烫好的包边条的正面对着衣身面料的正面，缝 1cm 的缝份。

13 翻转面料，将两块面料的正面朝上，车 0.1cm 的明线。

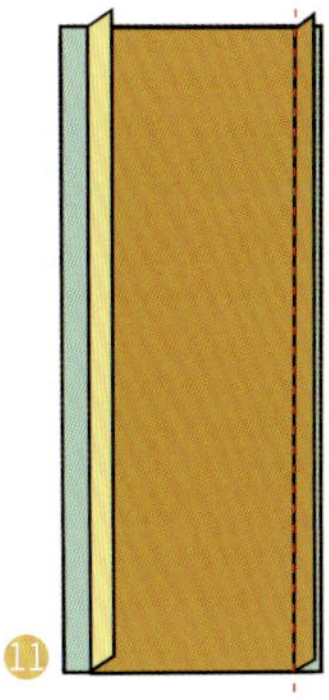

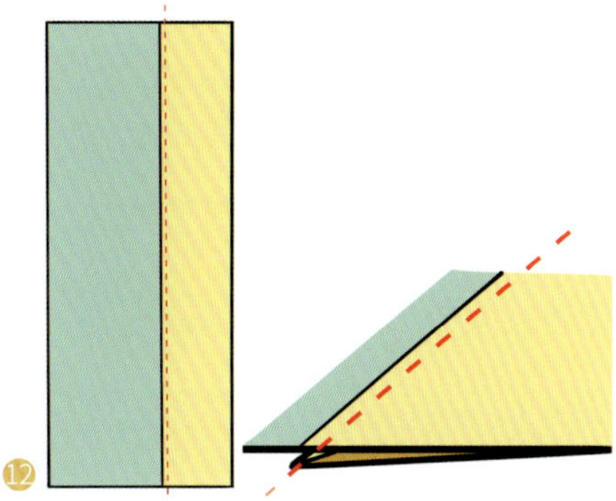

4.4.2 长干寺短袖背心

01 平铺图尺寸以及面料正反示意图。

单位：厘米（cm）

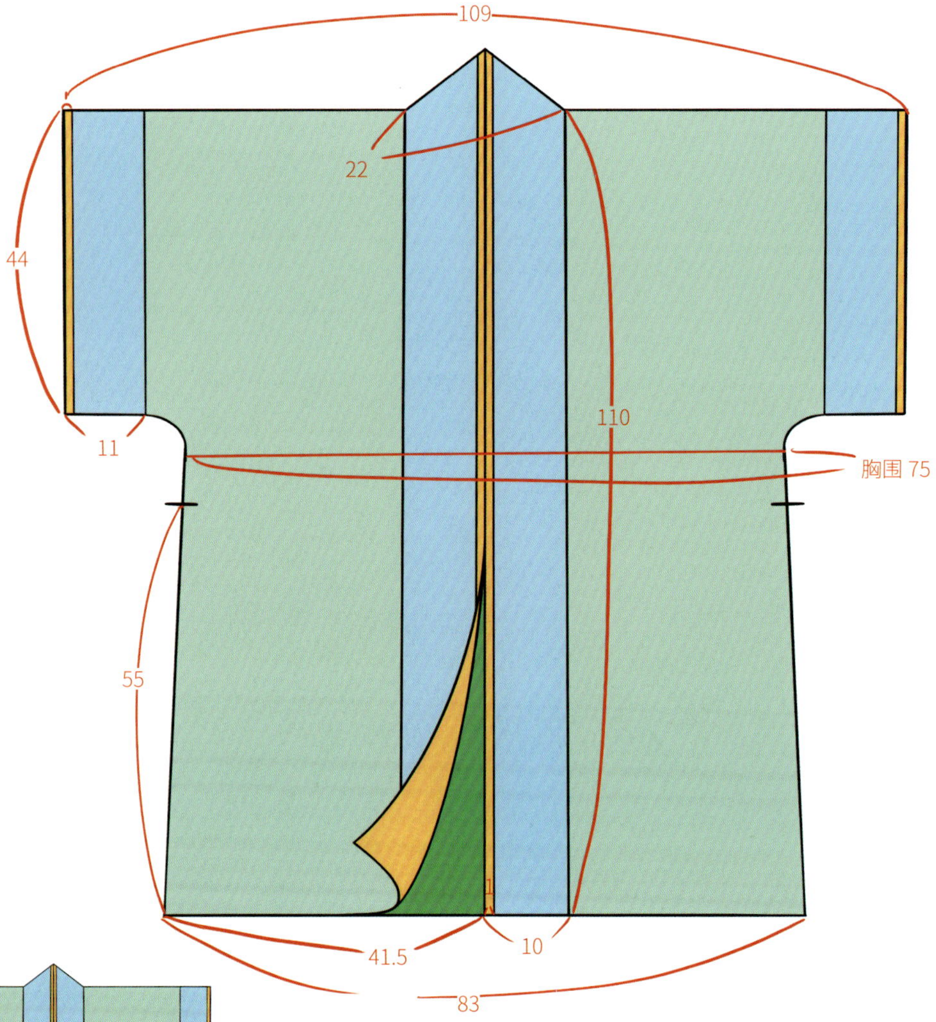

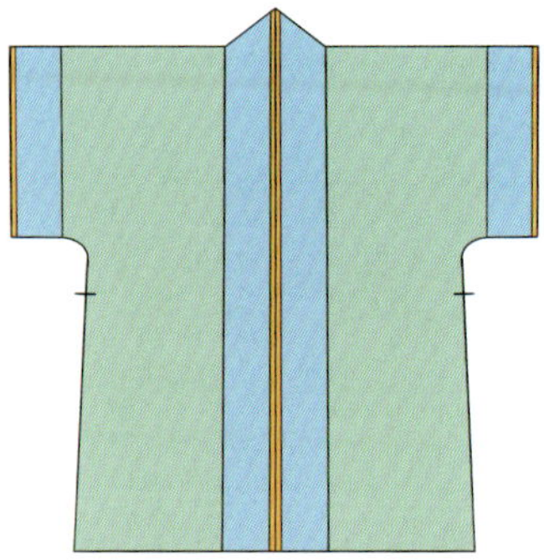

02 净样版如图所示。

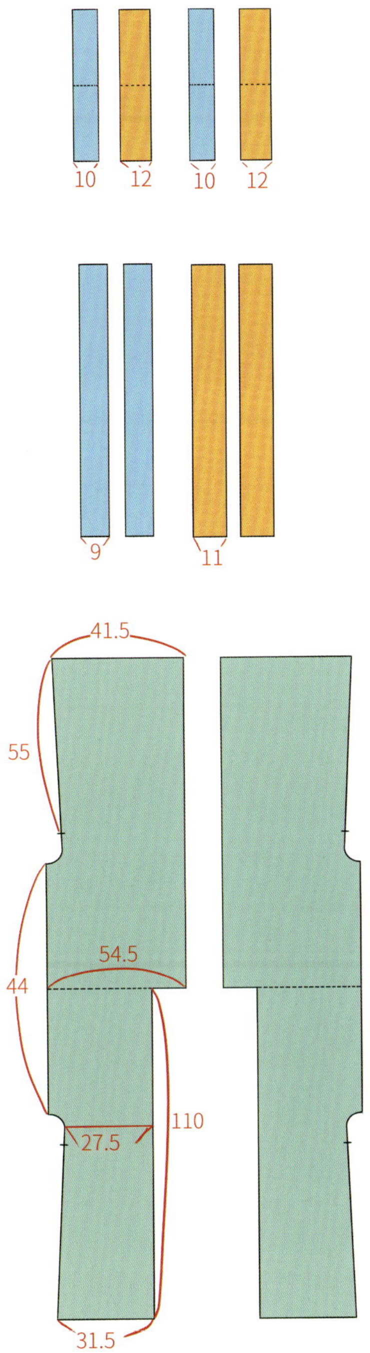

03 放缝份（最终纸样）。

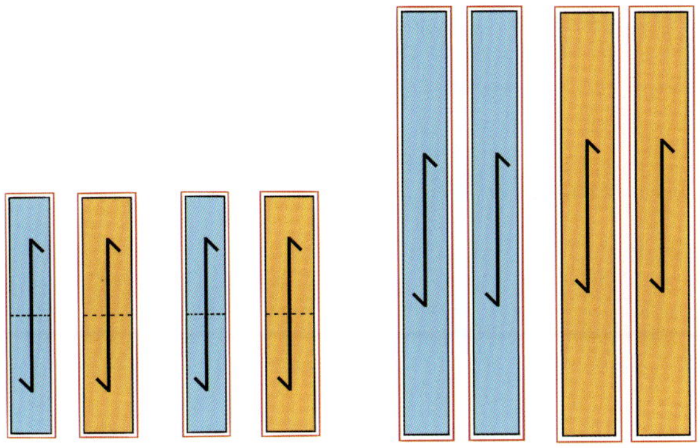

四周放 1cm 的缝份

四周放 1cm 的缝份

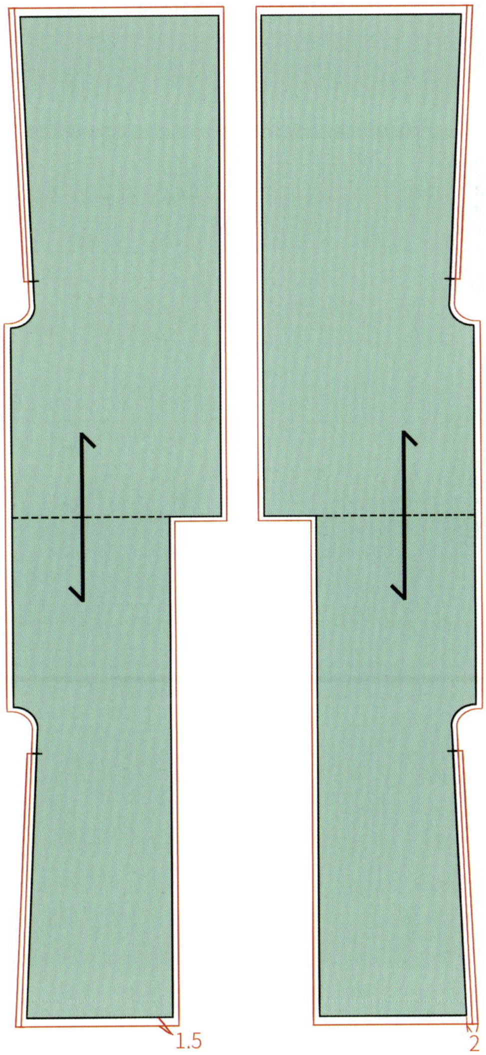

下摆处放 1.5cm 的缝份，其余各放 1cm 的缝份
（开衩处须额外再放 1cm）

04 缝合后中缝。

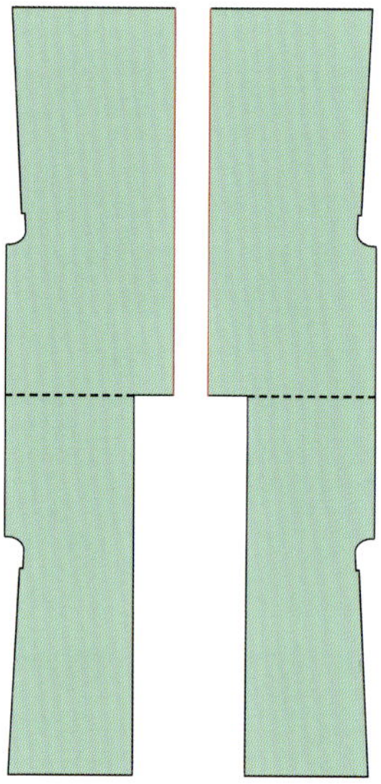

05 面料反面和反面相对，正面朝外。对齐两片衣身的后中缝。可以预先用珠针或者夹子固定要缝合的布边。

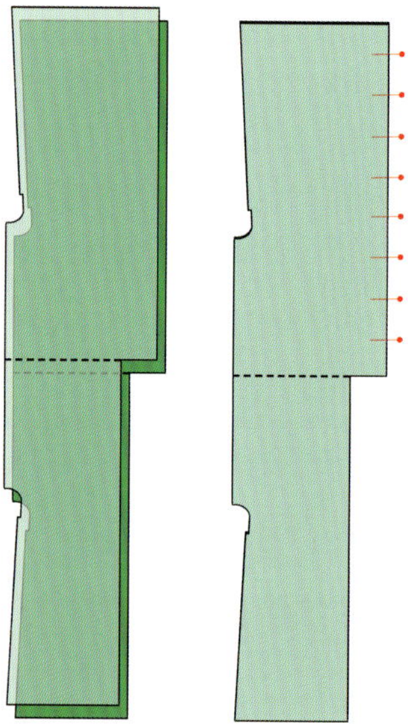

06 沿红色虚线缝 0.5cm 的缝份，将毛边修剪掉 0.3cm，将劈缝熨烫平整。将面料翻转至反面朝外，正面对正面，缝 0.5cm 的缝份。

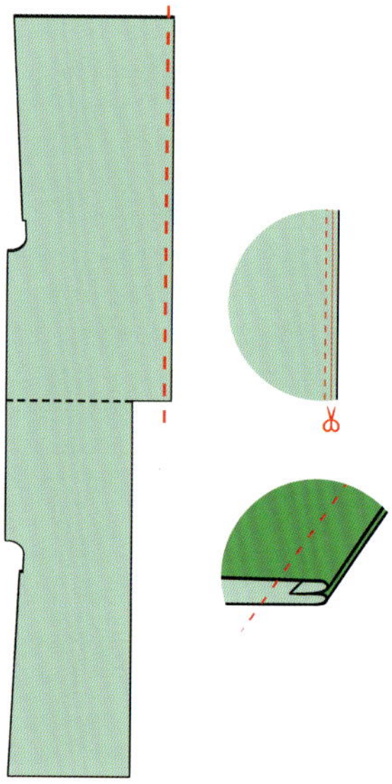

07 展开面料熨烫平整。

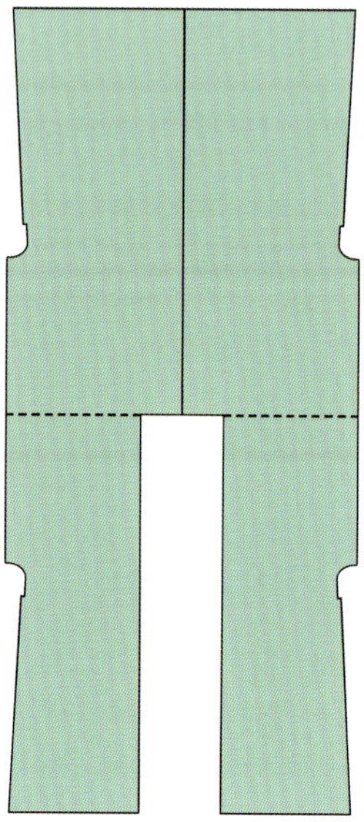

08 准备缝合侧缝和开衩。

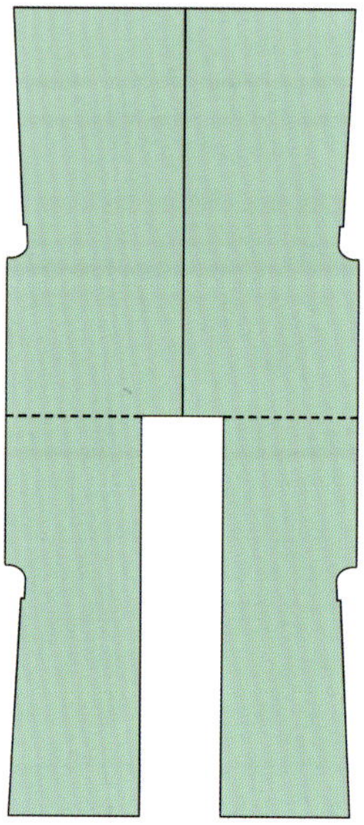

09 两块面料正面朝外，反面对反面。对齐面料两端，沿红色虚线缝合，缝至开衩止点，打一两针倒针固定。

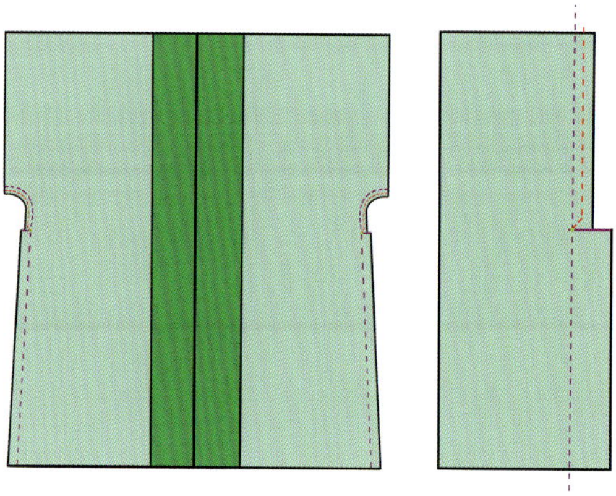

10 沿红色实线修剪掉 0.3cm 的毛边（注意需要剪到离开衩止点 0.1cm 处，不要剪到开衩止点）。

11 将面料翻转至反面朝外，正面相对。沿红色虚线缝 0.5cm 的缝份，缝至开衩止点（绿色圆点）打倒针固定。

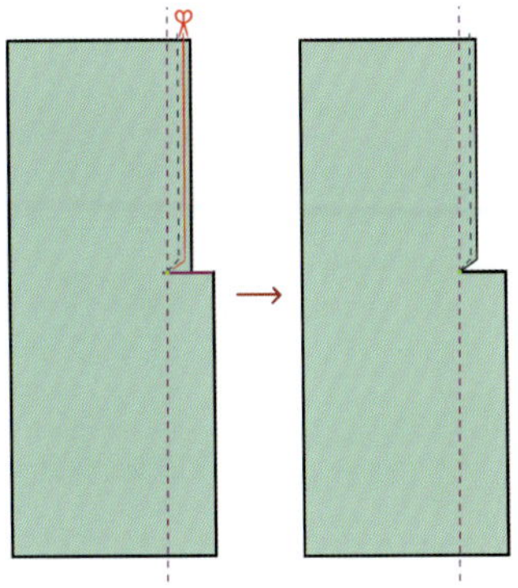

10

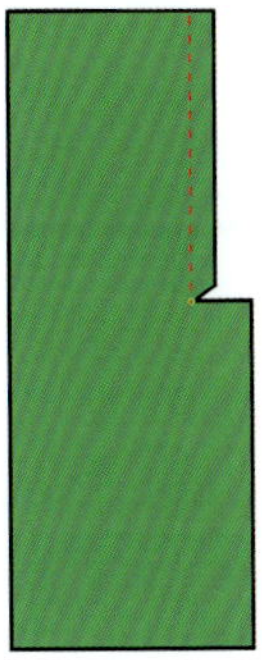

11

12 熨烫平整的反面效果如图所示。

13 沿紫色虚线向内翻折 1cm，再沿白色虚线向内翻折。

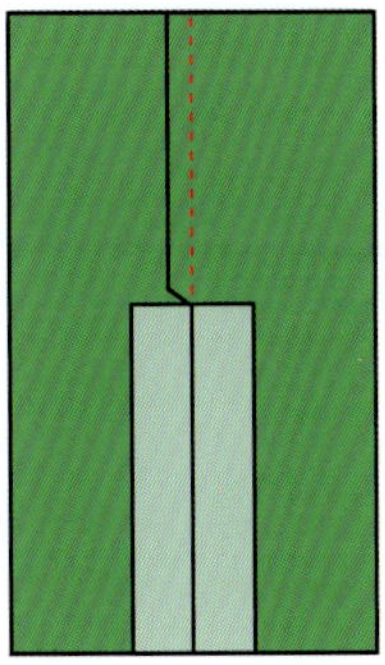

12

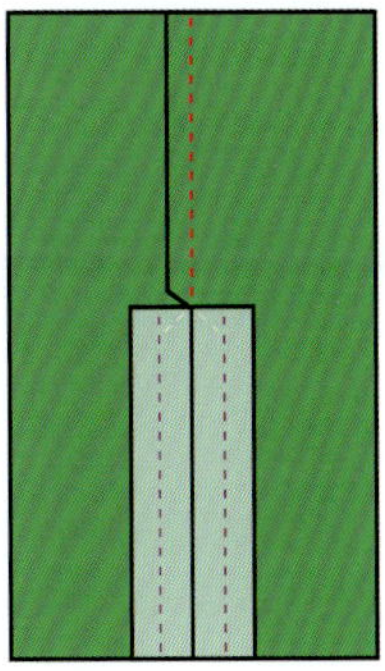

13

14 翻折后熨烫平整。沿红色虚线缝 0.1cm 的明线。

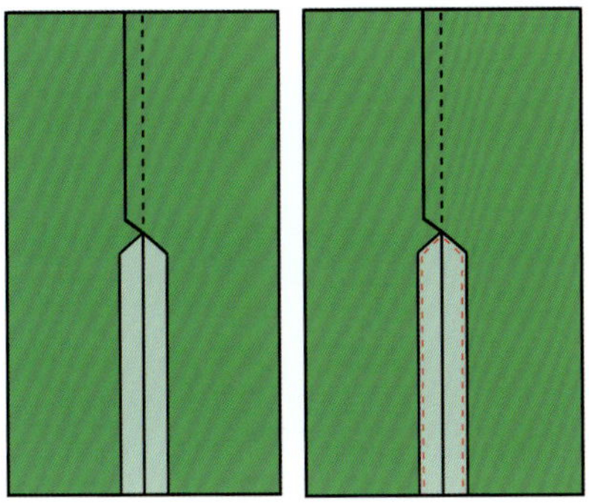

15 熨烫平整的正面效果如图所示。

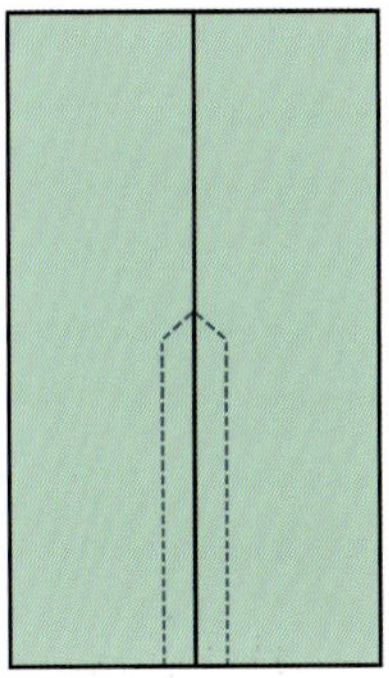

16 准备制作袖缘。

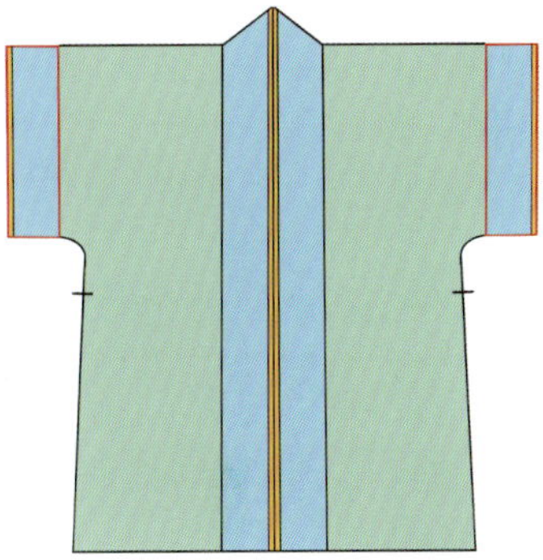

17 将内外袖缘翻转至反面朝外，正面对正面。面料上下对齐车缝 1cm 的缝份。先对折，再折烫出 1cm 的窄缘边。

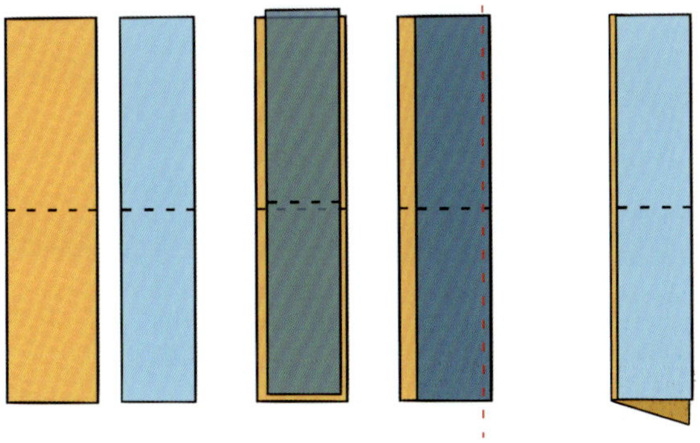

18 将袖缘两端缝合连接，正面朝内，车缝 1cm 的缝份。

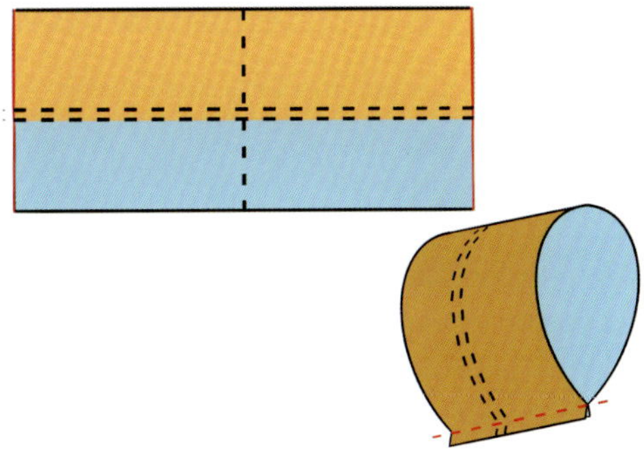

19 准备制作领缘。

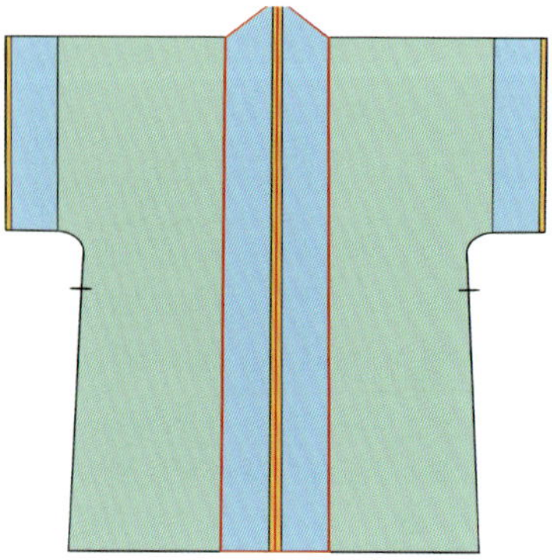

20 将内外领缘翻转至反面朝外，正面对正面。面料上下对齐车缝 1cm 的缝份。先对折，再折烫出 1cm 的窄缘边。

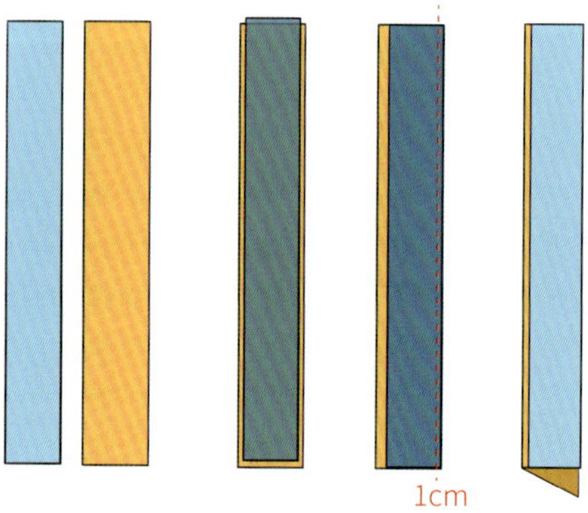

21 将两条领缘连接，正面相对车缝 1cm。

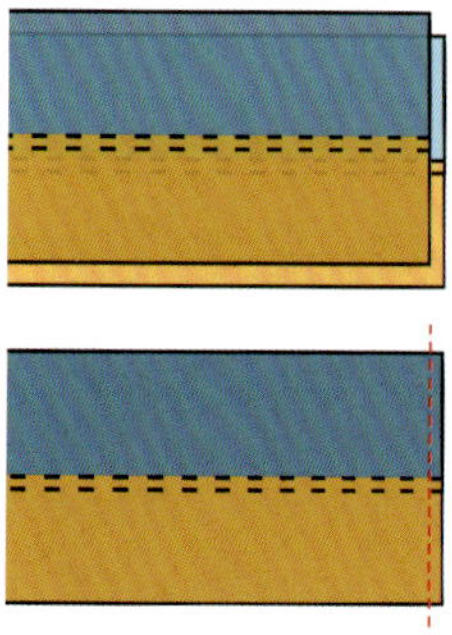

22 准备上领缘。对准领缘中线和后中缝，一边用缝纫机车缝 1cm 的缝份，另一边用暗针缝的方式进行缝合。

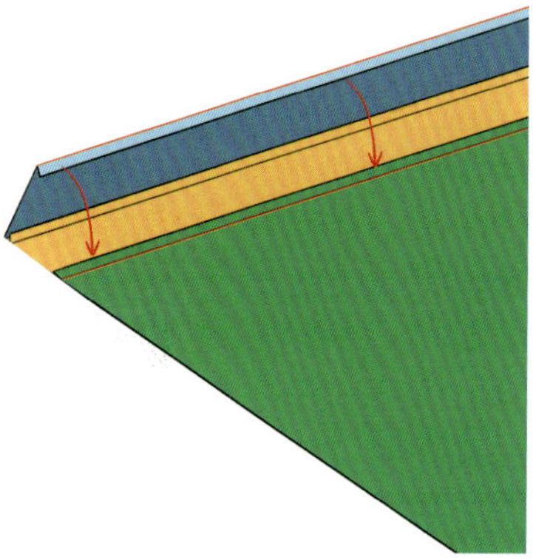

23 准备给下摆卷边。

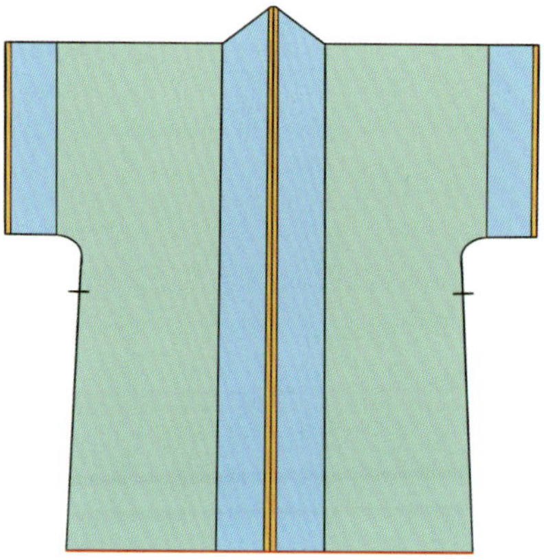

24 将面料向反面翻折 0.5cm，再次翻折 1cm，用熨斗初步熨烫固定。沿红色虚线缝 0.1cm 的明线。

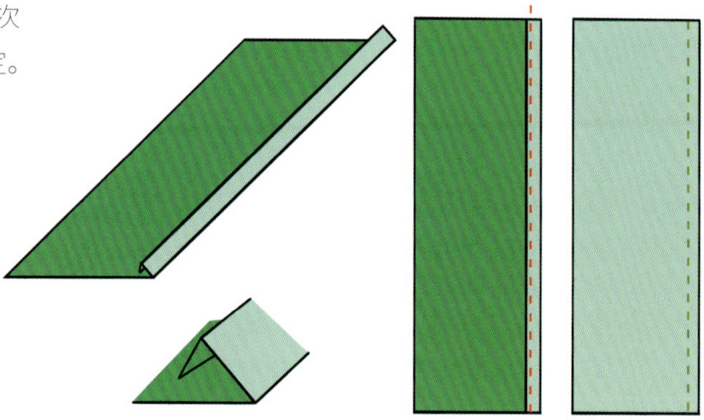

正面效果

圆首长脚簪
牛皮宋冠
荷叶耳环
铁拐墓长衫
一片式三角褶抹胸
红玛瑙手镯
三裥裙

4.5　南京南宋德安周氏墓三裥裙

01 熨烫并裁剪好需要的裁片。

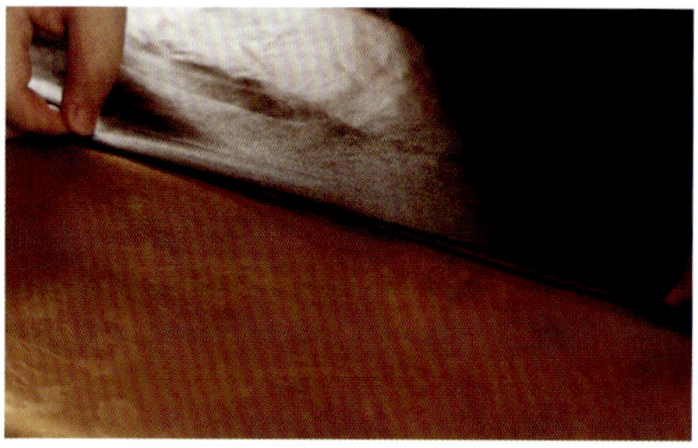

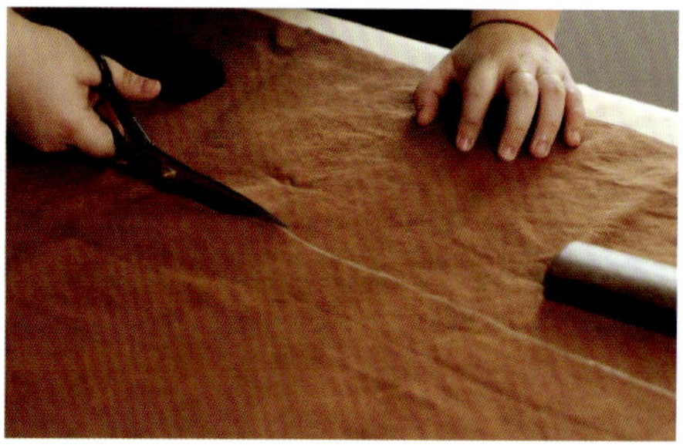

02 平铺图尺寸以及面料正反示意图。

单位：厘米（cm）

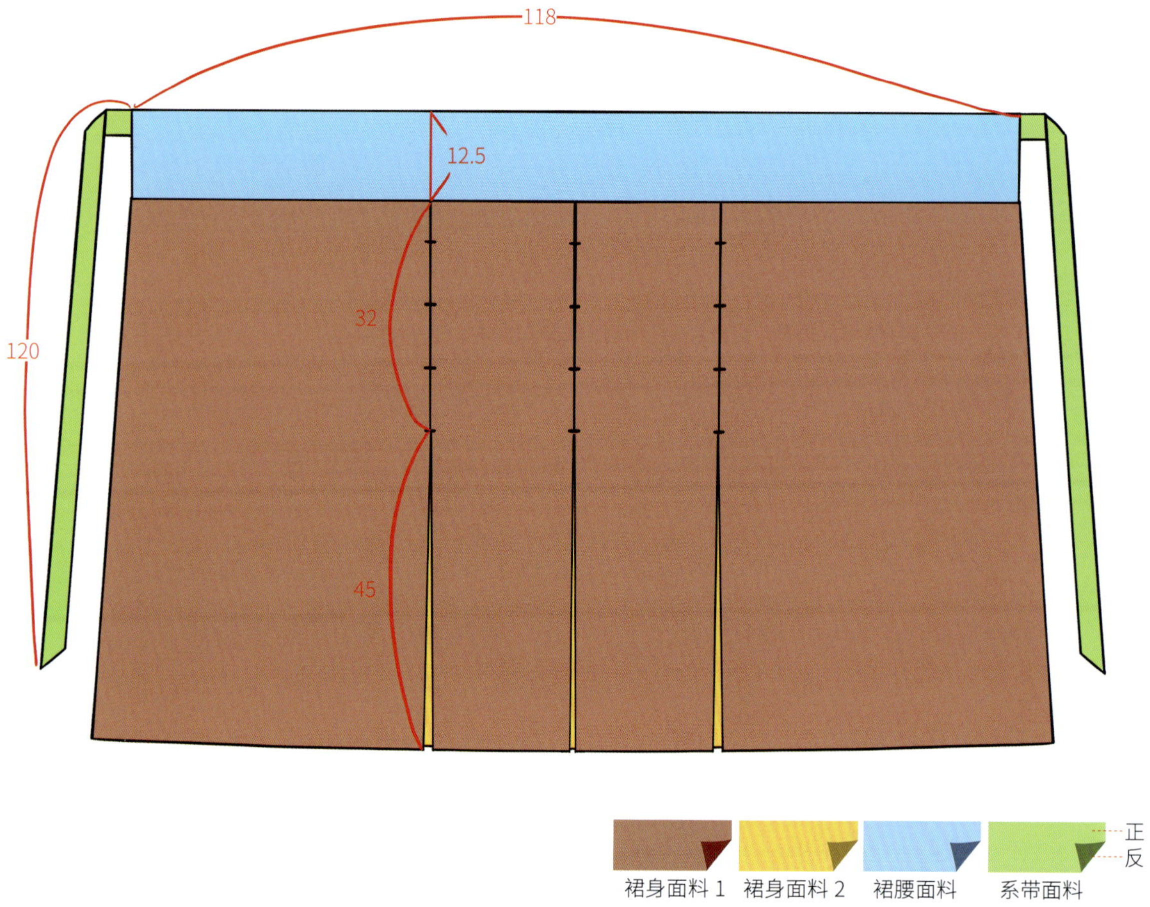

03 净样版如图所示。

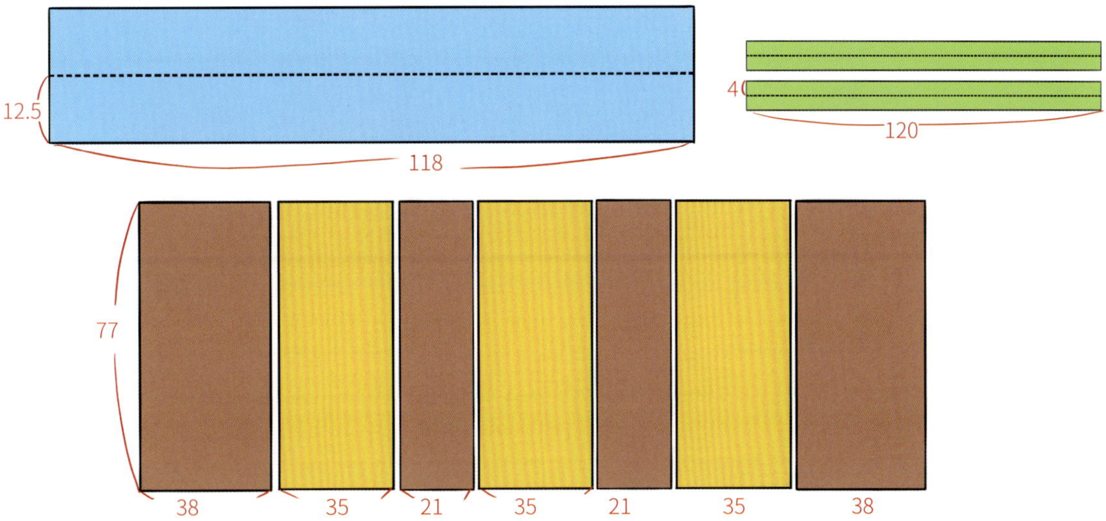

04 放缝份（最终纸样）。

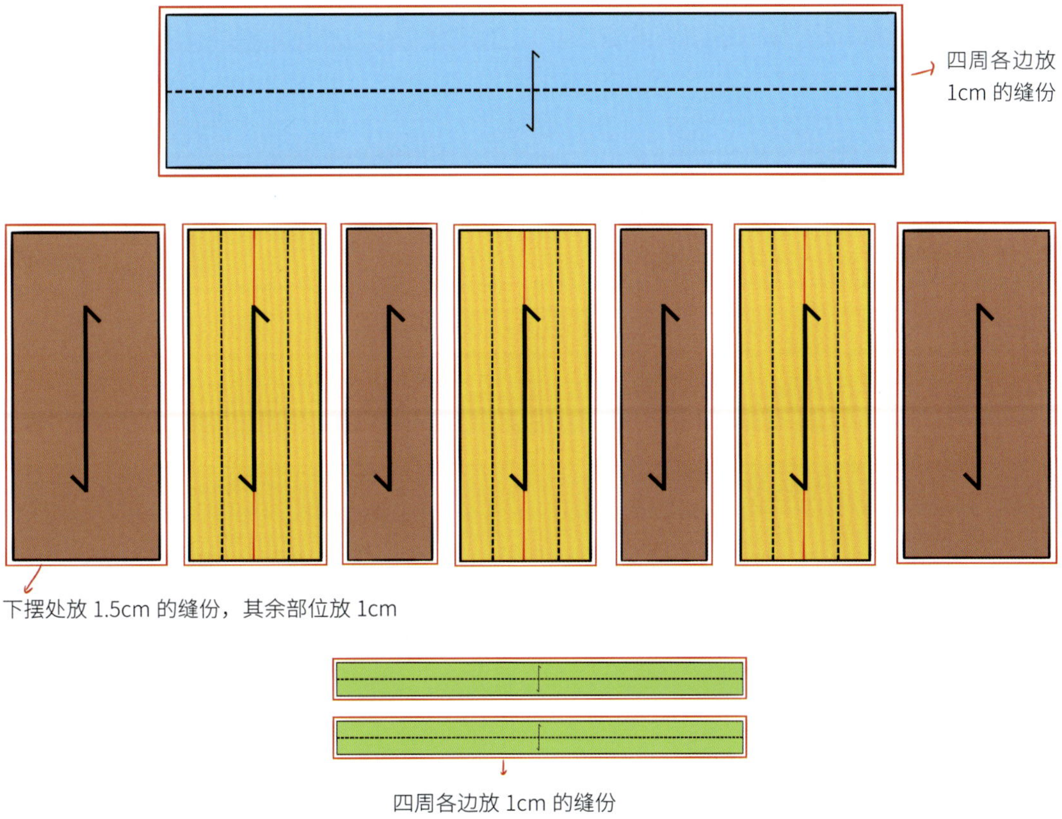

05 裙片面料反面相对，正面朝外。可以预先用珠针或夹子固定要缝合的布边。

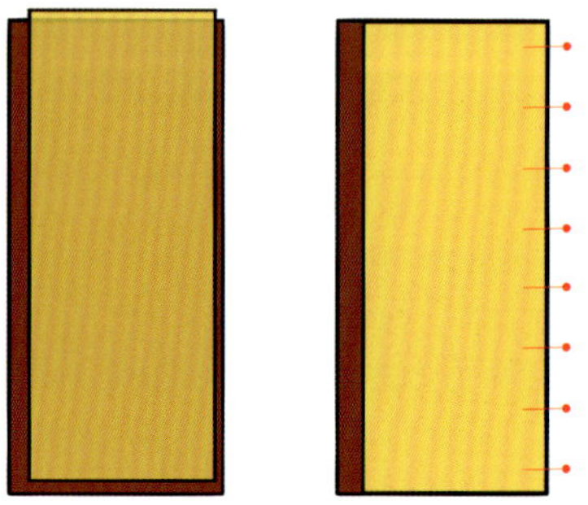

06 沿红色虚线缝 0.5cm 的缝份，将毛边修剪掉 0.3cm，将劈缝熨烫平整。将面料翻转至反面朝外，正面对正面，缝 0.5cm 的缝份。

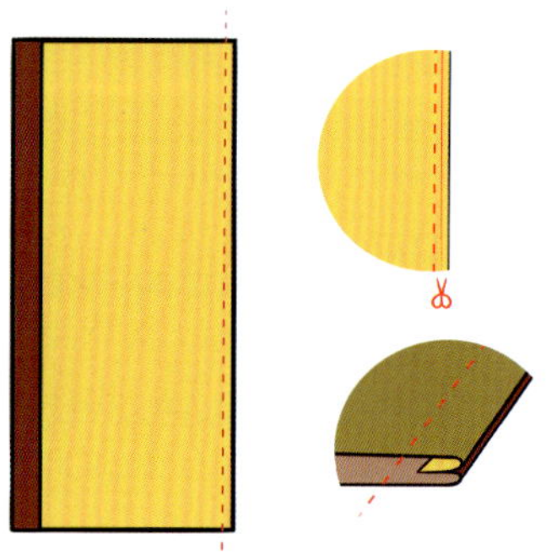

07 将裙片用来去缝的方式缝合后，展开缝份熨烫平整。

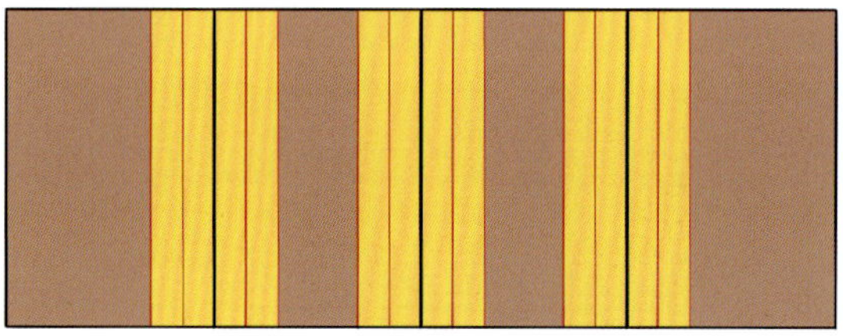

08 将外侧的红线向中间的黑线对折（即打工字褶）。

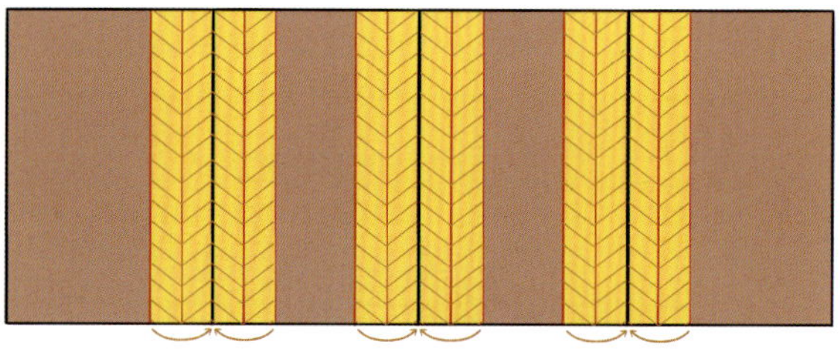

单个折叠后

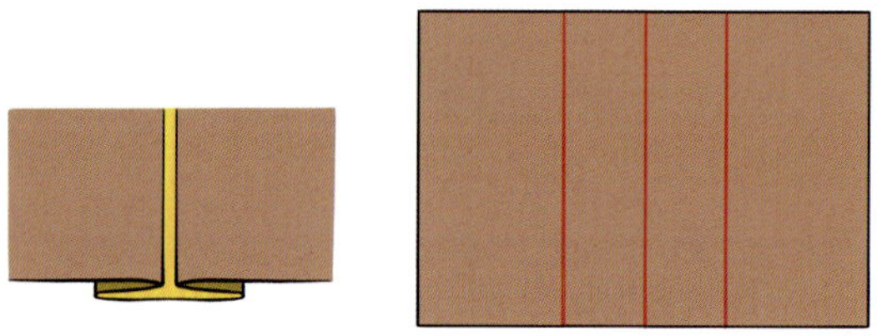

全部折叠完后

09 预先车缝 0.5cm 固定褶裥。

10 准备缝合裙腰和系带。

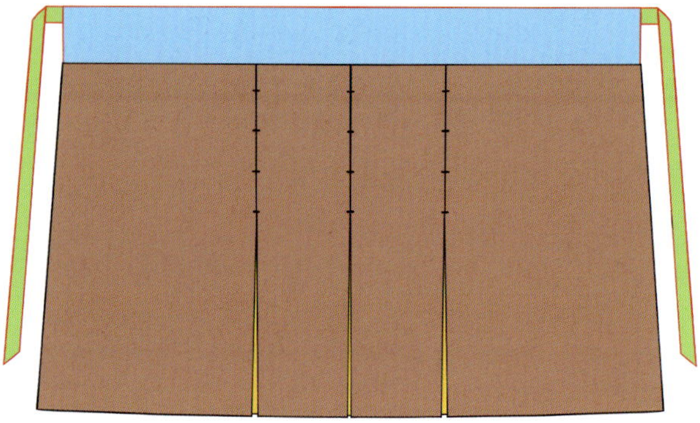

11 拿出剪裁下来的系带布片，正面朝上，沿黑色虚线对折至反面朝外，正面朝内。沿红色虚线缝 1cm 的缝份。

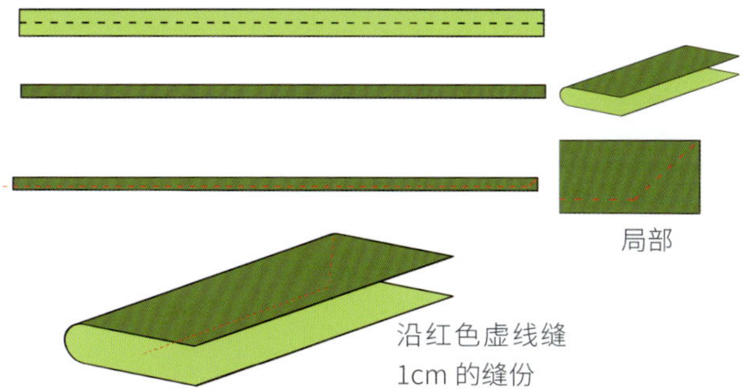

12 用翻带器将系带翻转至正面。裙腰面料反面朝上，两侧分别向内翻折 1cm。

13 中线（蓝色实线）向右偏移 0.2cm 得到折叠线（红色虚线）。沿红色虚线对折，熨烫平整。

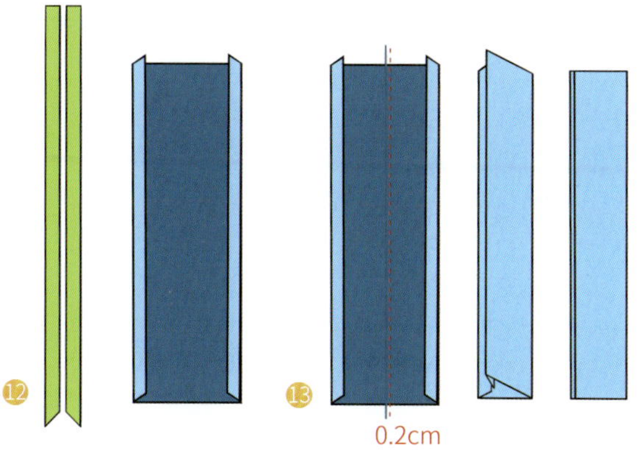

14 将裙腰翻转至正面朝内，将系带夹在中间，缝 1cm 的缝份。将两条系带缝在裙头两端。

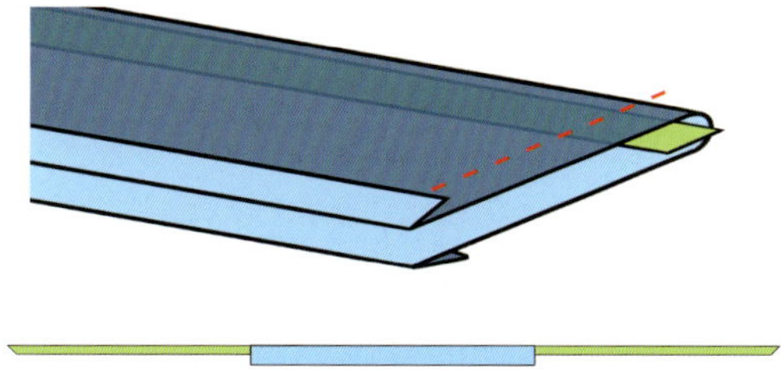

15 用平缝的方式缝合上半部分折裥，在蓝色标记处手缝加固。

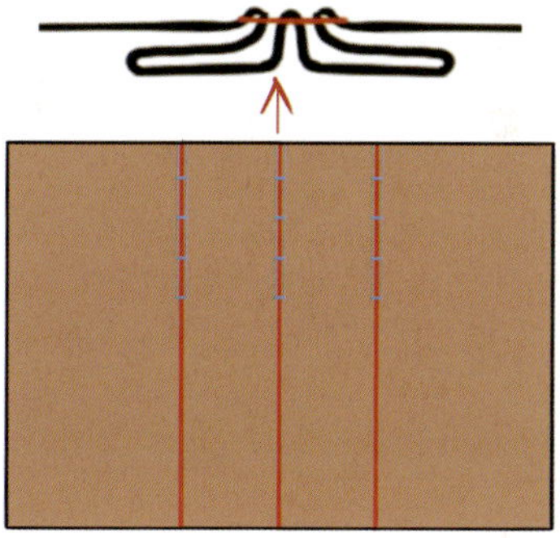

16 取出裙身面料，将预先折烫好的裙腰的正面对着第二块布的正面，将上一步对折后裙腰较短的布边与裙身上缘对齐，缝 1cm 的缝份。

17 将两块面料翻转至正面朝上，从两块面料衔接处（红色虚线）缝线。

18 可在标记处点缀珍珠装饰。

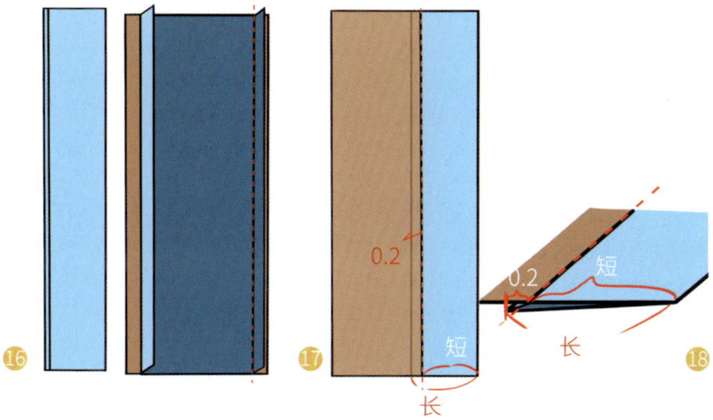

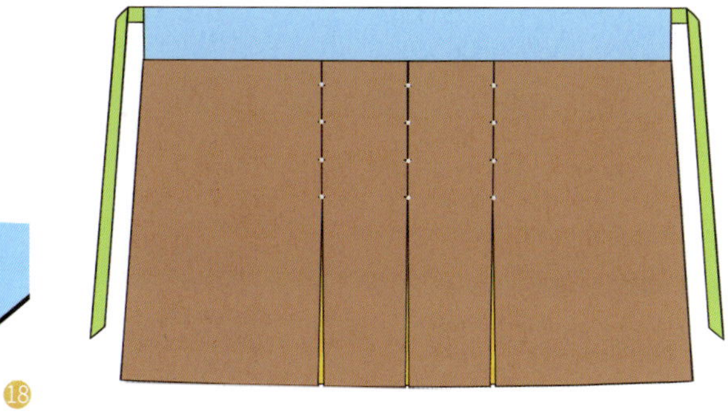

蓝色琉璃发钗
水晶耳环
一片式三角褶抹胸
花罗飞机袖短衫
三裥裙
弓鞋

第5章

制作篇：明代复原汉服案例

5.1 明代服装特点

明代服饰都长什么样？

明朝（1368—1644）是中国历史上最后一个由汉族建立的大一统中原王朝，共传12世，历经16帝，享国276年。明太祖朱元璋根据汉族的传统，“上承周汉，下取唐宋”，重新制定了服饰制度，中后期更出现了前代未见的形制款式。比如竖领并在衣服的显眼处大量使用纽扣，甚至出现了精致奢侈金银和宝石制作的子母扣。至清朝剃发易服逐渐被禁止，但仍有少数款式和特征流传至今。

明代女子服饰流行上袄下裙的款式，袄裙是明朝对于女性上衣下裙装束的统称。现在所指的袄裙一般为交领的短衫搭配马面裙。与唐宋时期的裙衫制式不同，上袄的领式很多，有交领、方领和竖领。裙子的颜色，初尚浅淡，虽有纹饰，但并不明显。

崇祯初年，马面裙子基本是素色的，即使有织锦纹样也只有在裙的底边有一条花边，作为压脚。到了明朝末年，裙幅变大，马面的图案也变得更为繁复，工艺也越发多了起来，刺绣、织金、妆花这些工艺都有用到。明朝的立领服饰，最早出现于明朝中期，到了明朝后期的中原和江南已经广泛流行，当时明朝正经历千年不遇的小冰河时期，气候异常寒冷，立领也就应运而生了。领子是竖着的，点缀两颗扣子，衣服是右衽或者对襟，大袖，用系带打结固定，衣身两侧开衩。寒冷的时候会搭配比甲、披风，穿在长衫或者长袄上，后来满族入关以后，在“男从女不从”的服制规定下，汉族妇女得以沿袭使用明式立领袄和褙子等“汉装”，也就出现了清代汉女的装束在民间流行的情况。

明代服饰 常州博物馆藏

明代服饰 中国丝绸博物馆藏

5.2 孔府旧藏服装案例

下面一起动手制作明代的复原汉服吧。

5.2.1 交领金狮补短衣

01 熨烫面料。

02 按照版纸剪裁出需要使用的面料。

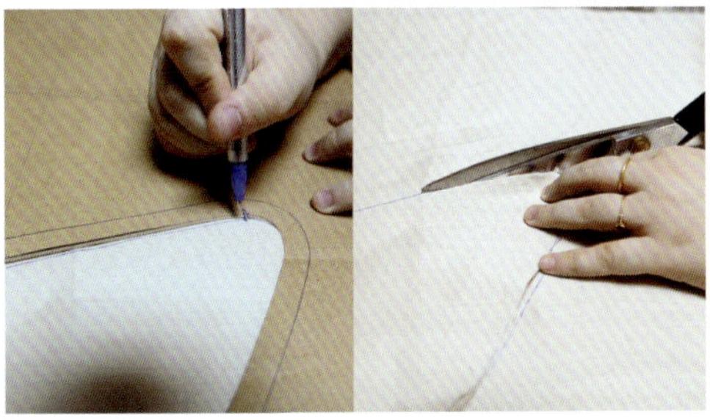

03 因为面料较薄，使用成品补子会使前片下垂，因此这里使用了烫金补子。大家在制作过程中可以自行购买成品补子，用缝纫机平缝在前片上。

04 平铺图尺寸以及面料正反示意图。

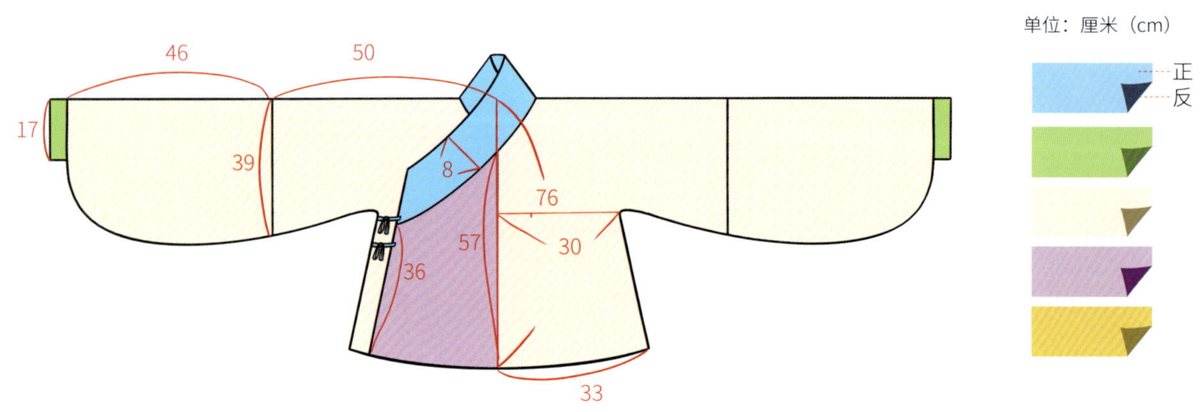

05 净样版如图所示。

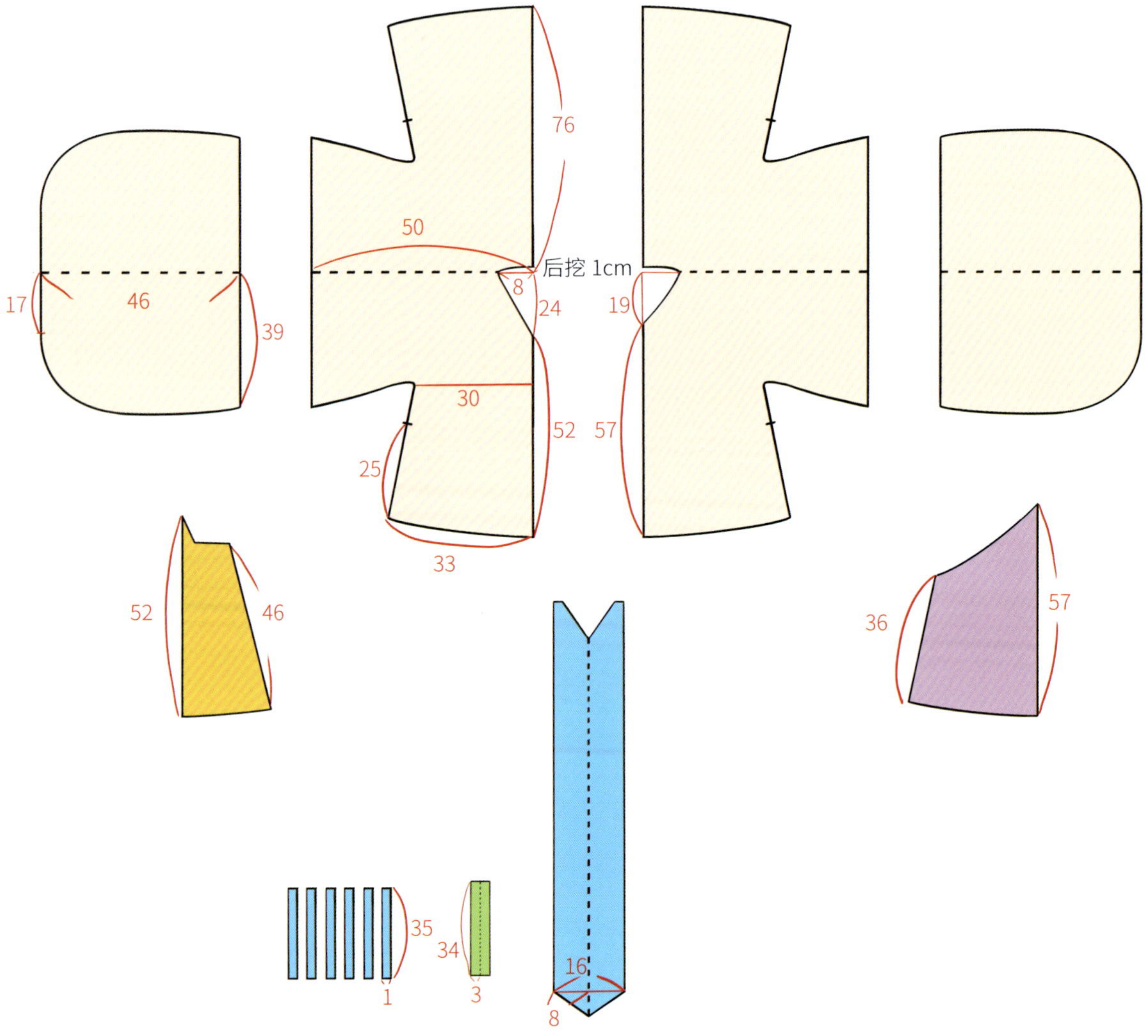

06 放缝份（最终纸样）。

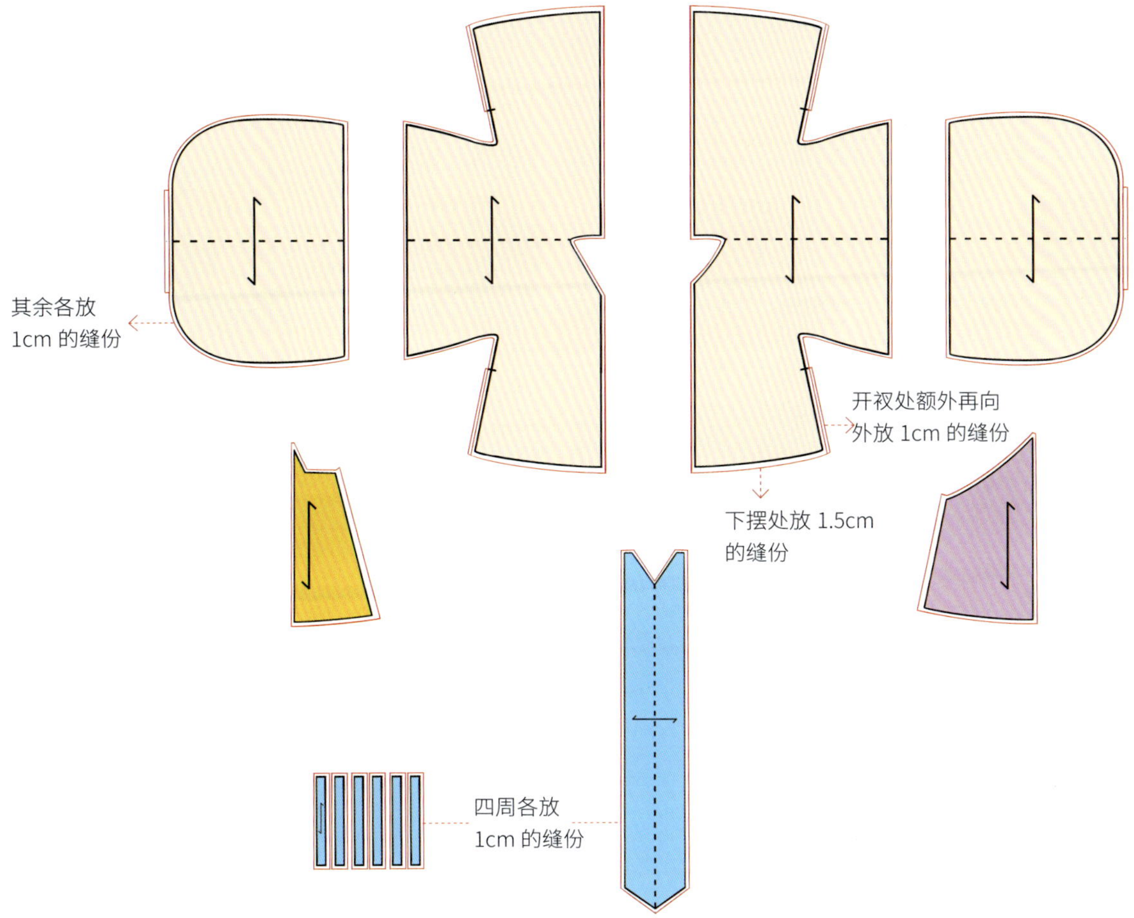

07 准备拼接衣身和接衽。

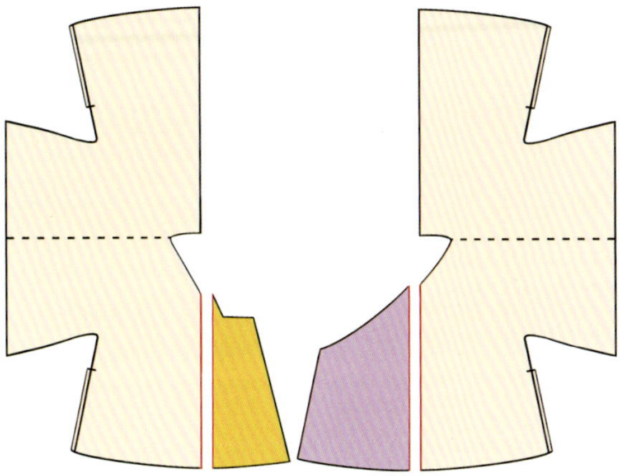

08 将衣身和接衽的面料反面相对，正面朝外。可以预先用珠针或夹子固定要缝合的布边。

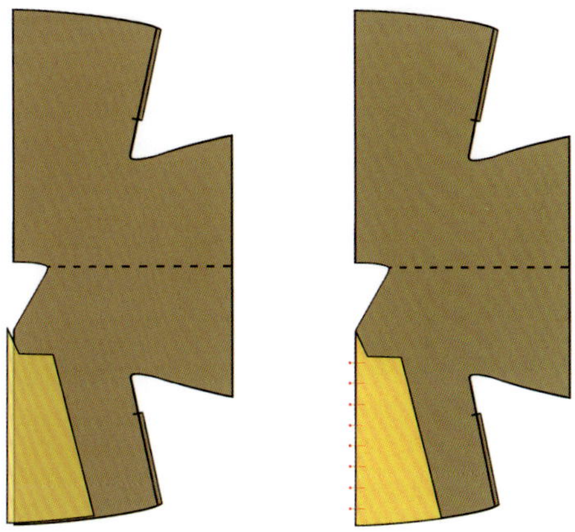

09 沿红色虚线缝 0.5cm 的缝份，将毛边修剪掉 0.3cm，将劈缝熨烫平整。将面料翻转至反面朝外，正面对正面，缝 0.5cm 的缝份。

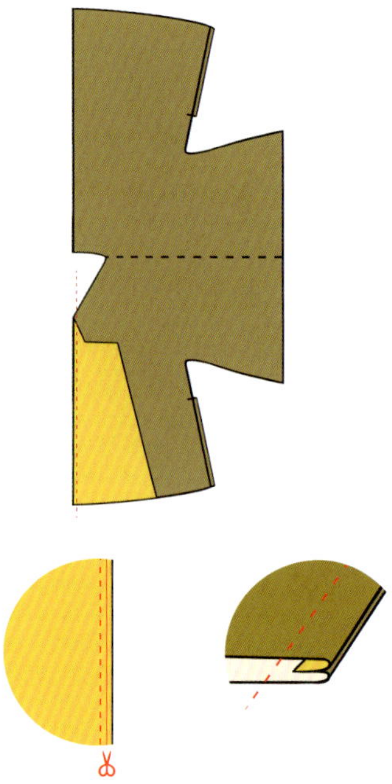

10 将衣身和接衽的面料反面相对，正面朝外。可以预先用珠针或夹子固定要缝合的布边。

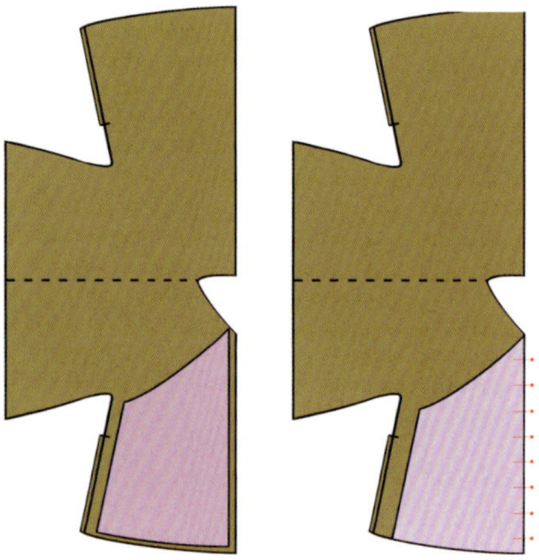

11 沿红色虚线缝 0.5cm 的缝份，将毛边修剪掉 0.3cm，将劈缝熨烫平整。将面料翻转至反面朝外，正面对正面，缝 0.5cm 的缝份。

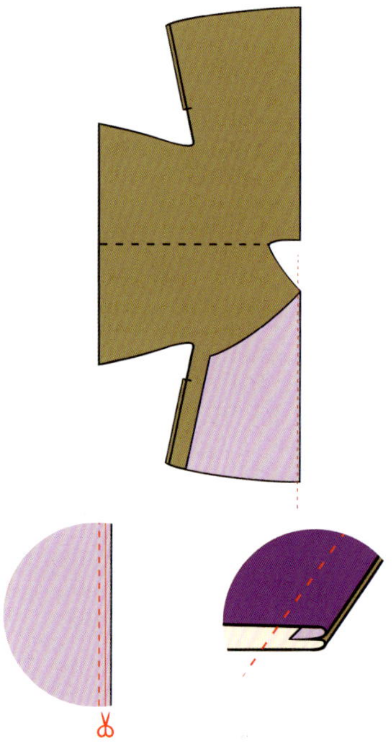

12 准备拼接衣身和接袖。

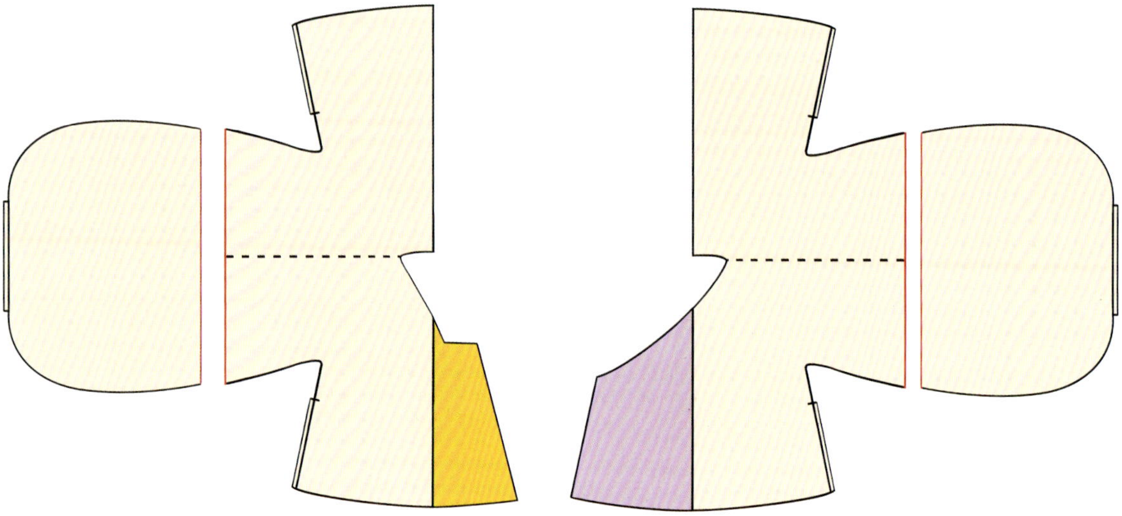

13 将衣身和接袖的面料反面相对，正面朝外。可以预先用珠针或夹子固定要缝合的布边。

14 沿红色虚线缝 0.5cm 的缝份，将毛边修剪掉 0.3cm，将劈缝熨烫平整。将面料翻转至反面朝外，正面对正面，缝 0.5cm 的缝份。按此步骤拼接完另外一边的衣身和袖片。

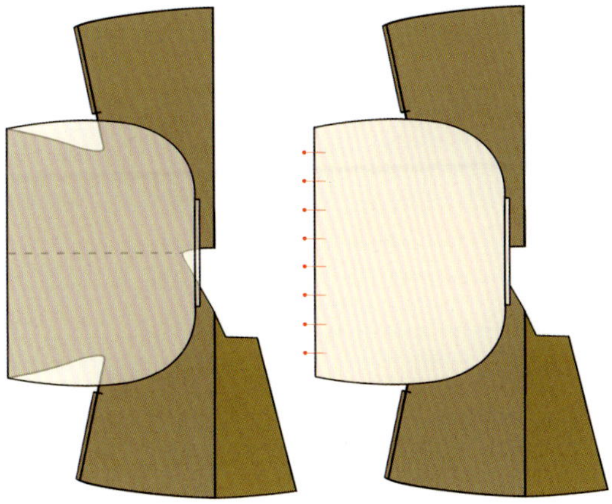

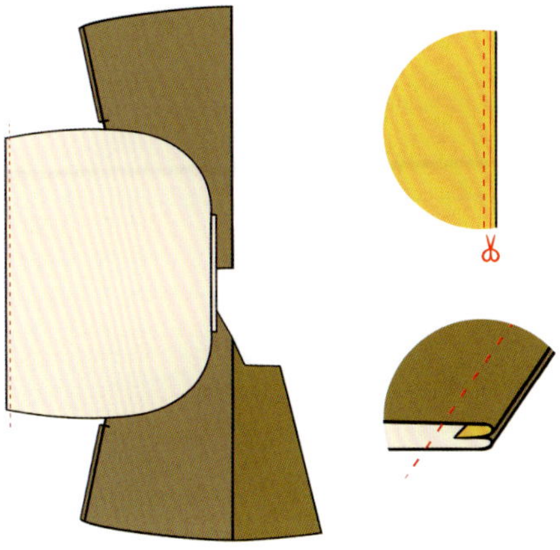

15 准备拼接后中缝。

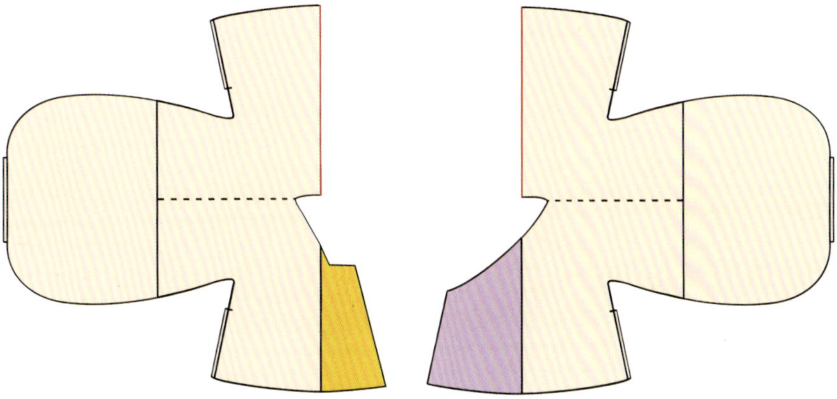

16 将两块衣身的面料反面相对，正面朝外。可以预先用珠针或夹子固定要缝合的布边。

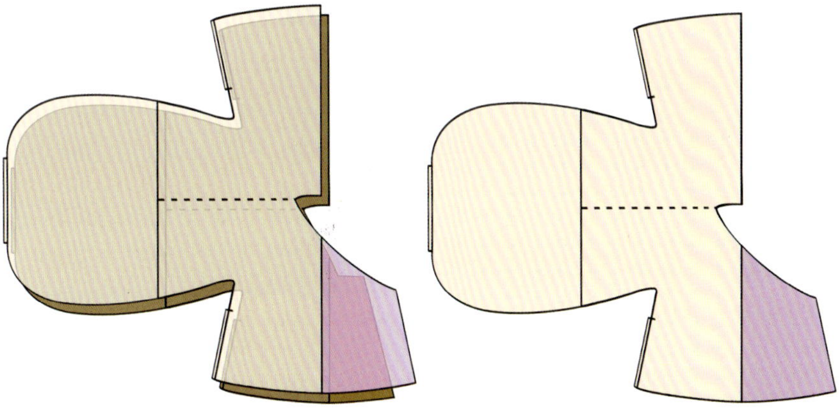

17 沿红色虚线缝 0.5cm 的缝份，将毛边修剪掉 0.3cm，将劈缝熨烫平整。将面料翻转至反面朝外，正面对正面，缝 0.5cm 的缝份。按此步骤拼接完另外一边的衣身和袖片。

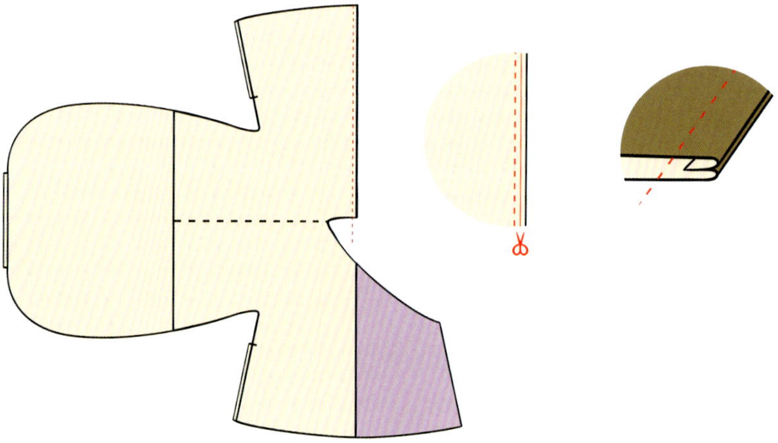

18 准备缝合侧缝和开衩。

19 两块面料正面朝上，预先标出开衩的止点（绿色圆点）。

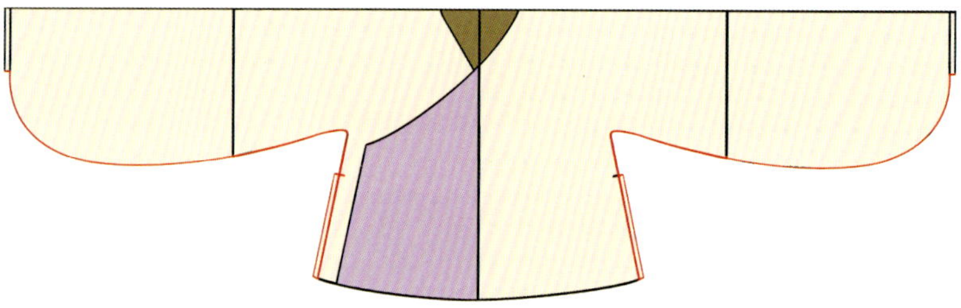

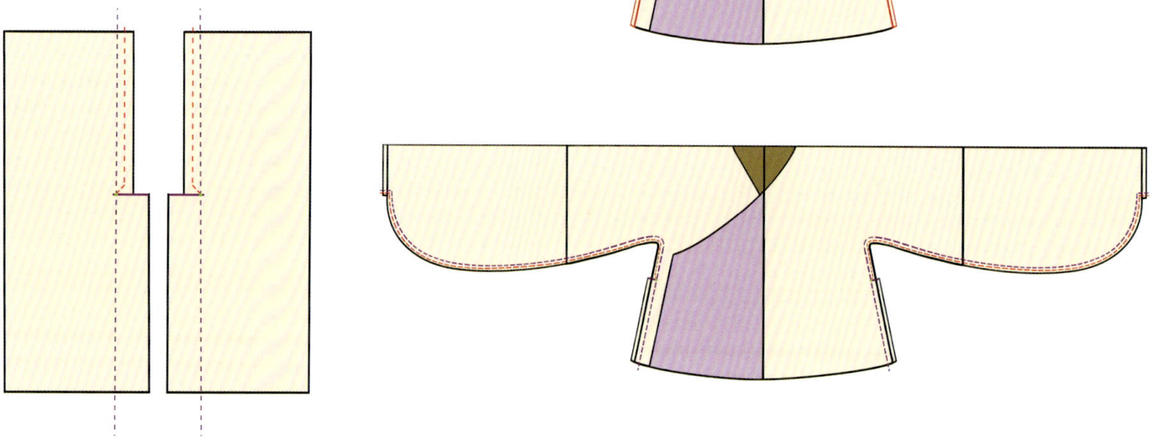

20 两块面料正面朝外，反面对反面。对齐面料两端沿红色虚线缝合，缝至开衩止点，打一两针倒针固定。

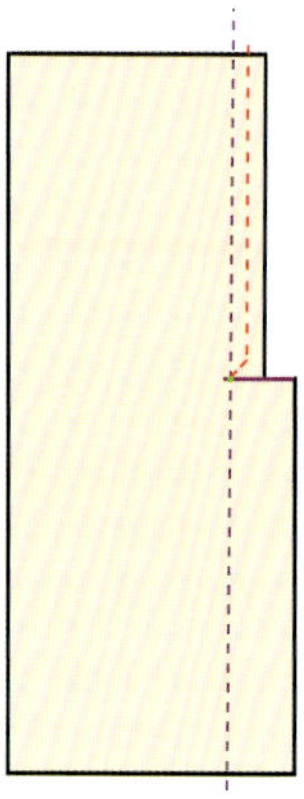

21 沿红色实线修剪掉 0.3cm 的毛边（注意需要剪到离开衩止点 0.1cm 处，不要剪到开衩止点）。

22 将面料翻转至反面朝外，正面相对。沿红色虚线缝 0.5cm 的缝份，缝至开衩止点（绿色圆点）打倒针固定。

23 熨烫平整的反面效果如图所示。

24 沿紫色虚线向内翻折 1cm，再沿白色虚线向内翻折。

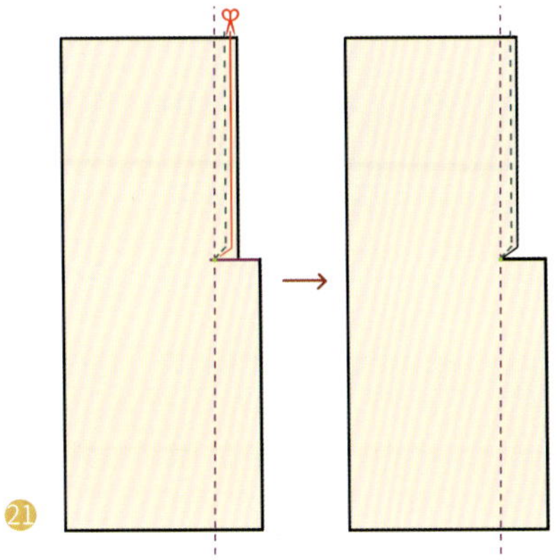

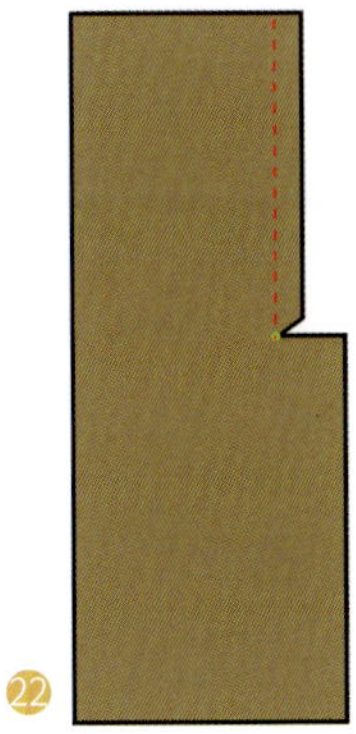

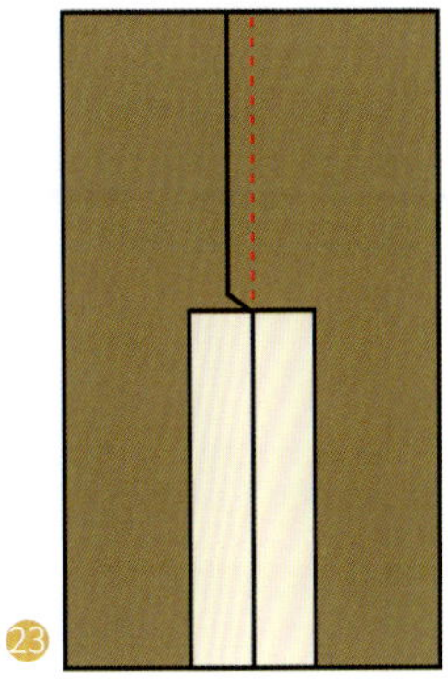

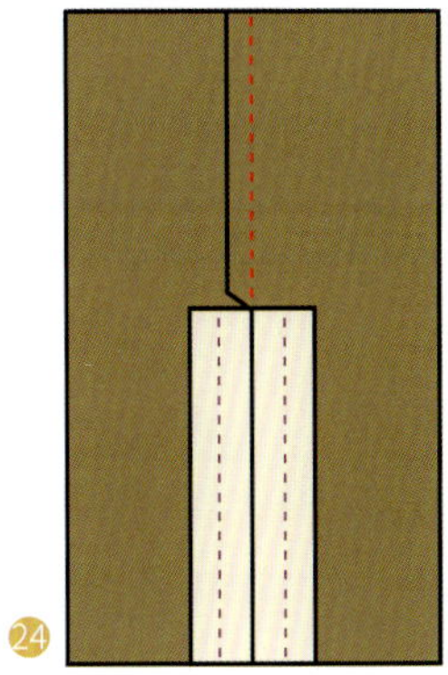

25 翻折后熨烫平整。沿红色虚线缝 0.1cm 的明线。

26 熨烫平整的正面效果如图所示。

27 袖缘车缝熨烫好，再缝到袖口处。

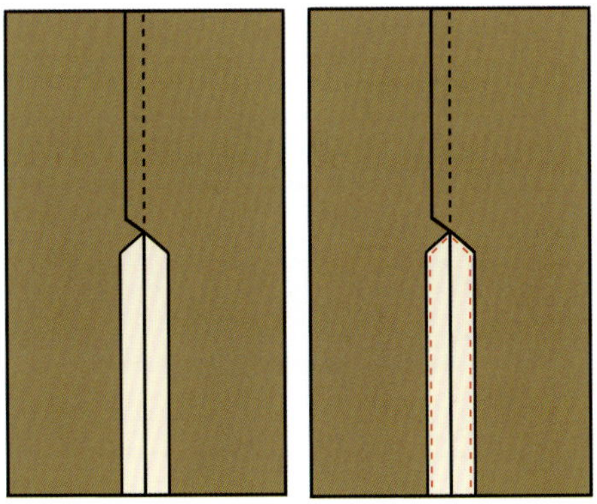

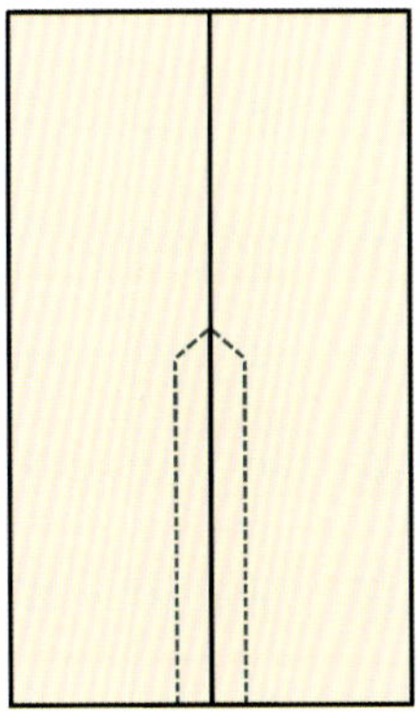

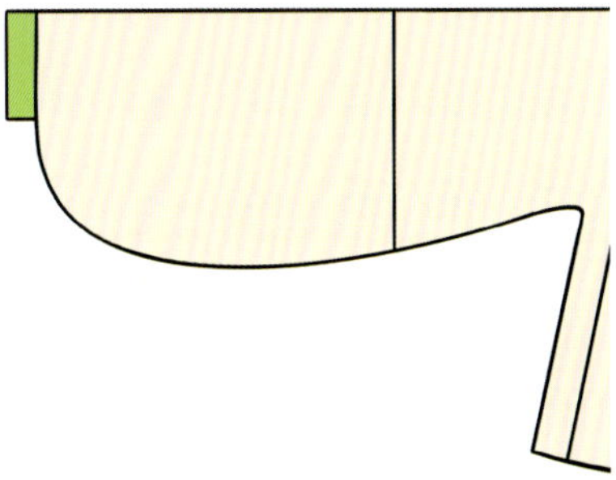

28 准备给下摆和内外衽边缘卷边。

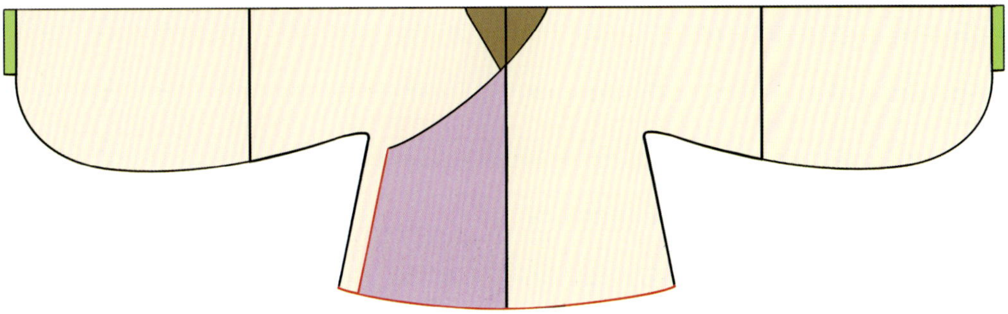

29 将面料向反面翻折 0.5cm，再次翻折 1cm，用熨斗初步熨烫固定。沿红色虚线缝 0.1cm 的明线。

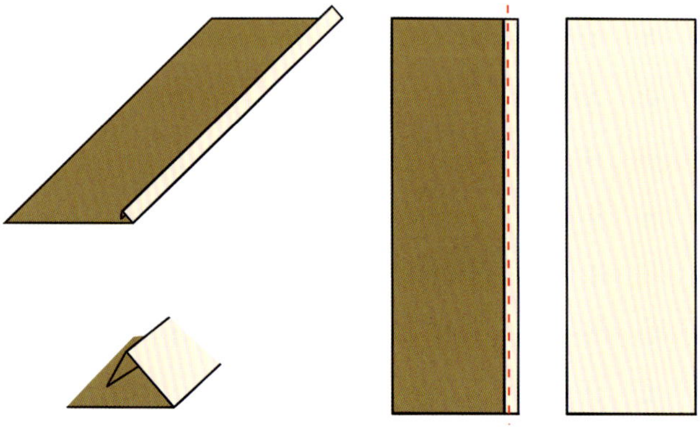

正面效果

30 将上下两端的面料向后翻转 1cm，再将领条面料对折。

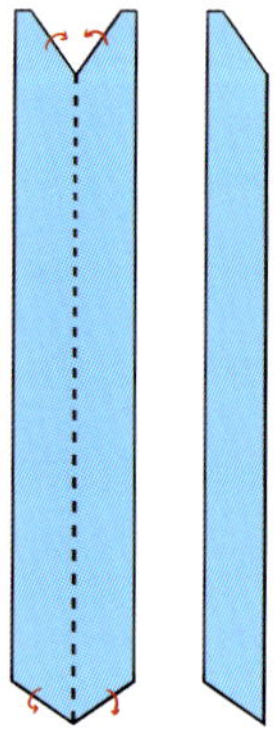

31 将折叠熨烫好的领子上到领口毛边处。

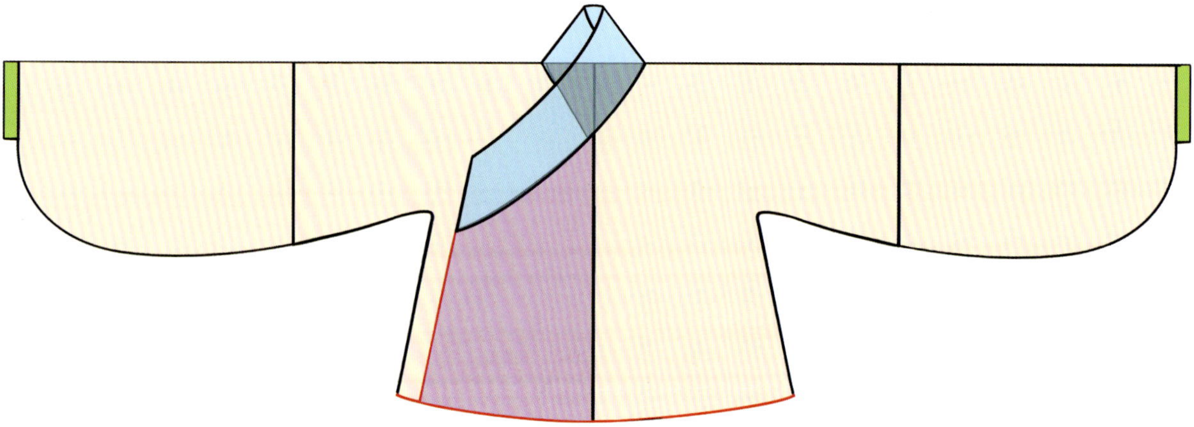

金丝䯼髻罩
云纹掩鬓
交领金狮补短衣
妆花织金蓝缎裙

5.2.2 褐麻短衫

01 熨烫面料并裁剪出裁片。

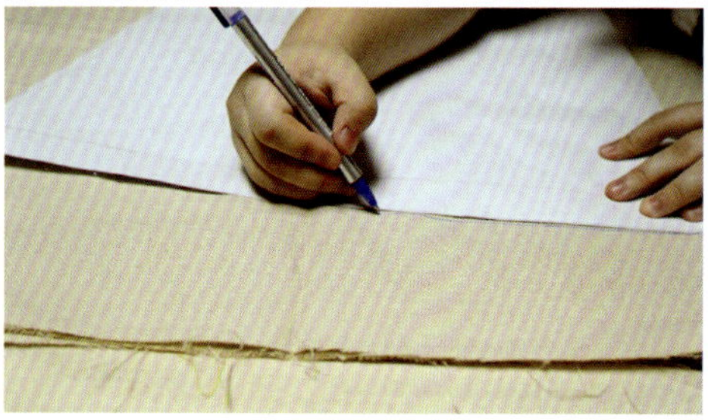

02 平铺图尺寸以及面料正反示意图。

单位：厘米（cm）

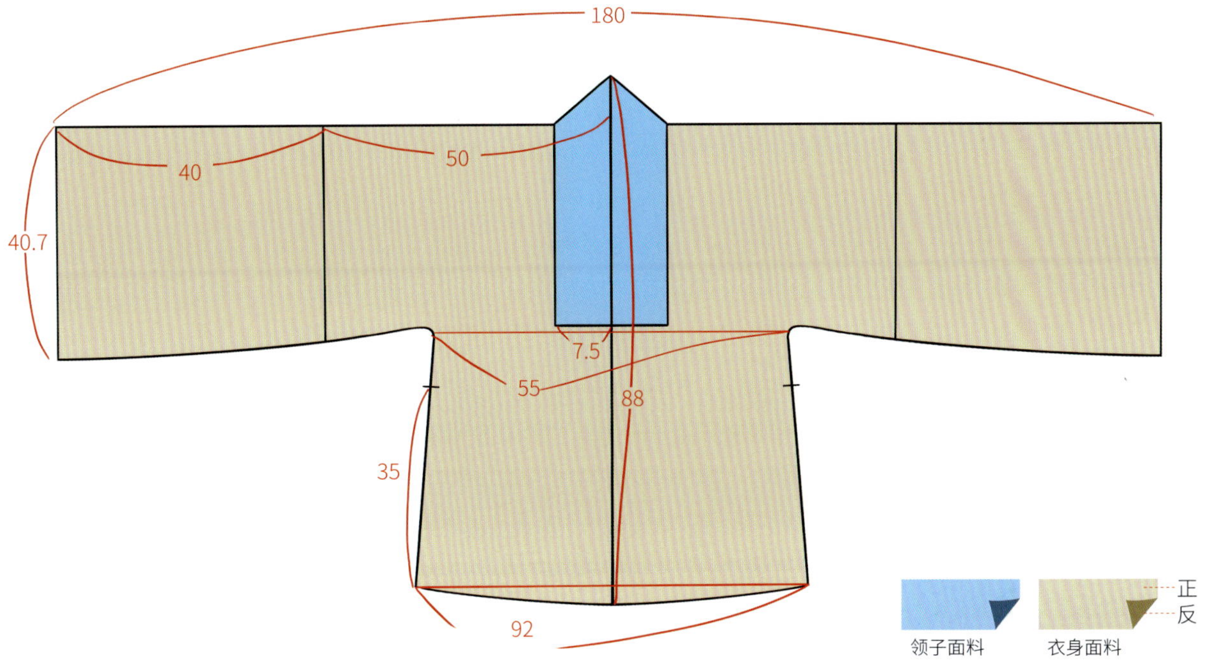

03 净样版如图所示。

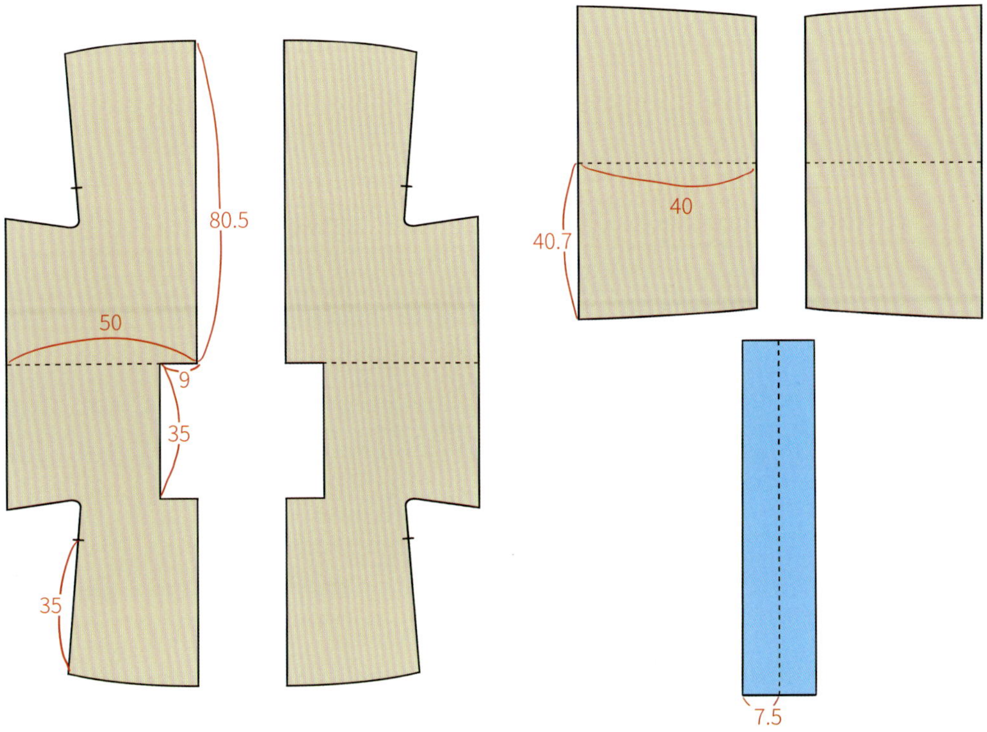

04 放缝份（最终纸样）。

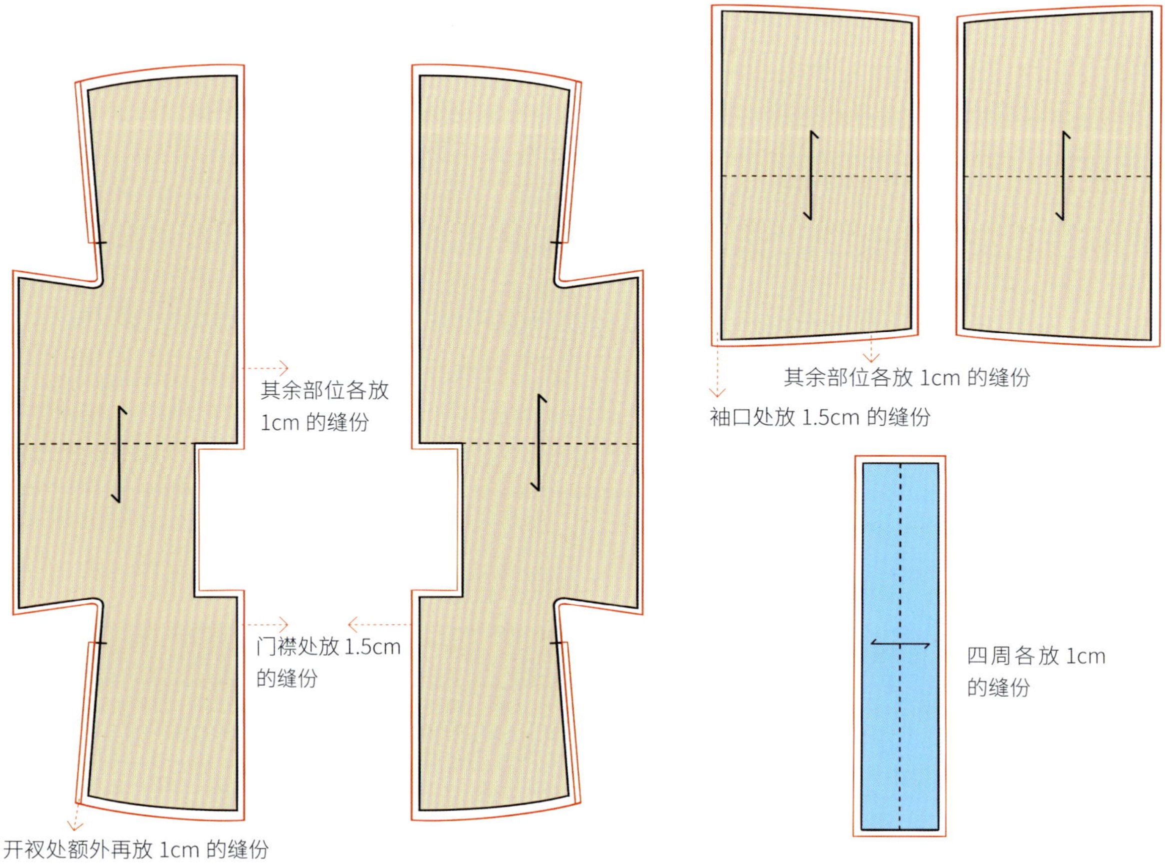

05 准备缝合衣身和接袖。

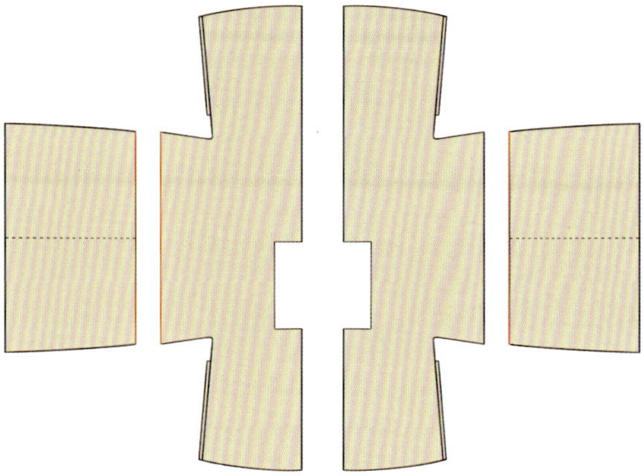

06 将衣身和接袖的面料反面相对，正面朝外。

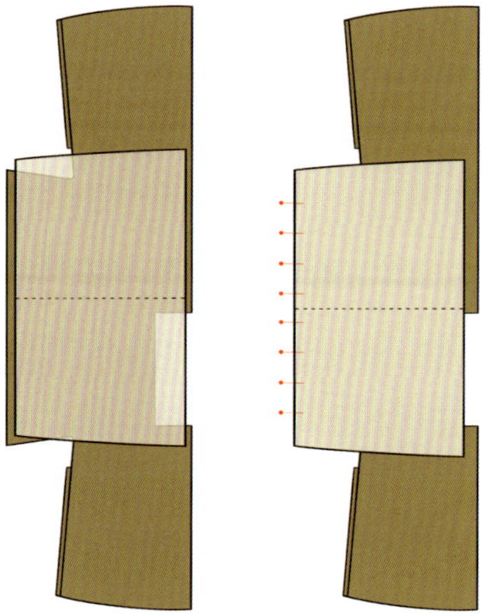

07 沿红色虚线缝 0.5cm 的缝份，将毛边修剪掉 0.3cm，将劈缝熨烫平整。将面料翻转至反面朝外，正面对正面，缝 0.5cm 的缝份。

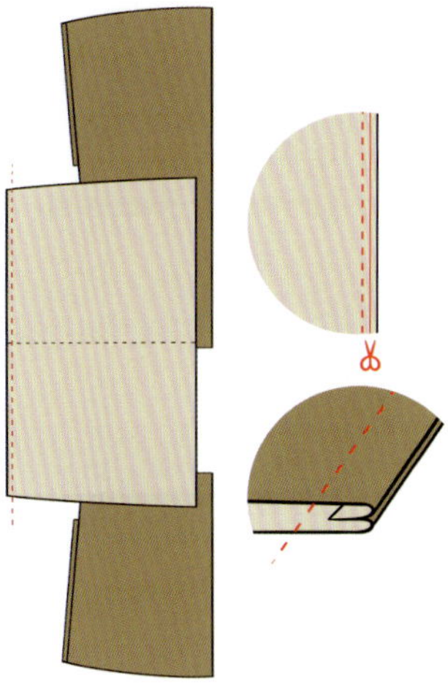

08 展开面料熨烫平整。

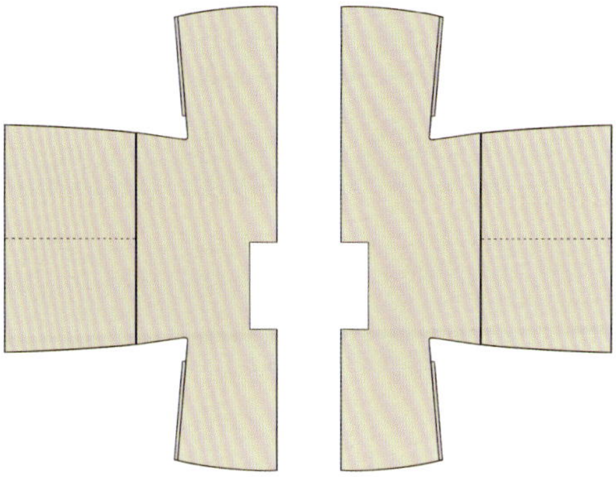

09 准备拼接后中缝。

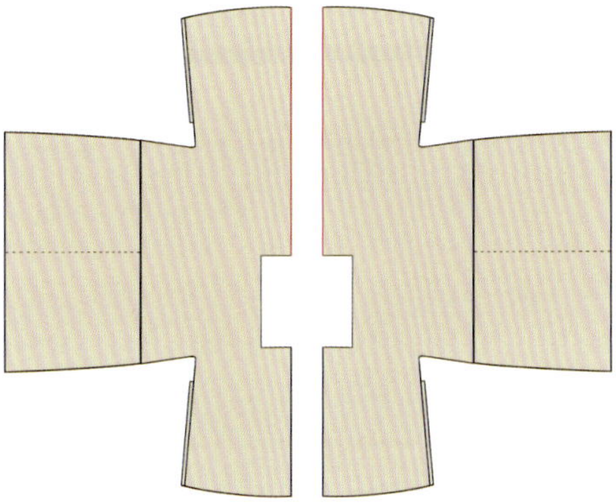

10 将两块衣身的面料反面相对，正面朝外。可以预先用珠针或夹子固定要缝合的布边。

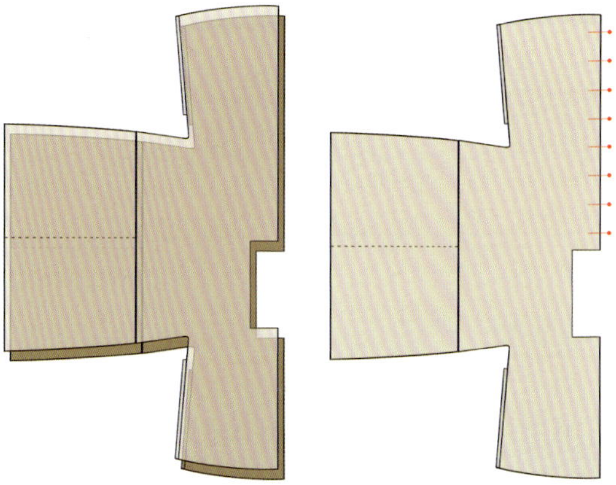

11 沿红色虚线缝 0.5cm 的缝份，将毛边修剪掉 0.3cm，将劈缝熨烫平整。将面料翻转至反面朝外，正面对正面，缝 0.5cm 的缝份。

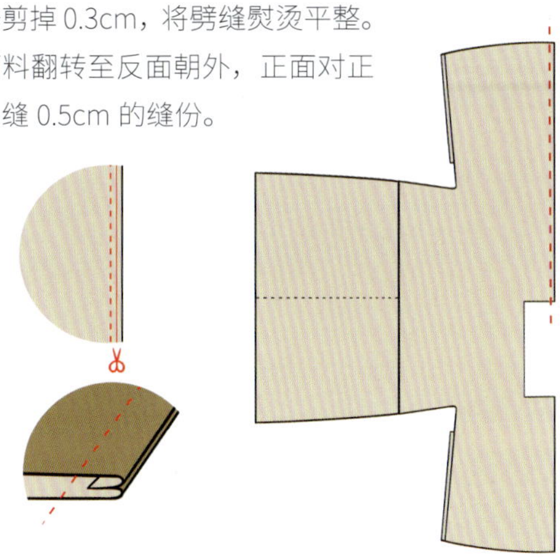

12 展开面料熨烫平整。

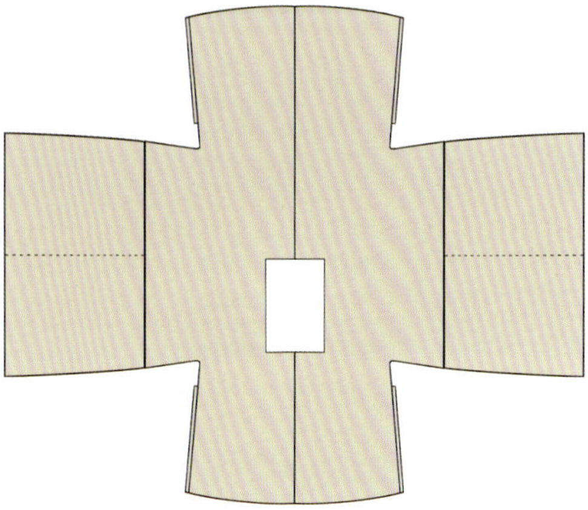

13 准备缝合侧缝和开衩。

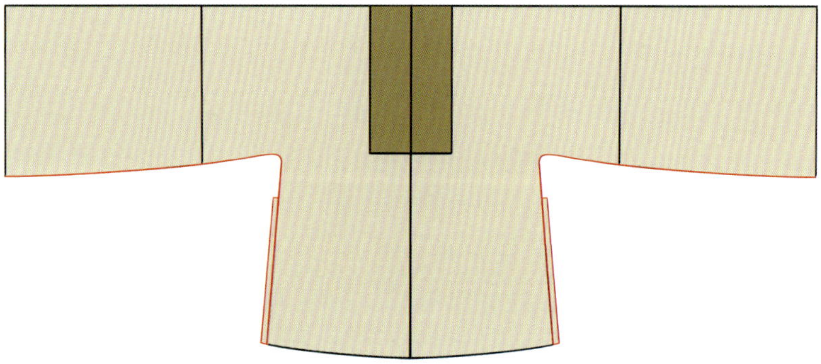

14 两块面料正面朝上，预先标出开衩的止点（绿色圆点）。

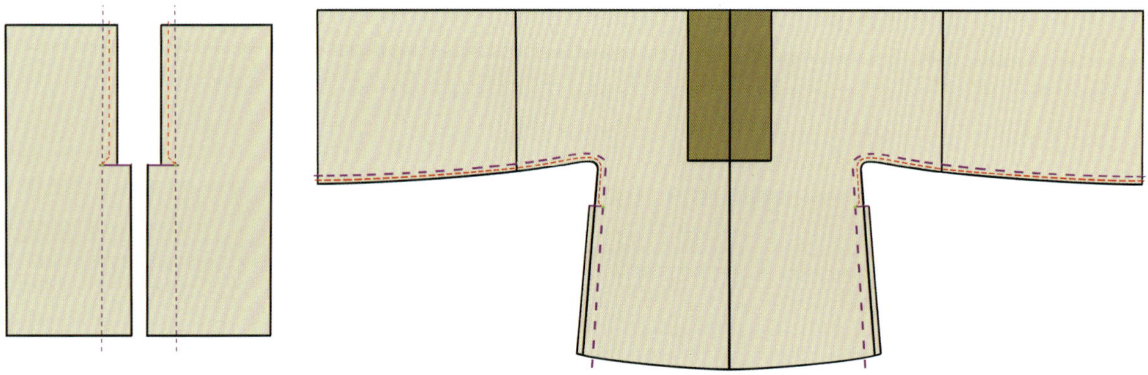

15 两块面料正面朝外，反面对反面。对齐面料两端，沿红色虚线缝合，缝至开衩止点打一两针倒针固定。

16 沿红色实线修剪掉 0.3cm 的毛边（注意需要剪到离开衩止点 0.1cm 处，不要剪到开衩止点）。

17 将面料翻转至反面朝外，正面相对。沿红色虚线缝 0.5cm 的缝份，缝至开衩止点（绿色圆点）打倒针固定。

18 熨烫平整的反面效果如图所示。

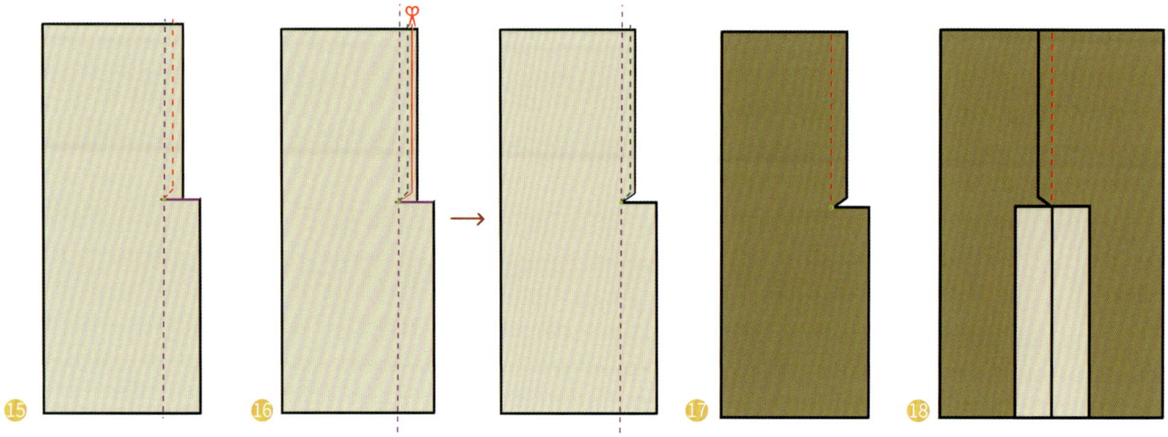

19 沿紫色虚线向内翻折 1cm，再沿白色虚线向内翻折。

20 翻折后熨烫平整。沿红色虚线缝 0.1cm 的明线。

21 熨烫平整的正面效果如图所示。

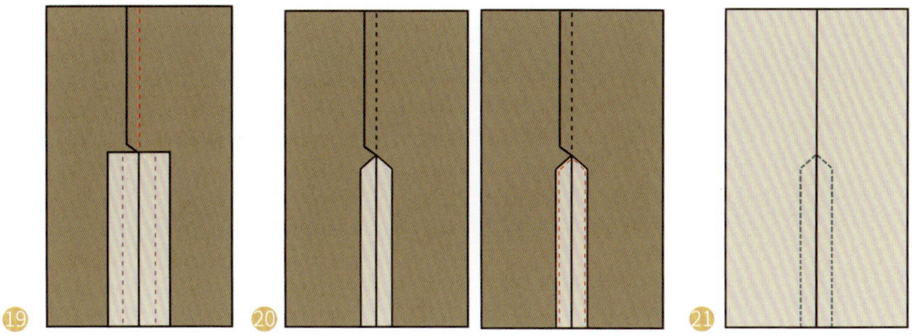

22 准备依次给门襟、下摆、袖口卷边。

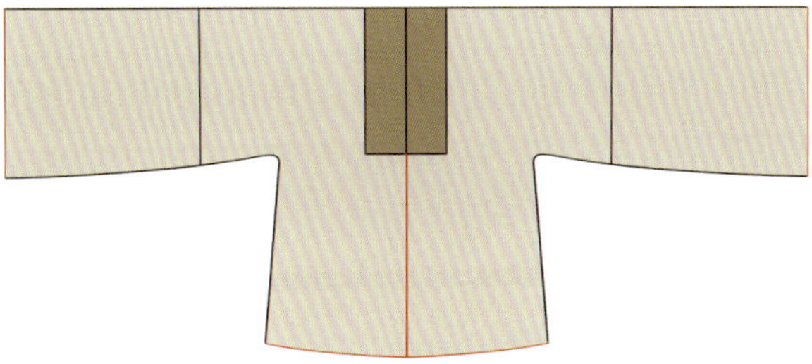

23 将门襟向内翻折卷边。

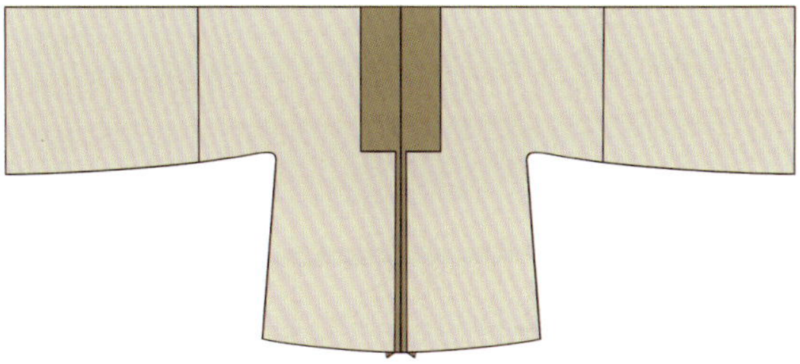

24 将面料向反面翻折 0.5cm，再次翻折 1cm，用熨斗初步熨烫固定。沿红色虚线缝 0.1cm 的明线。

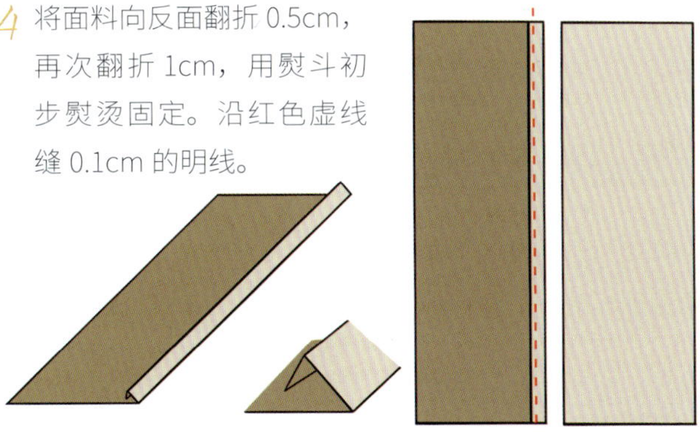

正面效果

25 将领子面料四周各向内翻折 1cm。

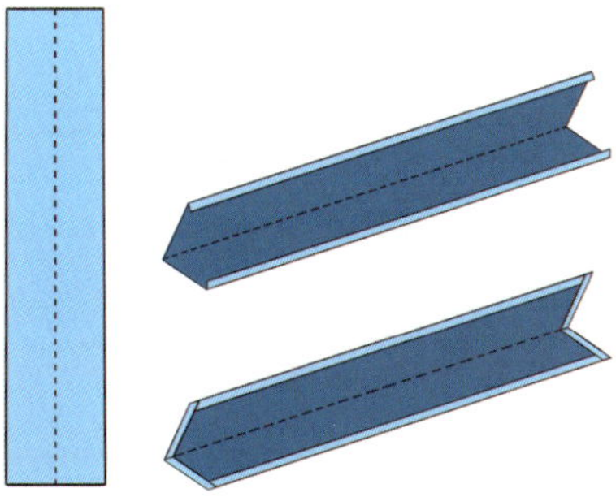

26 用机缝和手针暗缝相结合的方式上领子。

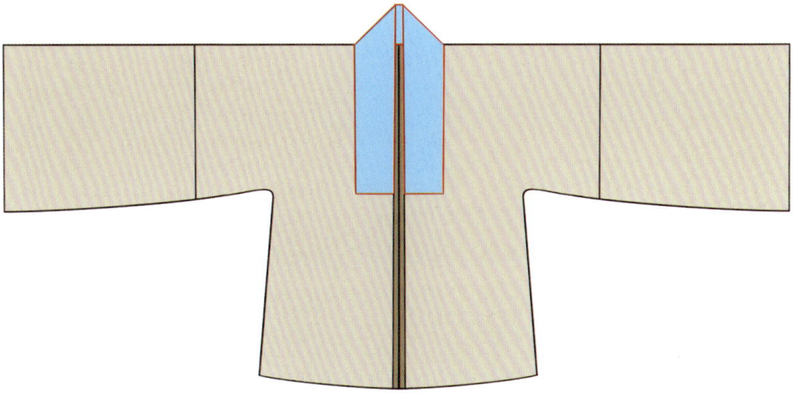

金丝罩
云纹掩鬓
交领金狮补短衣
褐麻短衫
八角灯笼
妆花织金蓝缎裙

5.2.3 妆花织金蓝缎裙

01 准备面料。

02 平铺图尺寸以及面料正反示意图。

单位：厘米（cm）

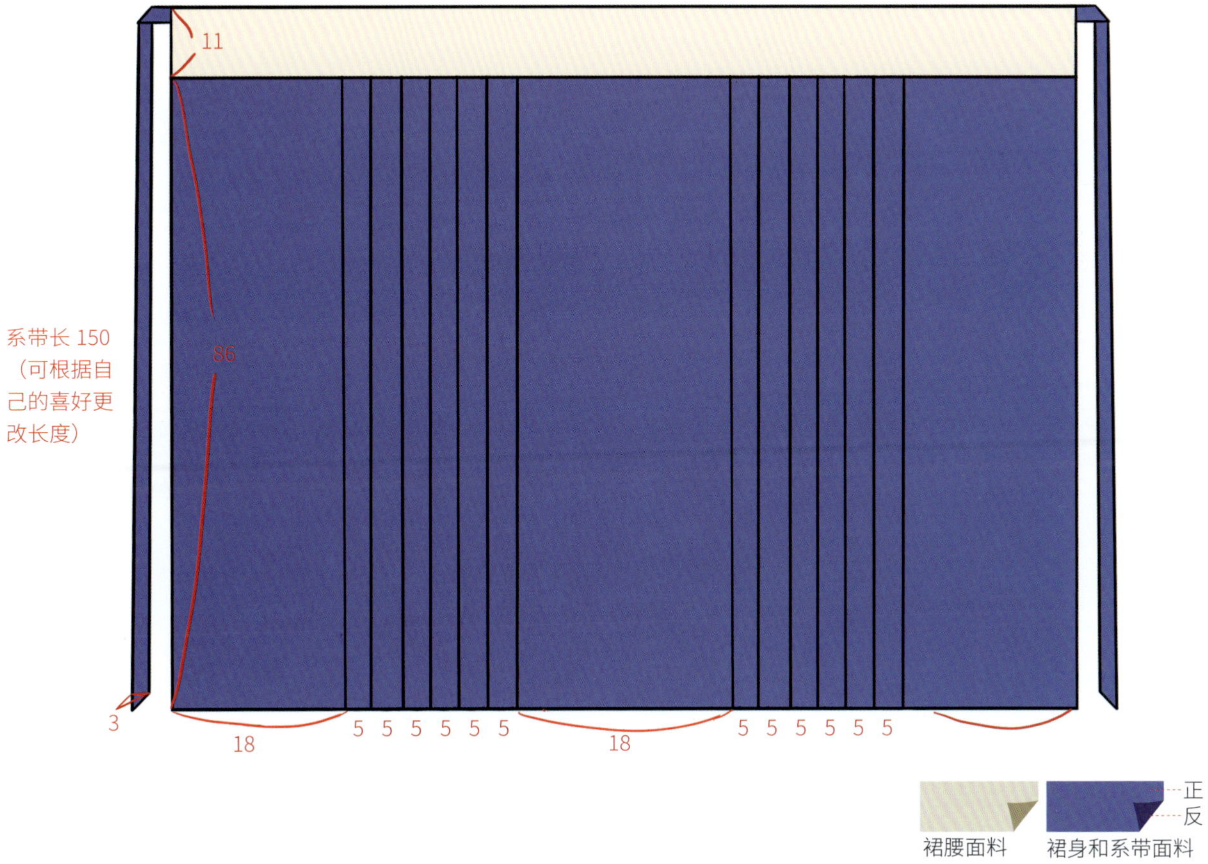

03 净样版如图所示。

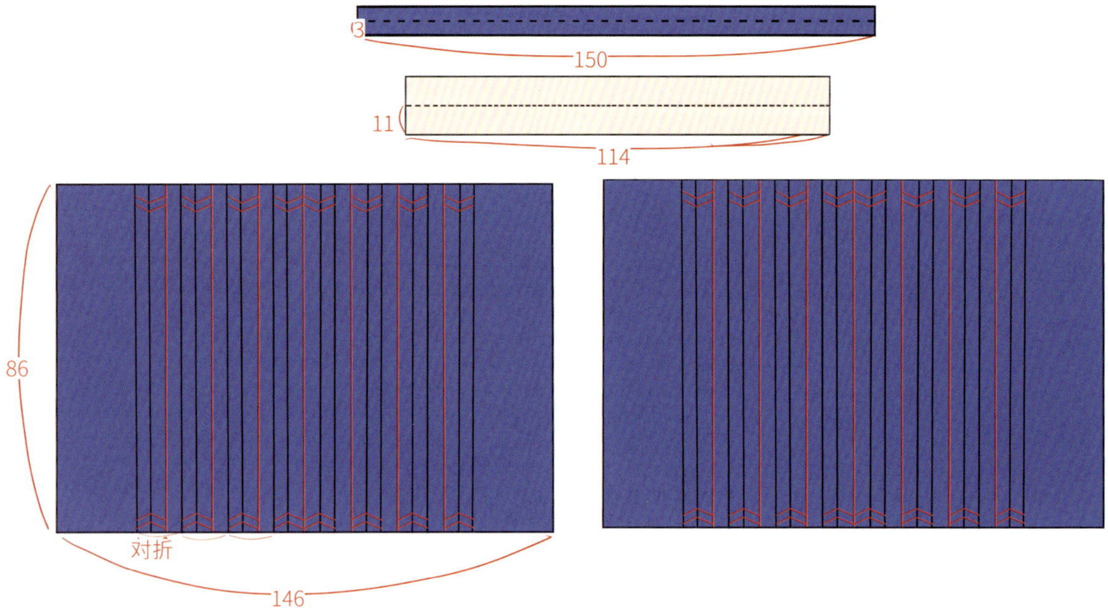

04 放缝份（最终纸样）。

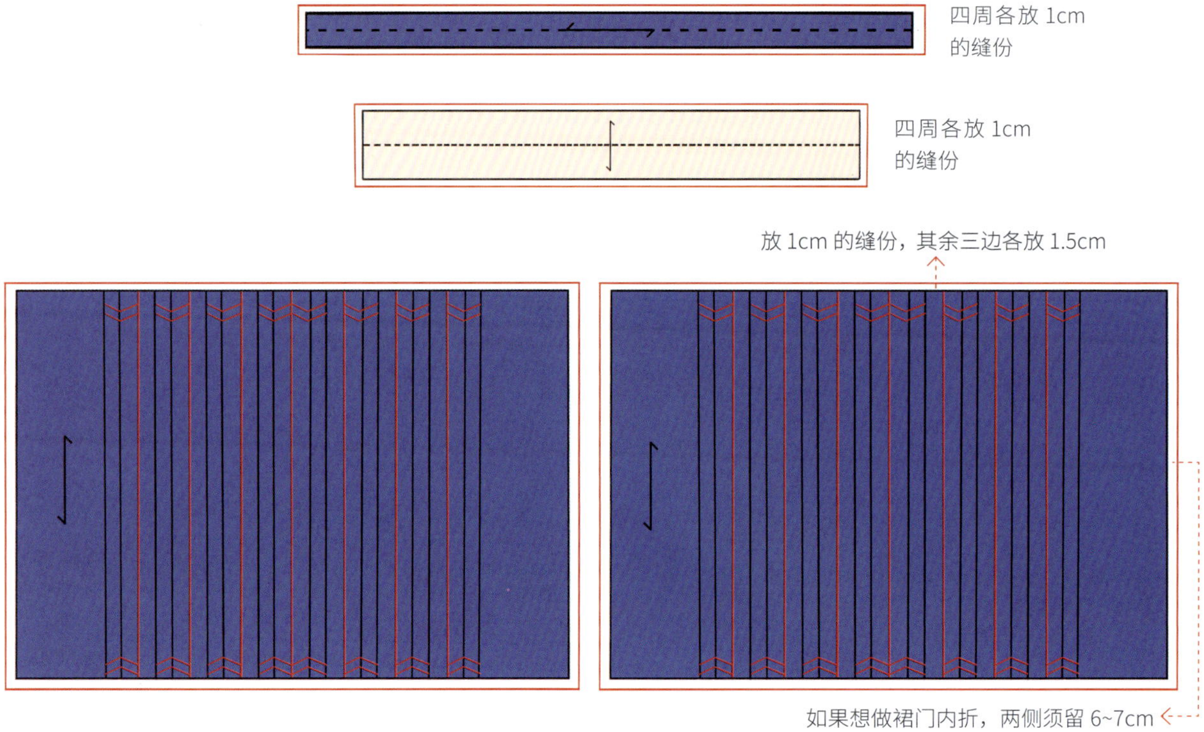

05 给两块裙片左右边、下摆依次卷边。

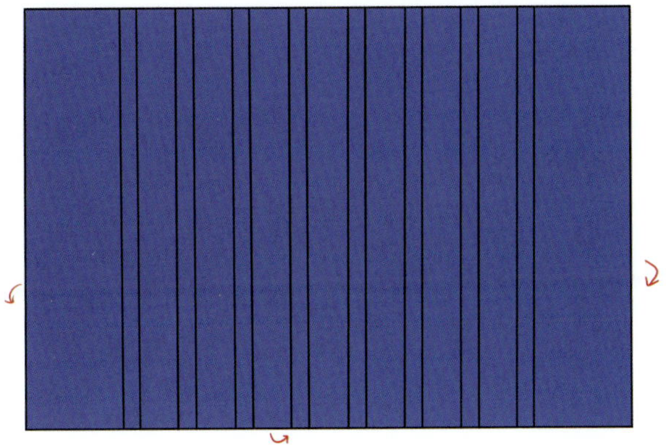

06 将面料向反面翻折 0.5cm，再次翻折 1cm，用熨斗初步熨烫固定。沿红色虚线缝 0.1cm 的明线。

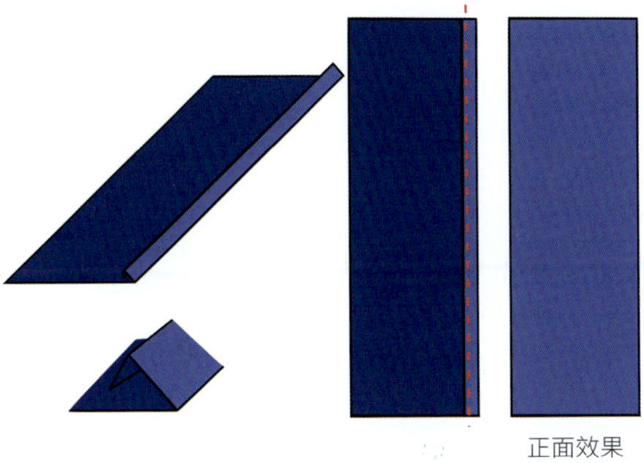

07 按照对折符号将褶子向裙片中线对折。

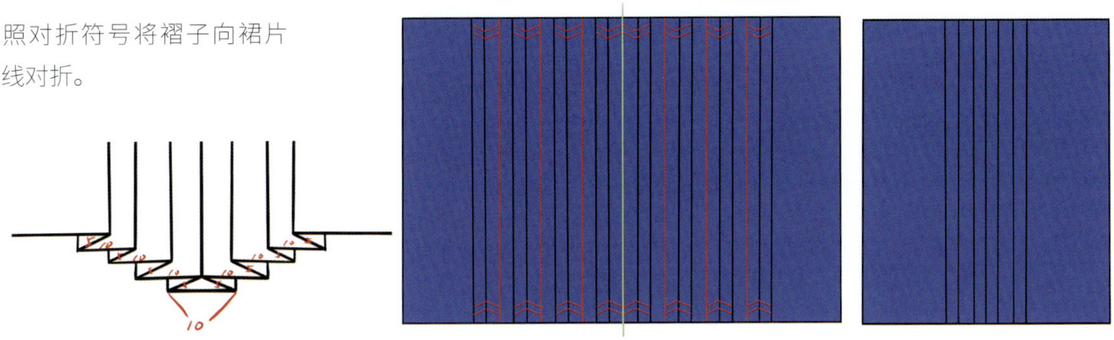

08 将两块裙片熨烫平整。可以预先手缝倒针固定住褶子。

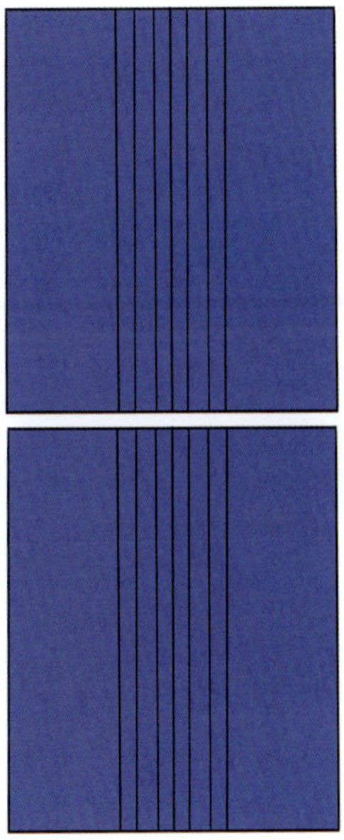

09 拿出剪裁下来的系带布片，正面朝上，沿黑色虚线对折至反面朝外，正面朝内。

10 用翻带器将系带翻转至正面。

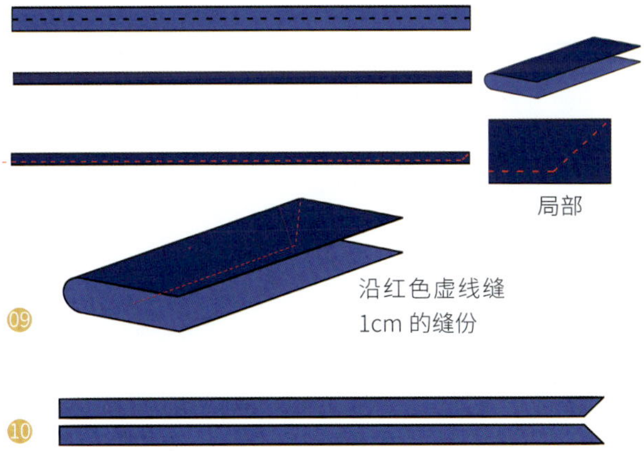

11 将裙头面料反面朝上，两边向内翻折 1cm。沿中线（蓝色实线）向右偏移 0.2cm 得到折叠线（红色虚线）。沿红色虚线对折，熨烫平整。

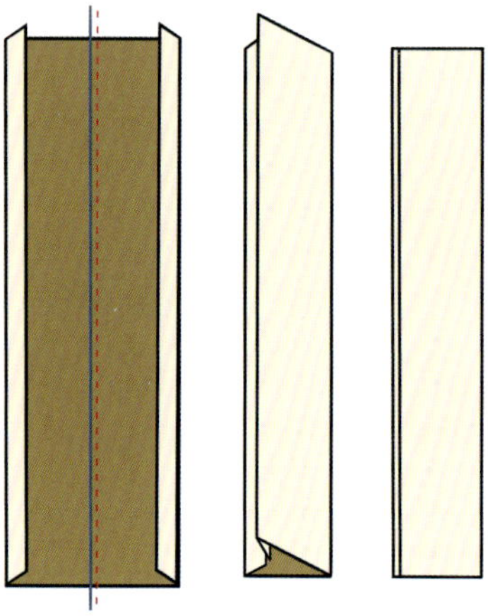

12 将裙腰翻转至正面朝内，将系带夹在中间，缝 1cm 的缝份。将两条系带缝在裙头两端。

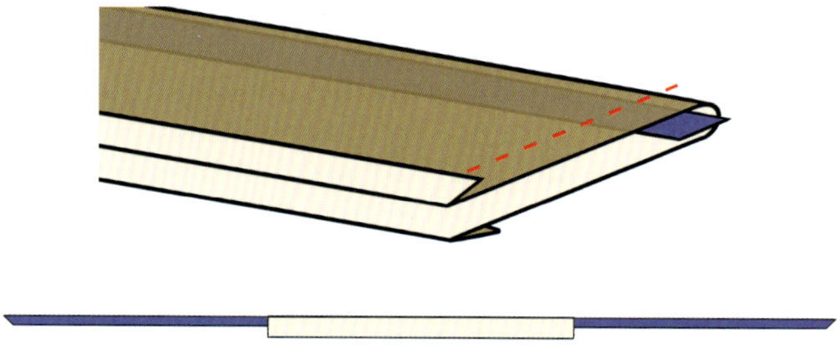

13 取出裙身面料，将预先折烫好的裙腰的正面对着第二块面料的正面，将上一步对折后裙腰较短的布边与裙身上缘对齐，缝 1cm 的缝份。

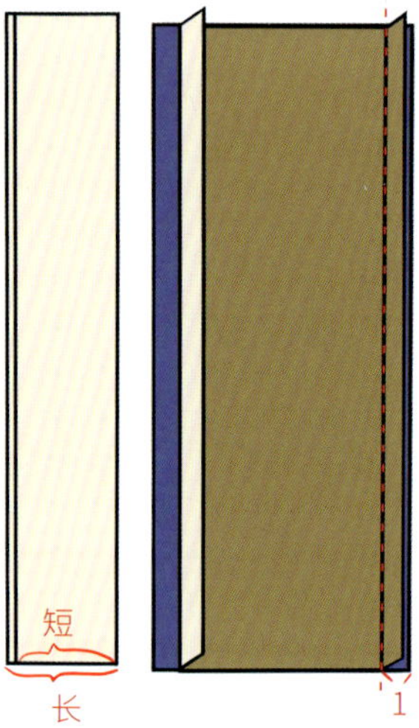

14 翻转面料，将两块面料的正面朝上，从两块面料衔接处（红色虚线）缝线。

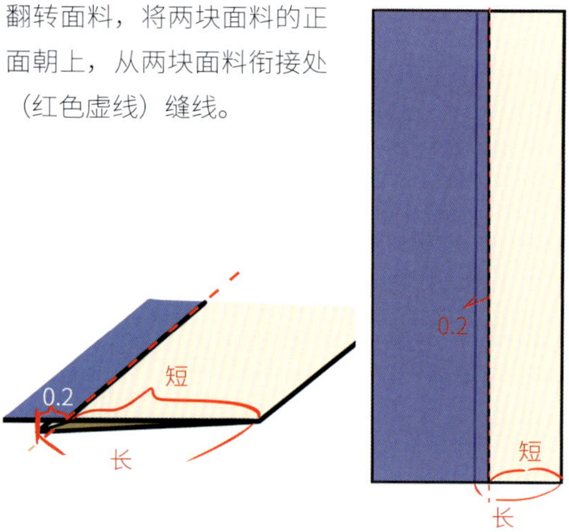

细节展示

金丝䯼髻罩
云纹掩鬓
交领金狮补短衣
妆花织金蓝缎裙

5.2.4 竖领暗花缎长衫

01 按照版纸剪裁面料。

02 平铺图尺寸以及面料正反示意图。

单位：厘米（cm）

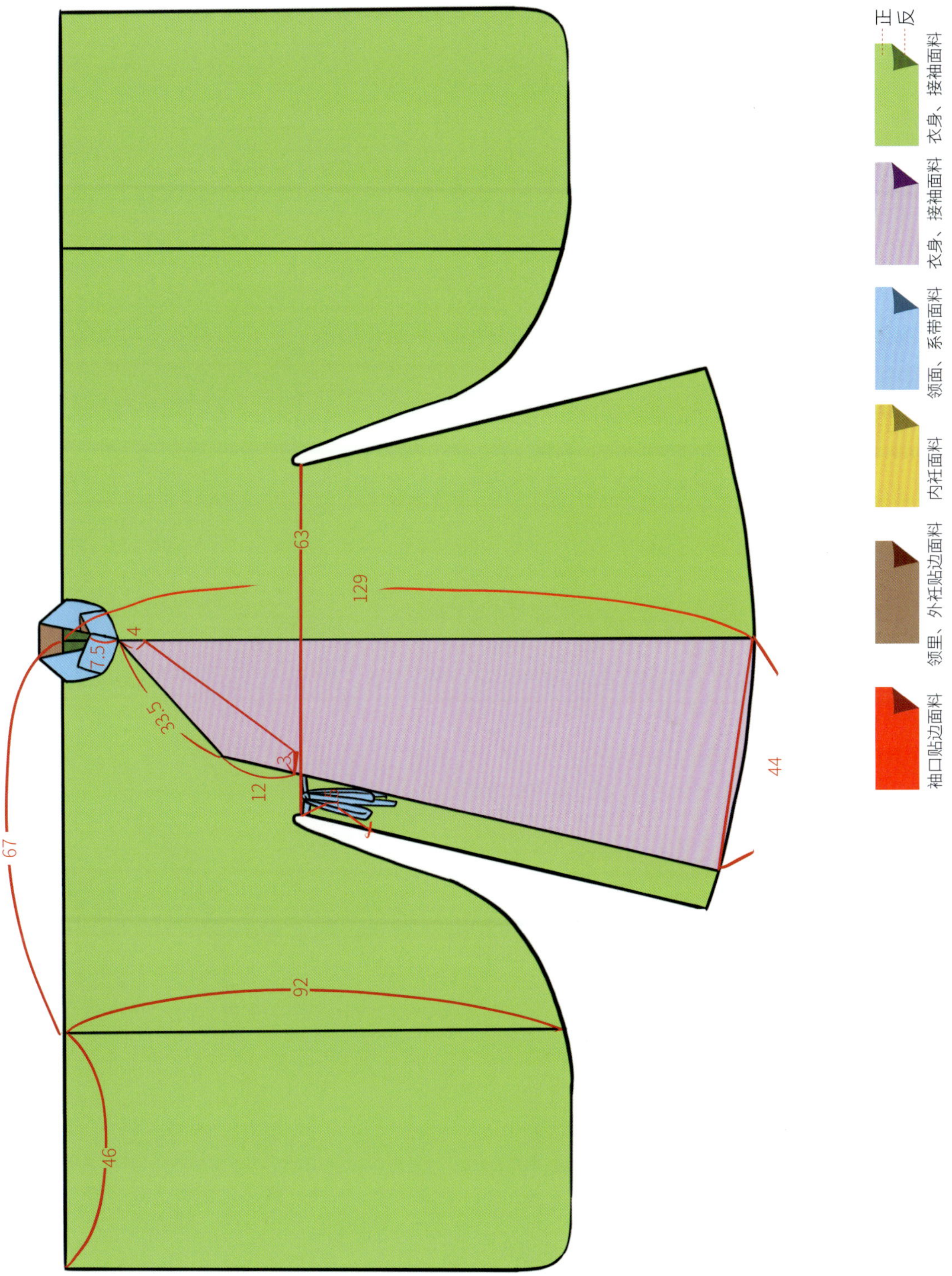

03 净样版如图所示。

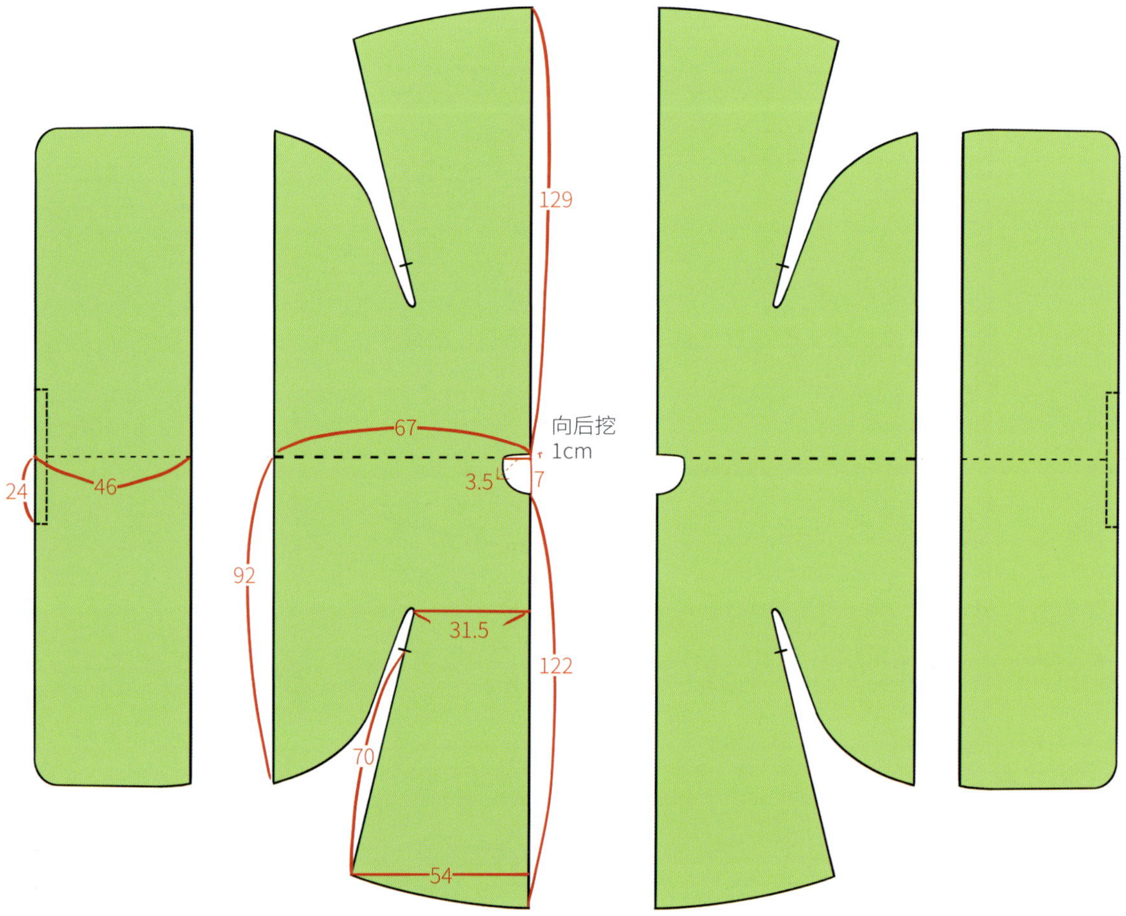

129
向后挖
1cm
67
24
46
3.5
7
92
31.5
122
70
54

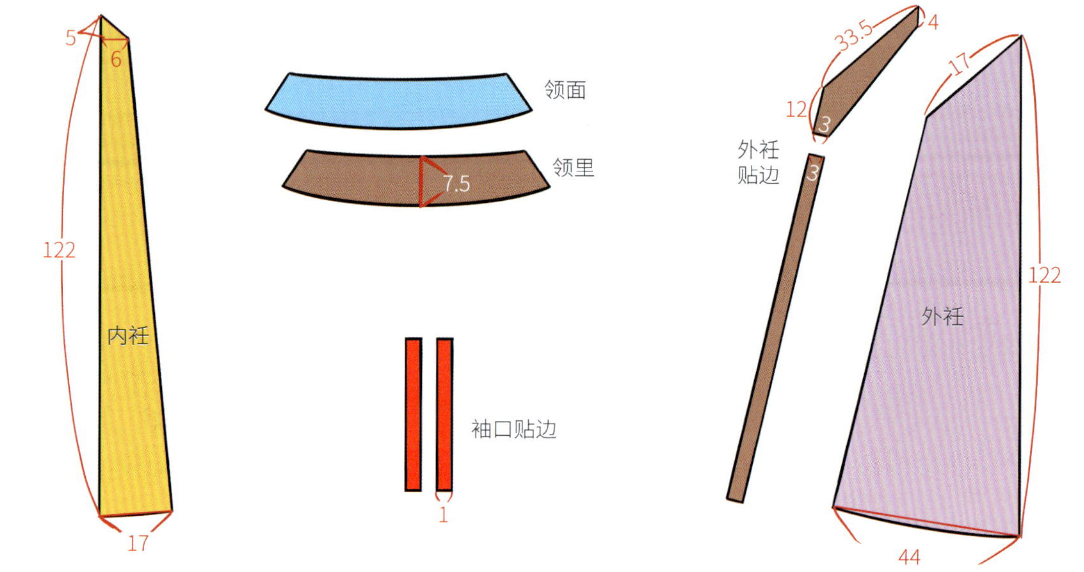

5
6
122
内衽
17
领面
领里
7.5
袖口贴边
1
33.5
4
17
12
3
外衽
贴边
3
122
外衽
44

04 放缝份（最终纸样）。

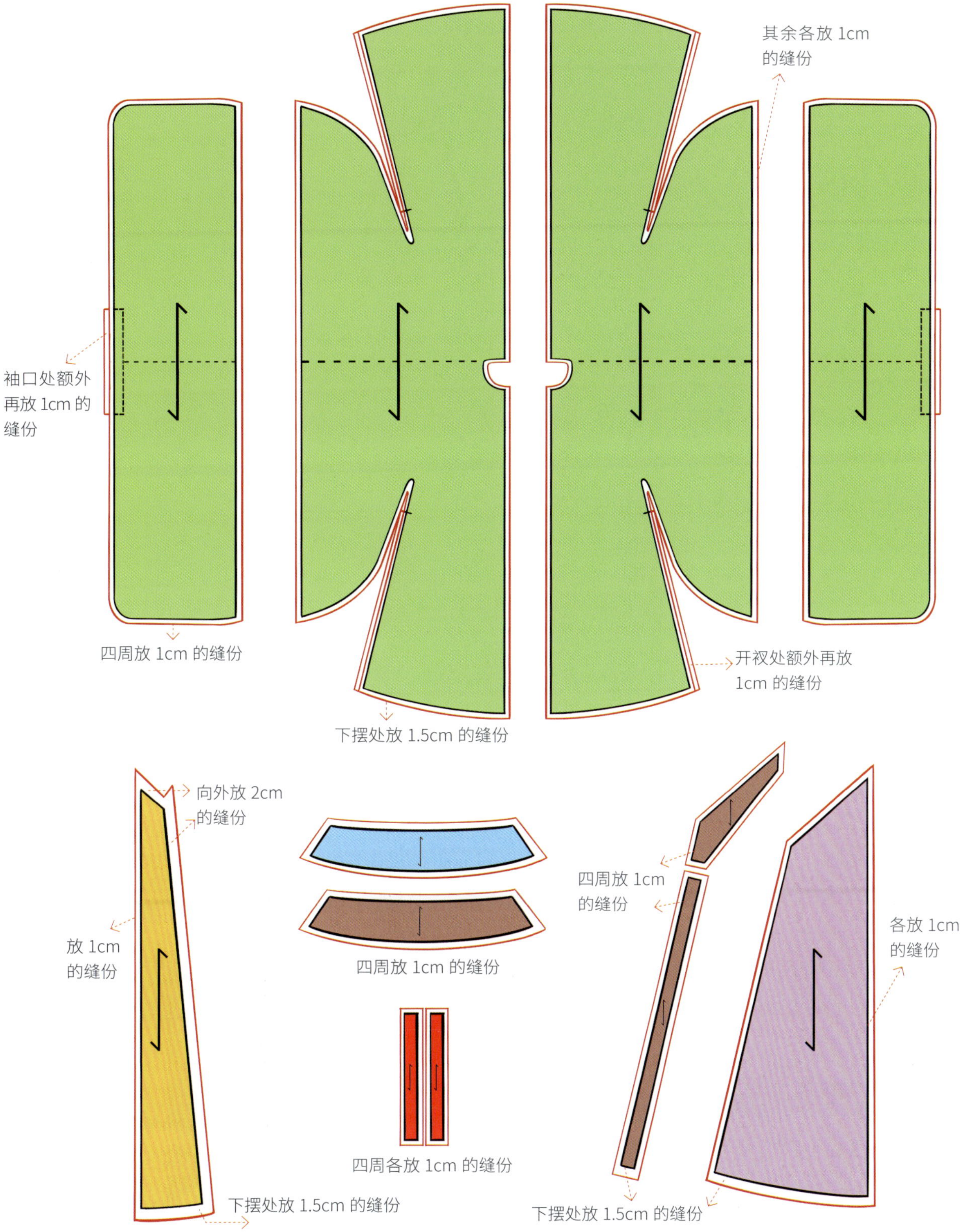
其余各放 1cm
的缝份
袖口处额外
再放 1cm 的
缝份
四周放 1cm 的缝份
开衩处额外再放
1cm 的缝份
下摆处放 1.5cm 的缝份
向外放 2cm
的缝份
四周放 1cm
的缝份
放 1cm
的缝份
各放 1cm
的缝份
四周放 1cm 的缝份
四周各放 1cm 的缝份
下摆处放 1.5cm 的缝份
下摆处放 1.5cm 的缝份

05 准备给外衽贴边。

06 给外衽贴边的上半截圈金。缝 1cm 的缝份拼接上下贴边。

07 贴边和外衽正面相对，车缝 1cm 的缝份。缝合完成翻转至正面。沿绿色实线向内翻折 1cm 收掉毛边，用暗针缝的方式固定在外衽面料上。

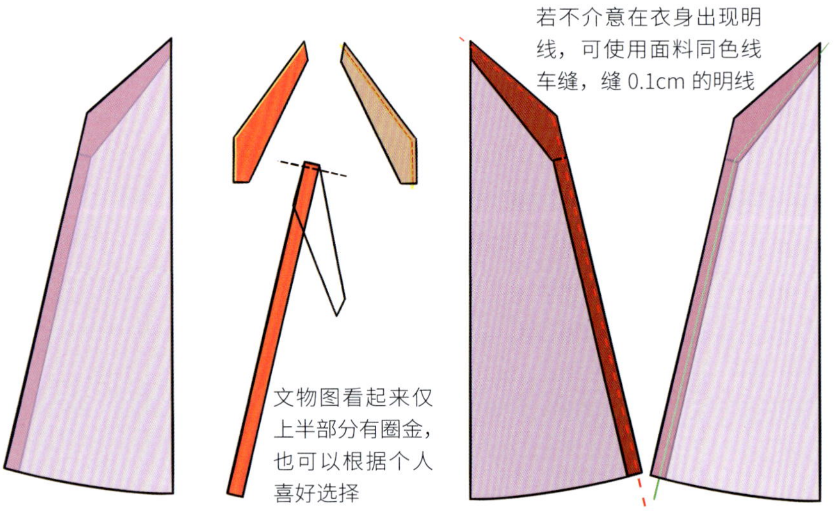

08 准备依次给内衽上侧和右侧卷边。将面料向反面翻折 0.5cm，再次翻折 1cm，用熨斗初步熨烫固定。沿红色虚线缝 0.1cm 的明线。

09 用来去缝的方法拼接内衽和外衽。

10 将内衽和衣身正面朝外，反面朝内。可以预先用珠针或夹子固定要缝合的布边。

11 沿红色虚线缝 0.5cm 的缝份，将毛边修剪掉 0.3cm，将劈缝熨烫平整。将面料翻转至反面朝外，正面对正面，缝 0.5cm 的缝份。

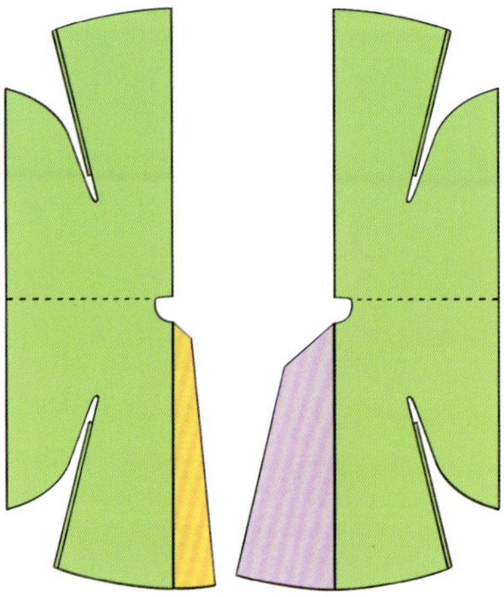

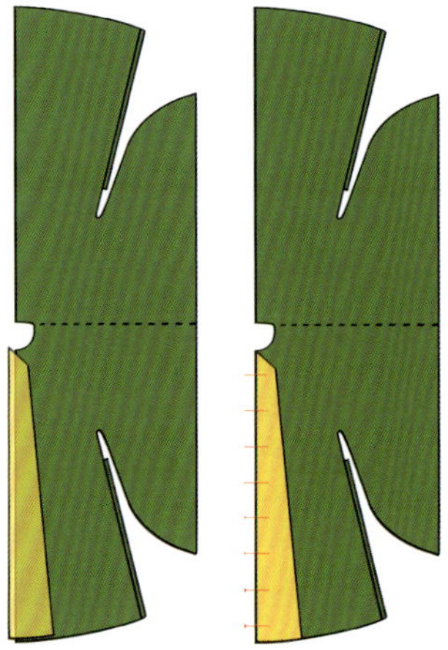

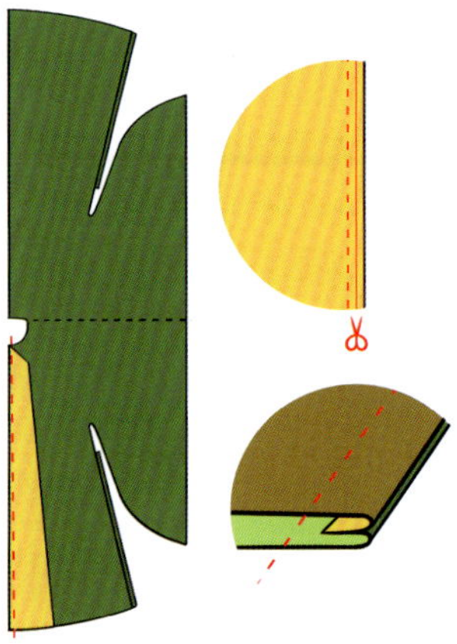

12 将外衽和衣身正面朝外，反面相对。可以预先用珠针或夹子固定要缝合的布边。

13 沿红色虚线缝 0.5cm 的缝份，将毛边修剪掉 0.3cm，将劈缝熨烫平整。将面料翻转至反面朝外，正面对正面，缝 0.5cm 的缝份。

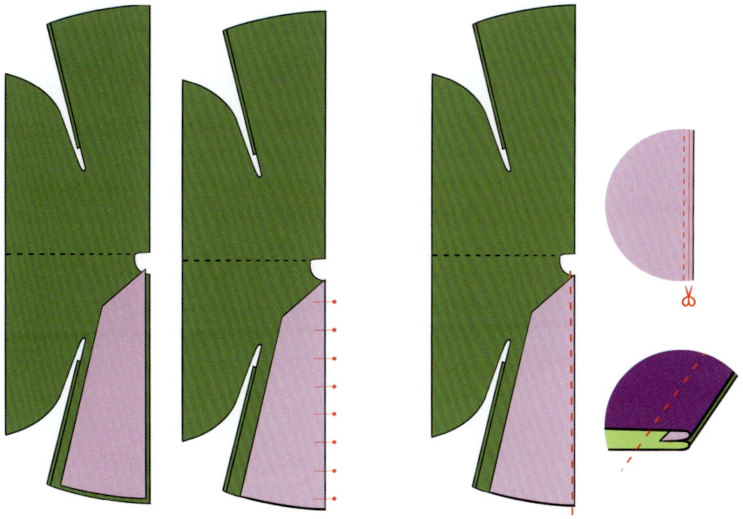

14 准备缝合衣身和接袖。

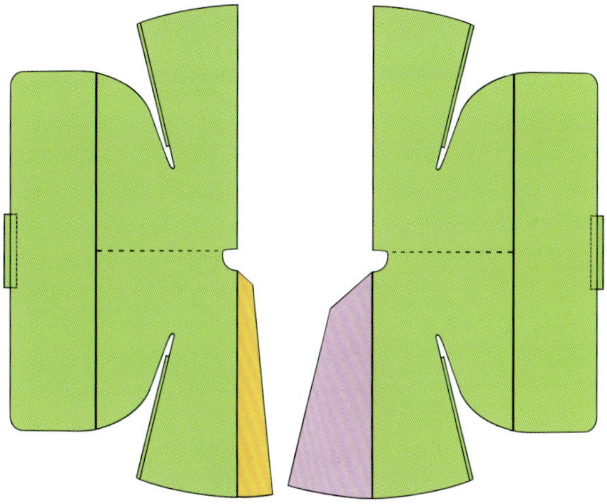

15 将衣身和接袖的面料反面相对，正面朝外。可以预先用珠针或夹子固定要缝合的布边。

16 沿红色虚线缝 0.5cm 的缝份，将毛边修剪掉 0.3cm，将劈缝熨烫平整。将面料翻转至反面朝外，正面对正面，缝 0.5cm 的缝份。按此步骤缝合另一边的衣身和接袖。

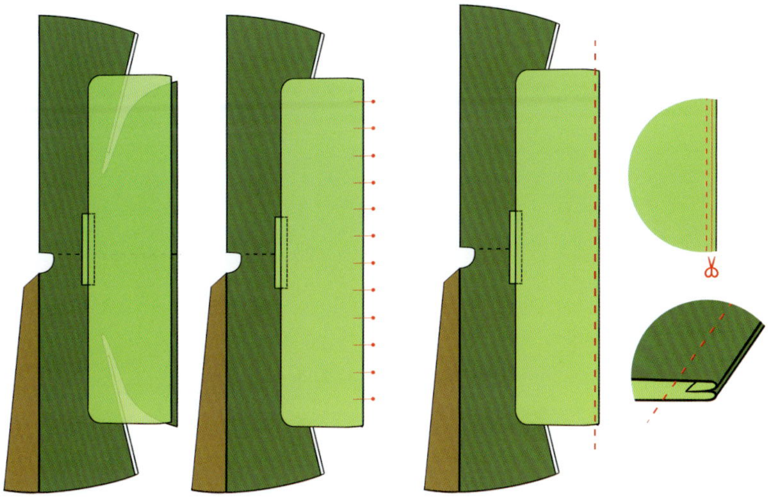

17 准备拼接后中缝。

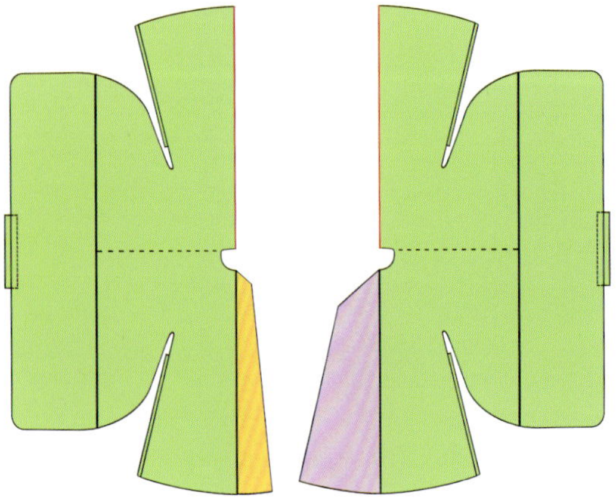

18 将两块衣身的面料反面相对，正面朝外。可以预先用珠针或夹子固定要缝合的布边。

19 沿红色虚线缝 0.5cm 的缝份，将毛边修剪掉 0.3cm，将劈缝熨烫平整。将面料翻转至反面朝外，正面对正面，缝 0.5cm 的缝份。

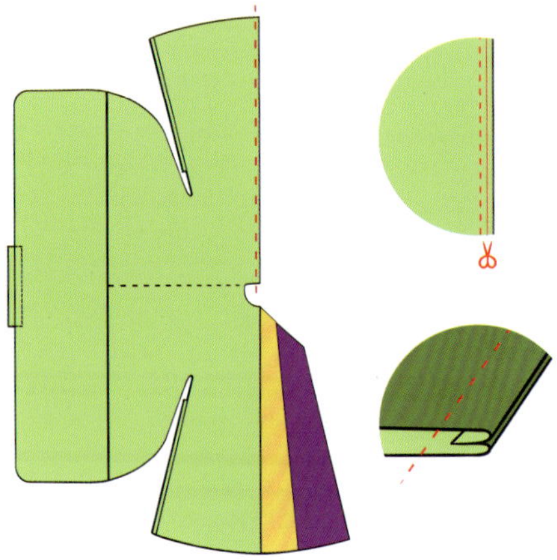

20 展开面料熨烫平整。

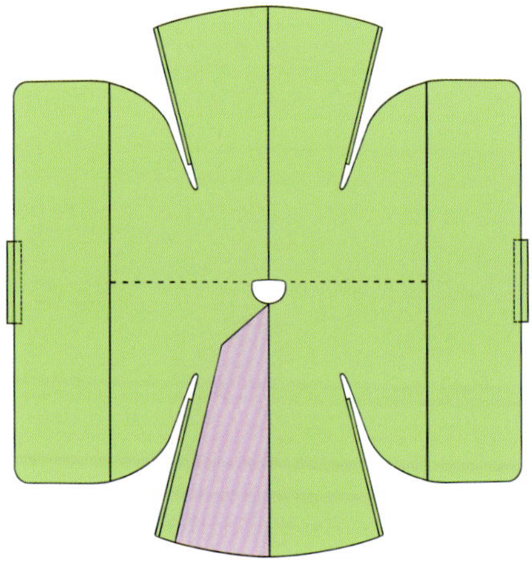

21 按肩线对折，准备缝合腋下开衩和袖口。

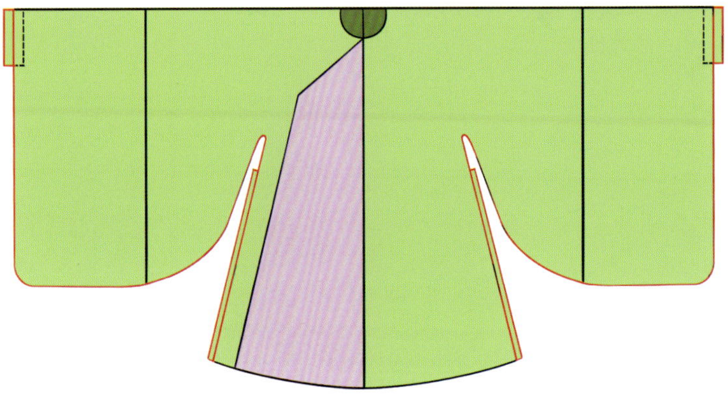

22 取出系带面料，沿红色虚线对折，正面朝里，反面朝外。沿红色虚线车缝 1cm 的缝份。用翻带器将系带翻转至正面。按此步骤依次制作另外三条系带。

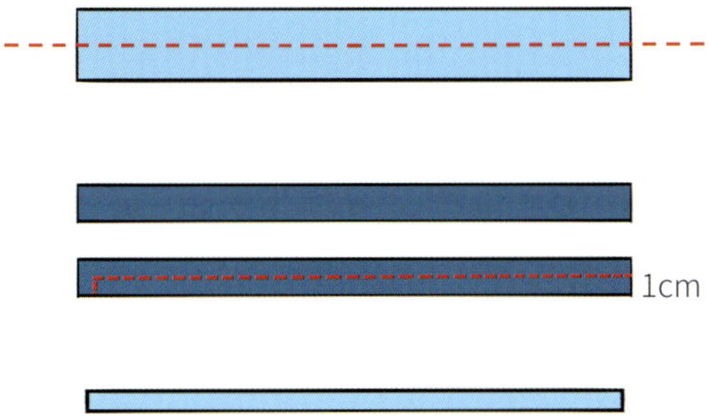

23 两块面料正面朝外，预先标出开衩的止点（绿色圆点）。

24 两块面料正面朝外，反面对反面。对齐面料两端，沿红色虚线缝合，缝至开衩止点打一两针倒针固定。

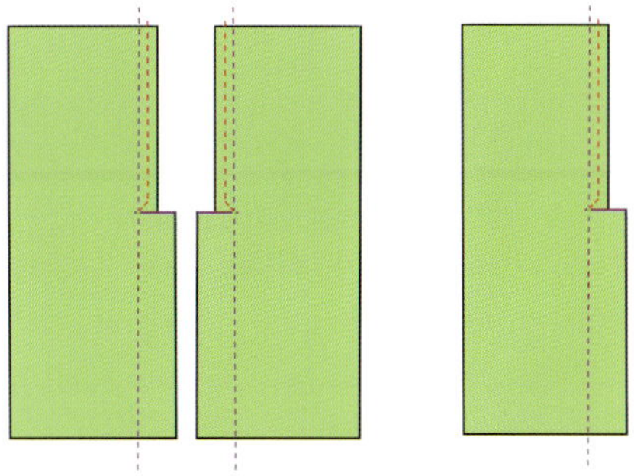

25 沿红色实线修剪掉 0.3cm 的毛边（注意需要剪到离开衩止点 0.1cm 处，不要剪到开衩止点）。

26 将面料翻转至反面朝外，正面相对。沿红色虚线缝 0.5cm 的缝份，缝至开衩止点（绿色圆点）打倒针固定。

27 熨烫平整的反面效果如图所示。

28 沿紫色虚线向内翻折 1cm，再沿白色虚线向内翻折。

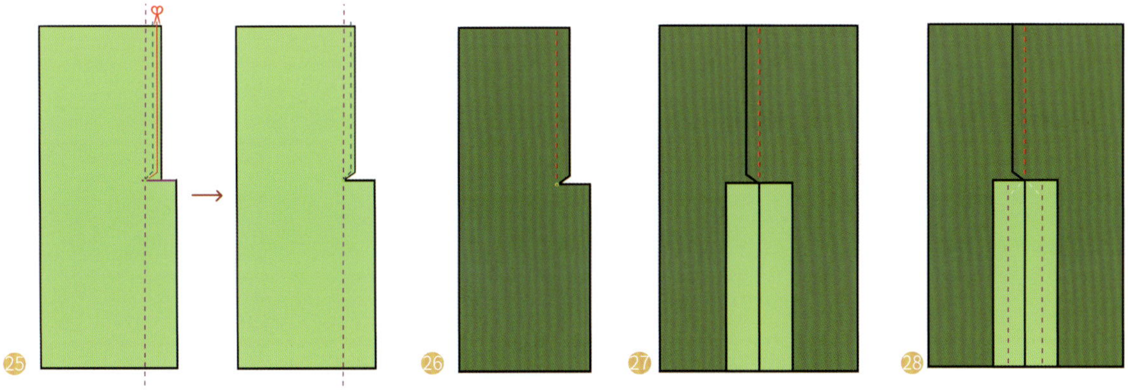

29 翻折后熨烫平整。沿红色虚线缝 0.1cm 的明线。

30 熨烫平整的正面效果如图所示。

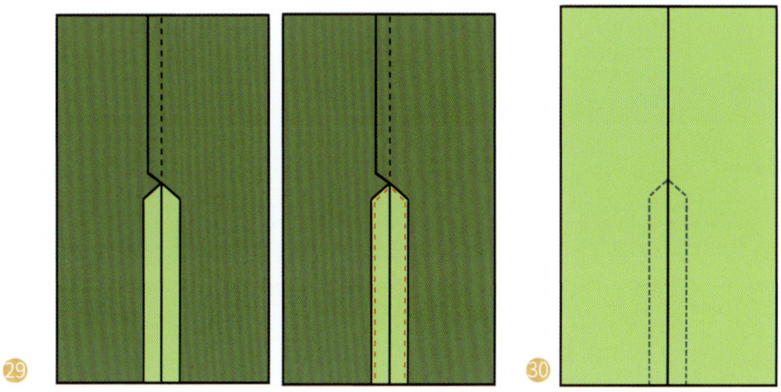

31 袖口反面效果。

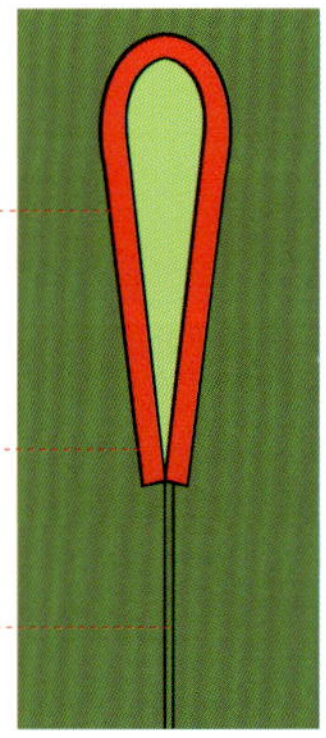

32 领面和领里正面相对，反面朝外（如需要圈金，可以提前在这一步夹上圈金条缝合）。

33 对齐车缝 1cm 的缝份。车缝完成后翻转至正面熨烫平整。

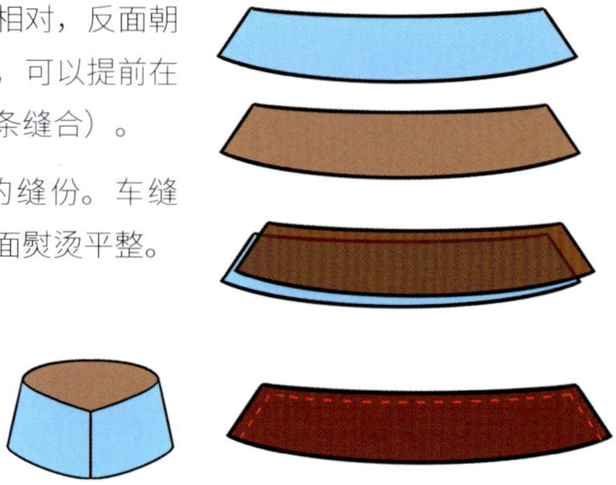

34 准备上领子（方法与前文上腰类似，可以参考前文上腰的制作步骤）。

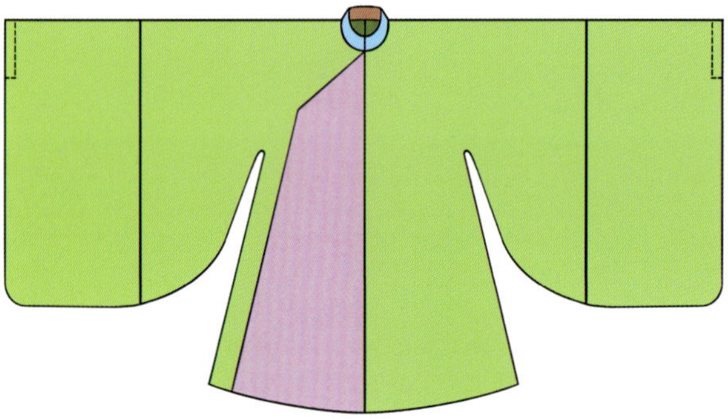

35 准备给下摆卷边。

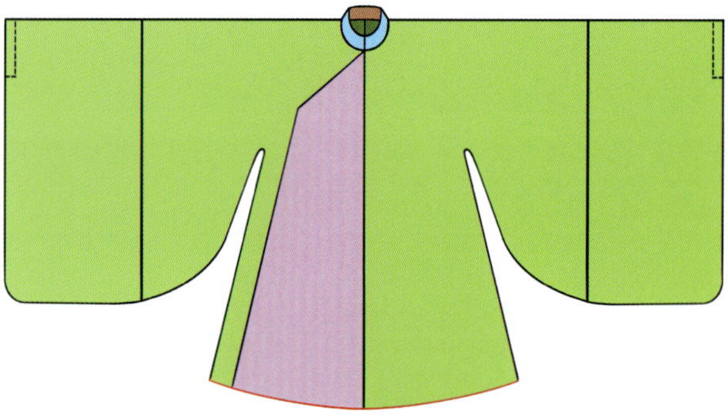

36 将面料向反面翻折 0.5cm，再次翻折 1cm，用熨斗初步熨烫固定。沿红色虚线缝 0.1cm 的明线。

细节展示

绒花
三绺头
竖领暗花缎长衫
妆花织金蓝缎裙

5.3　徐藩夫妇墓素绸背心

此次要制作的案例是江苏省泰州市明代徐藩夫妇墓素绸背心（主腰）。

01 按照版纸剪裁面料。

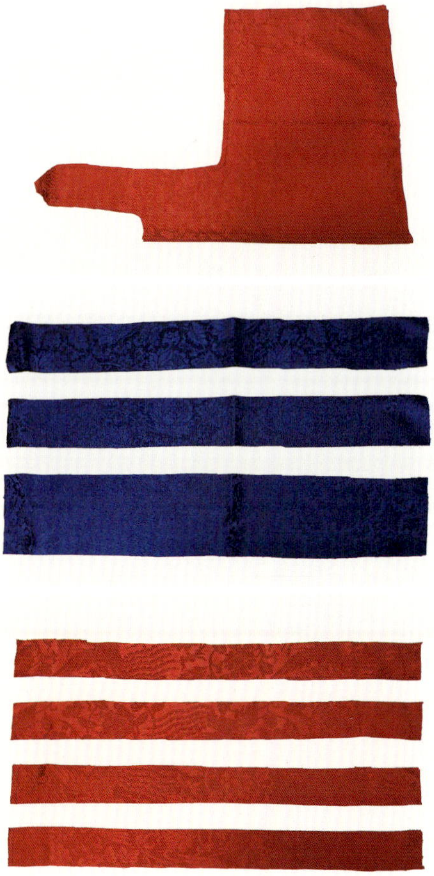

02 平铺图尺寸以及面料正反示意图。

单位：厘米（cm）

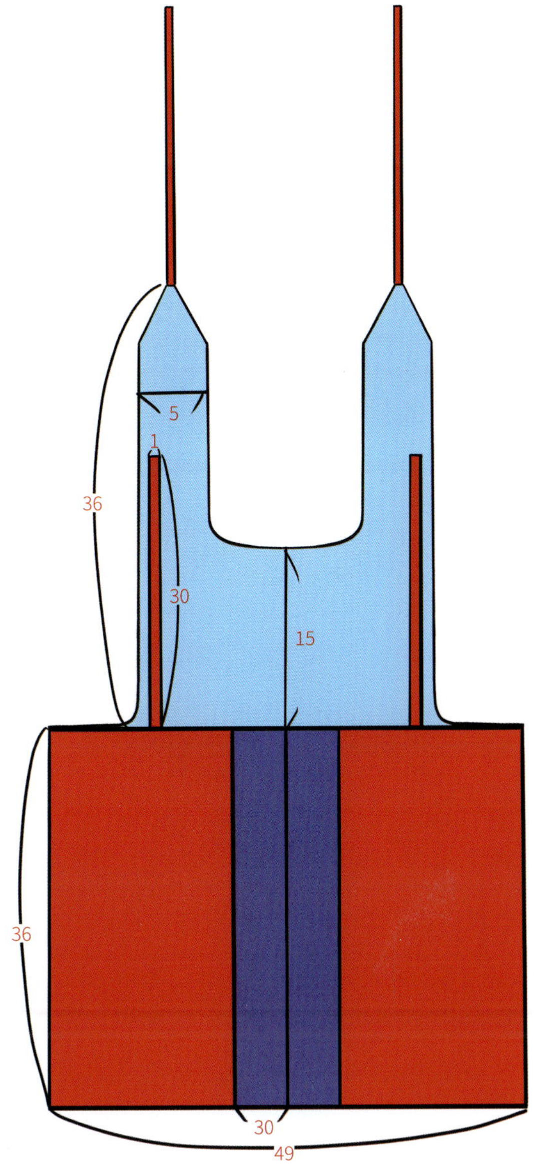

03 平铺图展开示意图。

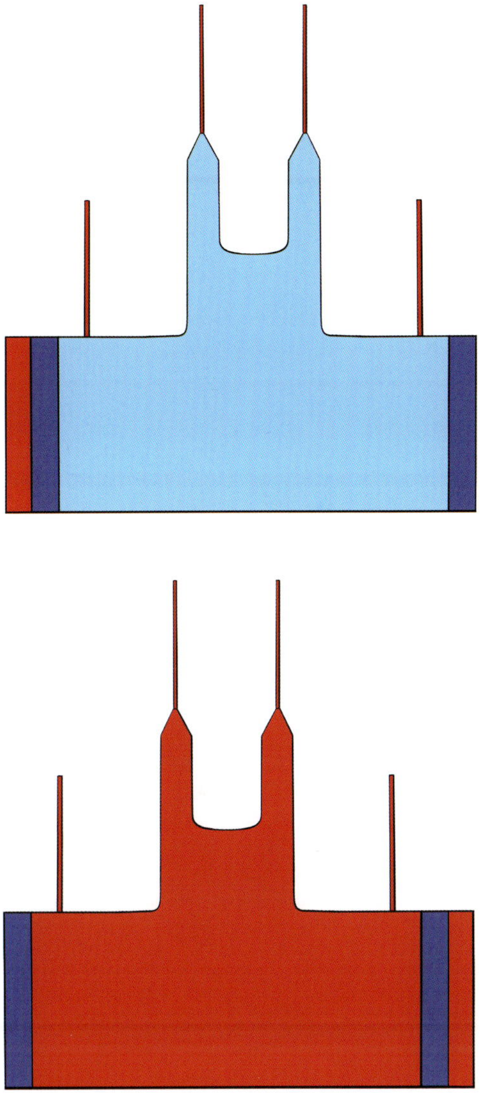

04 净样版如图所示。

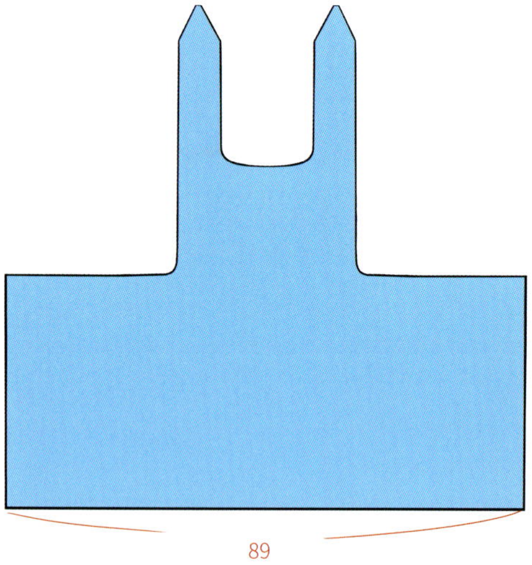

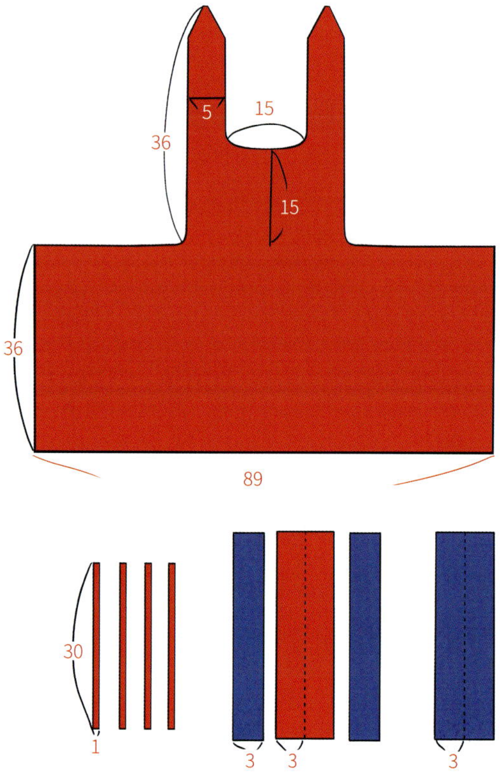

05 放缝份（最终纸样）。

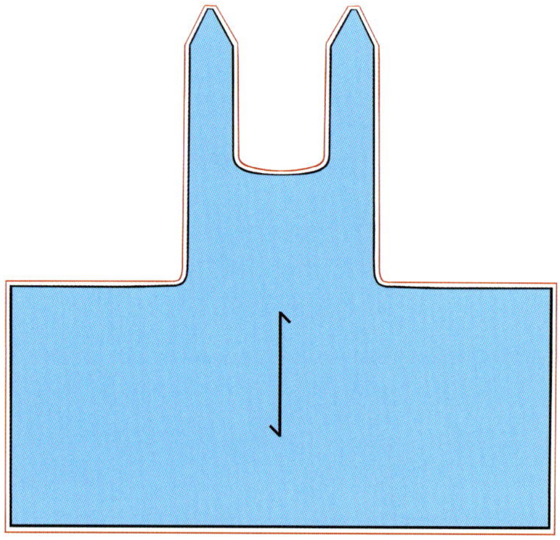

所有布片四周各放 1cm 的缝份

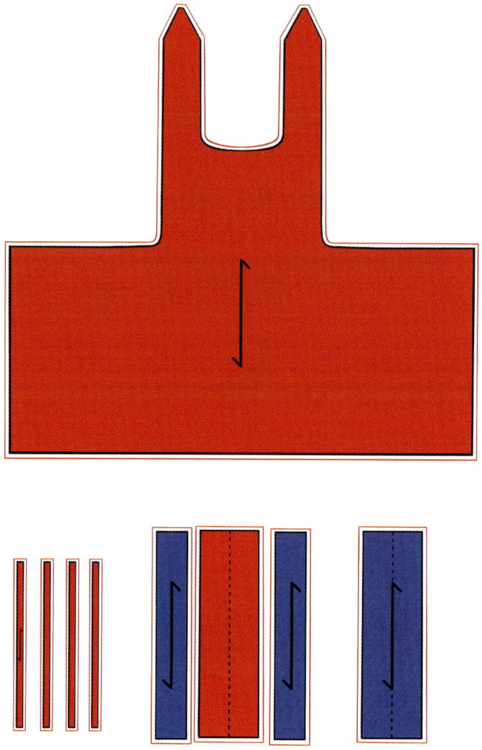

06 准备缝合系带。取出系带面料，沿绿色虚线对折至正面朝里，反面朝外。沿绿色虚线车缝 1cm 的缝份。用翻带器将系带翻转至正面。按此步骤，依次将另外三条系带制作完成。

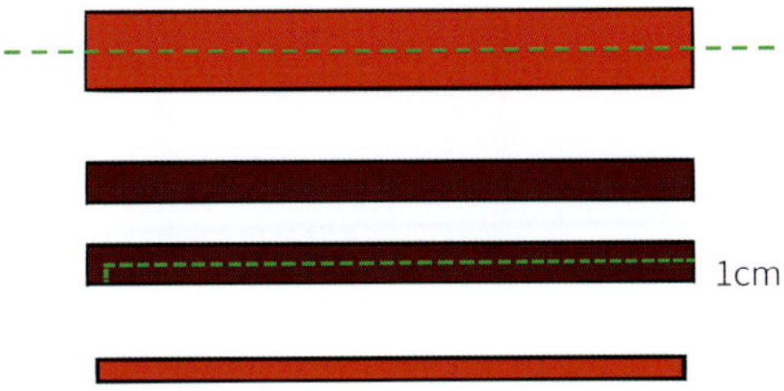

07 将系带固定在衣身面料正面。

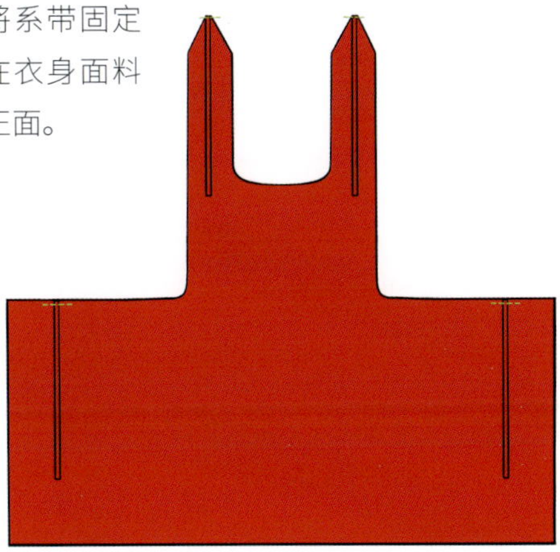

08 将衣身表里两块面料正面朝内，反面朝外对齐。

09 沿红色虚线车缝 1cm 的缝份。

10 通过左右未缝合的部分将衣服翻转到正面。

11 门襟四周向内翻折 1cm 再对折熨烫平整。另一侧门襟与暗襟车缝 1cm 的缝份连接，四周向内翻折 1cm 后对折，熨烫平整。

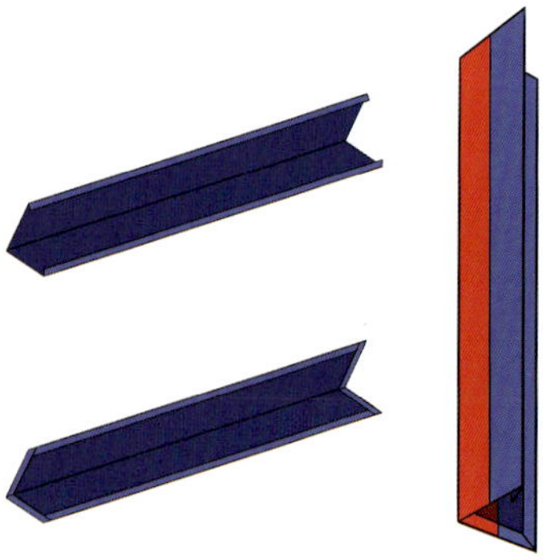

12 将门襟与衣身缝合，缝合步骤与裙子上腰类似。

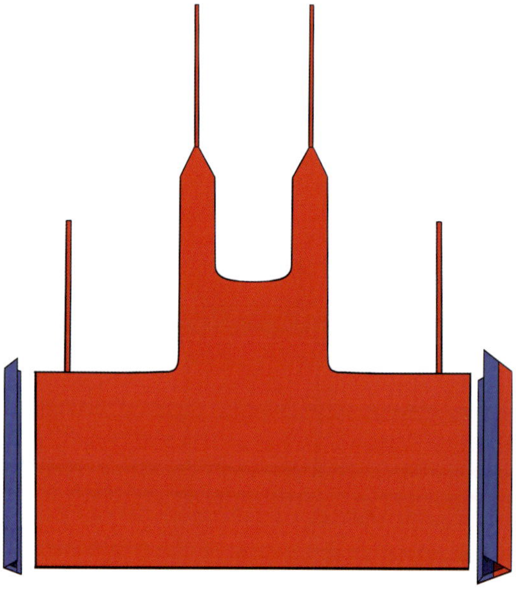

13 成品示意图。

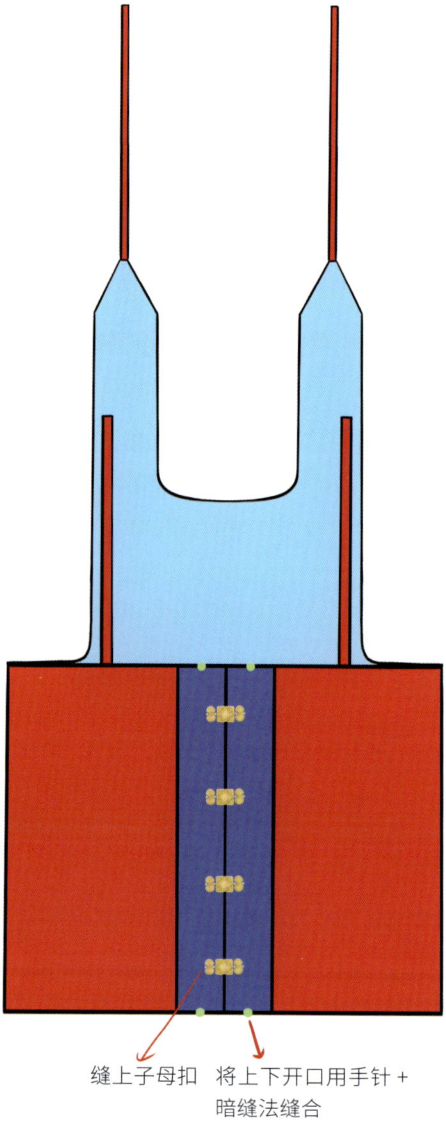

细节展示

主腰
红玛瑙手镯
妆花织金蓝缎裙

后记

写这篇后记之前，翻看了一下和姐妹在宜兴会合的日期，我们二人开始了不长不短一个月的全身心投入的制作时光。

我们选择了从唐代至明代较为常见的，放到如今相对日常，尽量有文物支撑的汉服形制来制作，在工艺上也尽量一比一来复刻。宋代领子部分特别图解了以折代剪的“折领法”，相对于用普通上领法制作的对襟衫来说会更加节省面料；明代马面裙部分的制作不同于现在市面上卖的马面裙，参考孔府的花鸟裙和满地金裙的版型，制作了褶宽和褶深几乎相等的五对褶马面裙，这样制作下来仅需要两块定位的马面成品面料，对于更有日常穿搭需求的姐妹来说裙子裙摆更小，裙子整体重量也减轻了不少。

我们用手绘图解和摄影两种方式来体现制作过程，希望大家在跟着书中步骤制作的时候可以更加清晰明了。

这两年大家常说“把汉服穿出来才是对汉服最好的保护”。知其然，才能知其所以然。我们一直希望可以以更精炼的方式，让更多人了解我们国家的传统服饰，从《华夏衣橱：图解中国传统服饰》对汉服的基础科普，到《华夏潮流：图解汉服穿搭》讲述如何让汉服日常化，再到这一本讲述汉服制作的书籍，我们希望可以起到一个抛砖引玉的作用，打破圈层壁垒，让更多人快速地了解并爱上我们国家的传统服饰，为祖国的文化输出添砖加瓦。

杜田

读 者 服 务

读者在阅读本书的过程中如果遇到问题，可以关注“有艺”公众号，通过公众号中的“读者反馈”功能与我们取得联系。此外，通过关注“有艺”公众号，您还可以获取艺术教程、艺术素材、新书资讯、书单推荐、优惠活动等相关信息。

扫一扫关注“有艺”

投稿、团购合作： 请发邮件至 art@phei.com.cn。